Excel 2016
恒盛杰资讯　编著

公式、函数与图表
从入门到精通

U0299083

机械工业出版社
China Machine Press

图书在版编目（CIP）数据

Excel 2016 公式、函数与图表从入门到精通／恒盛杰资讯编著. —北京：机械工业出版社，2016.7（2017.5 重印）

ISBN 978-7-111-54025-0

Ⅰ. ①E… Ⅱ. ①恒… Ⅲ. ①表处理软件 Ⅳ. ① TP391.13

中国版本图书馆 CIP 数据核字（2016）第 133035 号

要想真正掌握 Excel，并让它在实际工作中充分发挥作用，就必须熟练掌握公式、函数与图表。然而，对于 Excel 新手和入门级用户来说，公式、函数与图表也是晋级的"拦路虎"，本书正是为帮助读者彻底扫清这三大障碍而编写的。

全书共 19 章，分为 3 个部分。第 1 部分为基础知识，包括第 1 ~ 8 章，主要介绍 Excel 基本操作及公式、函数与图表的基础知识，如源数据的处理、公式的组成、函数的种类、数据引用方式、简单图表的制作等；第 2 部分为行业应用，包括第 9 ~ 18 章，主要讲解函数与图表在人力资源、财务管理、生产管理、市场营销等领域中的应用，以实例的方式手把手教会读者解决实际问题；第 3 部分为综合应用，包括第 19 章，主要讲解如何通过函数与图表的协同使用制作出动态图表。

本书内容丰富全面，讲解清晰详细，不仅适合具备一定的 Excel 操作基础，正打算学习公式、函数与图表的读者，而且适合渴望学习更智能化的工作方法以提高工作效率的读者。

Excel 2016 公式、函数与图表从入门到精通

出版发行：机械工业出版社（北京市西城区百万庄大街 22 号 邮政编码：100037）

责任编辑：杨 倩

印　　刷：北京天颖印刷有限公司

开　　本：184mm×260mm　1/16

书　　号：ISBN 978-7-111-54025-0

版　　次：2017 年 5 月第 1 版第 3 次印刷

印　　张：17

定　　价：49.00 元

凡购本书，如有缺页、倒页、脱页，由本社发行部调换

客服热线：（010）88379426　88361066

购书热线：（010）68326294　88379649　68995259

投稿热线：（010）88379604

读者信箱：hzit@hzbook.com

前言 Preface

Excel 是 Microsoft Office 办公软件套装中最重要的成员之一，以其强大、人性化的功能被广泛应用于数据统计分析、财务与会计、行政与文秘、人力资源管理等现代办公领域。Excel 的主要功能可大致分为数据操作与处理、公式与函数、图表与图形、数据分析、宏与 VBA 五个方面，其中公式、函数与图表几乎占据半壁江山。掌握这部分功能，是 Excel 新手到高手的必经之路。本书即以最新的 Excel 2016 为软件平台，立足于帮助各行各业的办公人员使用公式、函数与图表解决实际问题，为读者的 Excel 晋级之路扫清障碍。

内容结构

全书共 19 章，分为 3 个部分。第 1 部分为基础知识，包括第 1～8 章，主要介绍 Excel 基本操作及公式、函数与图表的基础知识；第 2 部分为行业应用，包括第 9～18 章，主要讲解函数与图表在人力资源、财务管理、生产管理、市场营销等领域中的应用；第 3 部分为综合应用，包括第 19 章，主要讲解如何制作动态图表。

编写特色

■ 层次分明好理解，动手操作助掌握

本书以由浅入深、循序渐进的方式编排内容，层次分明、思路清晰。每个实例都有详细的图文解析，配套的云空间资料完整收录了书中全部实例的原始文件和最终文件，读者按照书中的讲解，结合实例文件动手操作，能够更加形象、直观地理解和掌握知识点。

■ 知识补充开眼界，实用技巧增效率

本书在主体内容中穿插了大量"知识补充"和"高效实用技巧"，对知识点进行扩展和提升，对操作技巧进行总结和提炼，对读者开阔眼界、提高工作效率大有裨益。

读者对象

本书不仅适合具备一定的 Excel 操作基础，正打算学习公式、函数与图表的读者，而且适合渴望学习更智能化的工作方法以提高工作效率的读者。

由于编者水平有限，在编写本书的过程中难免有不足之处，恳请广大读者指正批评，除了扫描二维码添加订阅号获取资讯以外，也可加入 QQ 群 137036328 与我们交流。

编者
2016 年 5 月

如何获取云空间资料

一、扫描关注微信公众号

在手机微信的"发现"页面中点击"扫一扫"功能，如左下图所示，页面立即切换至"二维码/条码"界面，将手机对准右下图中的二维码，即可扫描关注我们的微信公众号。

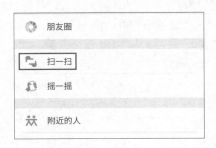

二、获取资料下载地址和密码

关注公众号后，回复本书书号的后 6 位数字"540250"，公众号就会自动发送云空间资料的下载地址和相应密码。

三、打开资料下载页面

方法 1：在计算机的网页浏览器地址栏中输入获取的下载地址（输入时注意区分大小写），按 Enter 键即可打开资料下载页面。

方法 2：在计算机的网页浏览器地址栏中输入"wx.qq.com"，按 Enter 键后打开微信网页版的登录界面。按照登录界面的操作提示，使用手机微信的"扫一扫"功能扫描登录界面中的二维码，然后在手机微信中点击"登录"按钮，浏览器中将自动登录微信网页版。在微信网页版中单击左上角的"阅读"按钮，如右图所示，然后在下方的消息列表中找到并单击刚才公众号发送的消息，在右侧便可看到下载地址和相应密码。将下载地址复制、粘贴到网页浏览器的地址栏中，按 Enter 键即可打开资料下载页面。

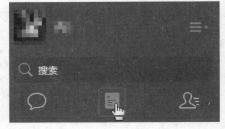

四、输入密码并下载资料

在资料下载页面的"请输入提取密码："下方的文本框中输入下载地址附带的密码（输入时注意区分大小写），再单击"提取文件"按钮，在新打开的页面中单击右上角的"下载"按钮，在弹出的菜单中选择"普通下载"选项，即可将云空间资料下载到计算机中。下载的资料如为压缩包，可使用 7-Zip、WinRAR 等解压软件解压。

目录 Contents

★ 第1部分 ★

基础知识

第1章

学公式、函数与图表前你应该知道的

公式、函数和图表是 Excel 最重要的功能之一，熟练并灵活地运用这些功能，就能让您在处理电子表格时更加得心应手，更能提高数据分析的水准。而要学习 Excel 中公式、函数和图表的使用，首先应该对 Excel 的基础知识有所了解，这也是用户学习 Excel 所必备的知识。

本章知识点

- 工作簿的操作
- 工作表的操作
- 单元格的操作
- 调整数据格式
- 输入数据
- 设置数据验证
- 筛选数据
- 排序数据
- 创建分类汇总
- 创建数据透视表

1.1 学习公式必须掌握的Excel知识

在具体学习 Excel 公式运用之前，用户需掌握一些 Excel 的基础知识，如工作簿和工作表的操作方法、对单元格和区域进行调整的方法、设置数据格式的方法等。

1.1.1 工作簿的基本操作

在 Excel 中，用来储存并处理工作数据的文件叫做工作簿，用户可以对工作簿进行各种操作，比如创建新的工作簿、对编辑过的工作簿进行保存、打开已有的工作簿以及关闭不需要再编辑的工作簿等。Excel 2016 对应的工作簿文件扩展名为 .xlsx，当用户启动 Excel 2016 程序时，系统会自动创建一个名为"工作簿 1.xlsx"的工作簿文件。

1. 新建工作簿

启动 Excel 2016 程序后，系统默认会自动新建一个空白工作簿，如果需要创建更多的工作簿，则可在 Excel 2016 窗口中通过"文件"菜单来创建，具体操作方法如下。

步骤01 启动Excel 2016程序。单击任务栏中的"开始"按钮，❶在弹出的菜单中单击"所有程序"，❷然后单击"Excel 2016"命令，如右图所示。

步骤02 创建工作簿。此时，将自动启动Excel 2016程序组件，然后在工作表的右侧单击"空白工作簿"图标，如下图所示。

步骤03 新建空白工作簿。此时系统将自动创建一个名为"工作簿1"的工作簿文件，如下图所示。

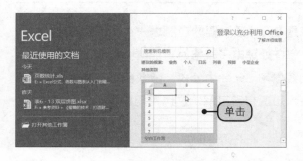

知识补充

在电脑中安装 Office 2016 办公软件后，若在桌面上创建有 Excel 2016 组件的快捷图标，则双击该快捷图标也可快速启动 Excel 2016。

高效实用技巧：新建带数据内容的工作簿

Excel 2016 中提供了许多格式和内容都已事先设计好的工作簿模板。用户如果要创建相关的工作簿，只需在"新建"面板的右侧单击要创建的样本模板图标，然后在弹出的界面中单击"创建"按钮即可，如右图所示。

2. 保存工作簿

创建工作簿后，用户需要将其保存，才能使编辑的数据不会丢失。下面介绍保存工作簿的具体操作方法。

原始文件：无	
最终文件：下载资源\实例文件\第1章\最终文件\保存工作簿.xlsx	

步骤01 单击"保存"按钮。在新建一个工作簿后，如果需要将其保存，则单击"保存"按钮，如下图所示。

步骤02 另存工作簿。此时，系统自动切换至Backstage视图窗口的"另存为"面板中，单击"浏览"按钮，如下图所示。

步骤03 设置保存路径及名称。弹出"另存为"对话框，❶设置好文件的保存路径，❷在"文件名"后的文本框中输入文件名，如下图所示，设置完成后单击"保存"按钮。

步骤04 完成保存。经过操作后，返回到Excel 2016工作簿中，即可在标题栏中看到所保存的工作簿名称，如下图所示。

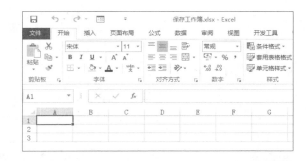

知识补充

　　如需快速对工作簿进行保存，则可直接按下【Ctrl+S】组合键来保存数据。

3. 关闭工作簿

　　当不再使用某个打开的工作簿时，就可以将其关闭。关闭工作簿最简单的方法就是直接退出 Excel 2016 程序，不过这种方法会将所有打开的工作簿都关闭。除了这种方法，用户还可以通过标题栏、窗口控制按钮、"文件"菜单、任务栏等来关闭当前打开的工作簿。

| 原始文件：下载资源\实例文件\第1章\原始文件\关闭工作簿.xlsx |
| 最终文件：无 |

步骤01 通过标题栏关闭当前工作簿。打开原始文件，在标题栏的任意位置右击，在弹出的快捷菜单中单击"关闭"命令，如下图所示。或者直接按下【Alt+F4】组合键，即可关闭当前工作簿。

步骤02 通过窗口控制按钮关闭当前工作簿。直接单击工作簿窗口右上角的"关闭"按钮，也可将其关闭，如下图所示。

步骤03 通过视图窗口中的命令关闭当前工作簿。单击"文件"按钮，然后在弹出的视图窗口中单击"关闭"命令，也可快速关闭当前工作簿，如右图所示。

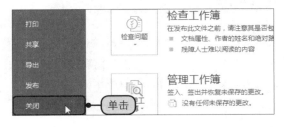

步骤04 通过任务栏按钮关闭当前工作簿。❶在任务栏右击打开的工作簿图标，❷然后在弹出的快捷菜单中单击"关闭窗口"命令，也可将其关闭，如右图所示。

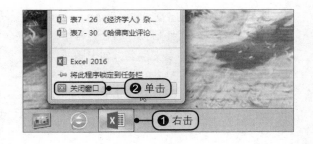

4. 打开已保存的工作簿

当需要使用电脑中已经保存的工作簿时，就需要将其打开。打开工作簿的方法有多种，如通过"文件"菜单命令选择要打开的工作簿将其打开，或直接双击现有工作簿图标来打开。

原始文件：	下载资源\实例文件\第1章\原始文件\统计表.xlsx
最终文件：	无

方法1：通过视图窗口中的命令打开工作簿

步骤01 单击"浏览"按钮。启动Excel 2016后，单击"文件"按钮，自动切换至"打开"面板，然后单击"浏览"按钮，如下图所示。

步骤02 选择要打开的工作簿。弹出"打开"对话框，❶找到要打开的工作簿的保存路径，❷然后双击要打开的工作簿即可，如下图所示。

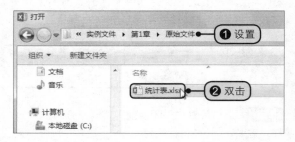

步骤03 显示打开的工作簿。随后即可看到打开的工作簿的内容，如右图所示。

知识补充

如果要打开的工作簿最近才打开过，则可直接在"打开"面板右侧的"最近"选项中直接单击要打开的工作簿。

方法2：双击工作簿图标打开工作簿

打开Windows资源管理器，❶找到保存工作簿的路径，❷然后双击要打开的工作簿图标，即可快速打开已保存的工作簿，如右图所示。

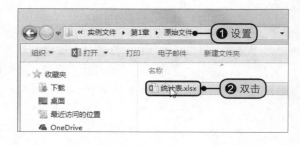

1.1.2 工作表的简单操作

工作表是显示在工作簿窗口中的表格。在 Excel 中，用户输入与编辑数据都是在工作表中进行的。一个工作簿由多个工作表组成。在默认方式下创建的工作簿，通常都包含 3 个工作表，分别以工作表标签 Sheet1、Sheet2 和 Sheet3 加以区分。需要使用某个工作表时，单击相应工作表标签就可以切换了。下面介绍工作表的一些基本操作，主要包括插入与删除工作表、重命名工作表以及隐藏与显示工作表等。

1. 插入与删除工作表

默认情况下，一个 Excel 工作簿中包含 3 个工作表。但如果用户实际需要使用的工作表数目超过了 3 个，也可以自行在工作簿中进行添加。对于不再使用的工作表，可以将其删除。

> 原始文件：无
>
> 最终文件：下载资源\实例文件\第1章\最终文件\插入与删除工作表.xlsx

（1）插入工作表

步骤01 插入工作表。启动Excel 2016，在工作表标签的右侧单击"新工作表"按钮，如下图所示。

步骤02 显示插入的工作表。经过操作后，系统会自动在其他工作表的右侧插入新的工作表，如下图所示。

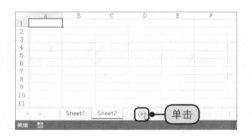
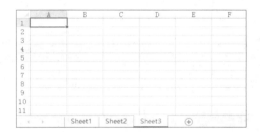

知识补充

用户也可以单击"开始"选项卡下"单元格"组中的"插入"按钮，在展开的下拉列表中单击"插入工作表"选项，插入新的空白工作表。

（2）删除工作表

步骤01 删除工作表。若要删除工作表，❶可直接右击要删除的工作表标签，❷在弹出的快捷菜单中单击"删除"命令，如下图所示。

步骤02 显示删除工作表后的效果。经过操作后，即可在打开的工作簿中删除不需要的工作表，其效果如下图所示。

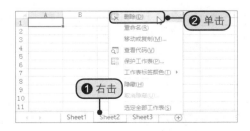
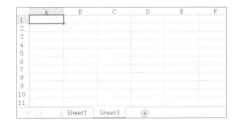

2. 重命名工作表

系统自动命名的工作表名称是 Sheet1、Sheet2 和 Sheet3，在使用时不是很直观，为了便于对工作表内容的记忆与管理，用户最好还是对工作簿中的各个工作表进行重命名加以区别。重命名工作表的具体操作方法如下。

原始文件：下载资源\实例文件\第1章\原始文件\重命名工作表.xlsx

最终文件：下载资源\实例文件\第1章\最终文件\重命名工作表.xlsx

步骤01 重命名工作表。打开原始文件，❶右击要重命名的工作表标签，❷在弹出的快捷菜单中单击"重命名"命令，如下图所示。

步骤02 显示重命名工作表的效果。此时工作表标签呈可编辑状态，直接输入新的工作表名称，完成后按下【Enter】键，即可完成工作表的重命名操作，如下图所示。

知识补充

用户还可以双击要重命名的工作表标签，此时工作表同样呈可编辑状态，输入新名称即可。

3. 隐藏与显示工作表

用户如果不希望其他人在打开工作表时轻易查看到某个工作表，则可以将其隐藏起来，当自己需要使用时再将其显示。

原始文件：下载资源\实例文件\第1章\原始文件\隐藏与显示工作表.xlsx

最终文件：下载资源\实例文件\第1章\最终文件\隐藏与显示工作表.xlsx

（1）隐藏工作表

步骤01 隐藏工作表。打开原始文件，❶右击要隐藏的工作表标签，❷在弹出的快捷菜单中单击"隐藏"命令，如下图所示。

步骤02 显示隐藏效果。经过操作后，即可看到"Sheet1"工作表被隐藏了，如下图所示。

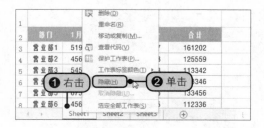

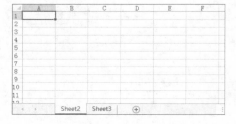

（2）显示隐藏的工作表

步骤01 ▶ **取消隐藏。**若要将被隐藏的工作表恢复显示，❶则可选中任意工作表标签后右击，❷在弹出的快捷菜单中单击"取消隐藏"命令，如下图所示。

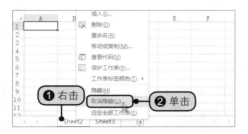

步骤02 ▶ **选择取消隐藏的工作表。**此时会弹出"取消隐藏"对话框，❶在列表框中选择要显示的工作表，❷然后单击"确定"按钮，如下图所示。

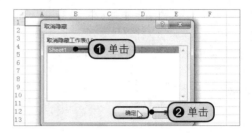

步骤03 ▶ **显示取消隐藏工作表后的效果。**返回工作簿中，即可看到被隐藏的工作表恢复显示了，如右图所示。

知识补充

　　要想打开"取消隐藏"对话框，还可以直接单击"开始"选项卡下"单元格"组中的"格式"按钮，然后在展开的列表中单击"隐藏和取消隐藏＞隐藏工作表"选项。

	A	B	C	D	E	F
1			统 计 表			
2	部门	1月份	2月份	3月份	合计	
3	营业部1	51980	45645	63577	161202	
4	营业部2	45656	23435	56468	125559	
5	营业部3	54565	24234	34543	113342	
6	营业部4	35456	34456	53434	123346	
7	营业部5	67578	23423	42455	133456	
8	营业部6	45667	22314	44355	112336	

Sheet1　Sheet2　Sheet3

1.1.3　单元格和区域的调整

　　单元格是工作表的最小组成单位，也是 Excel 整体操作的最小单位。在 Excel 中，因为公式、函数以及图表源数据的输入都需要在单元格中进行，所以掌握好单元格的操作至关重要。而在单元格的操作中，又以合并单元格与调整单元格尺寸最为常用。

1. 合并单元格

　　合并单元格是用户在制作表格时常用的操作，它可以将多个单元格合并成一个单元格，以便这个单元格区域能够适应工作表的内容。在进行合并单元格操作时，用户可以根据表格内容选择合并后数据居中显示、跨越合并以及直接合并单元格 3 种单元格合并方式。

> **原始文件：**下载资源\实例文件\第1章\原始文件\合并单元格.xlsx
> **最终文件：**下载资源\实例文件\第1章\最终文件\合并单元格.xlsx

（1）合并后居中

步骤01 ▶ **合并后居中单元格。**打开原始文件，❶选中A1:F1单元格区域，❷单击"开始"选项卡下的"对齐方式"组中的"合并后居中"下三角按钮，❸然后在展开的列表中单击"合并后居中"选项，如右图所示。

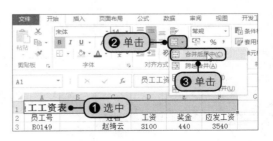

步骤02 显示合并后居中的效果。此时可看到合并后居中的单元格效果，如右图所示。

	A	B	C	D	E	F
1			员工工资表			
2	员工号		姓名	工资	奖金	应发工资
3	B0149		赵绮云	3100	440	3540
4	B0150		陈祝清	2800	370	3170
5	B0151		潘红杰	2700	200	2900
6	B0152		刘芳	2600	340	2940
7	B0153		王正杰	2900	180	3080
8	B0154		杨婉婉	2850	320	3170
9	B0155		韩识	3100	350	3450
10	统计人：			张强		
11						
12						

知识补充

　　若用户想拆分合并后的单元格，则可以先选中经过合并的单元格区域，然后再次单击"对齐方式"组中的"合并后居中"按钮。

（2）跨越合并

步骤01 选中单元格区域。继续上小节中的工作表，选中A2:B9单元格区域，如下图所示。

	A	B	C	D	E	F
1			员工工资表			
2	员工号		姓名	工资	奖金	应发工资
3	B0149		赵绮云	3100	440	3540
4	B0150		陈祝清	2800	370	3170
5	B0151		潘红杰	2700	200	2900
6	B0152		刘芳 选中	2600	340	2940
7	B0153		王正杰	2900	180	3080
8	B0154		杨婉婉	2850	320	3170
9	B0155		韩识	3100	350	3450
10	统计人：			张强		
11						
12						
13						

步骤03 显示跨越合并的效果。经过操作后，可看到A2:B9单元格区域中每行所选择的单元格已经各自进行了合并，效果如右图所示。

步骤02 跨越合并单元格。❶单击"合并后居中"下三角按钮，❷在展开的下拉列表中单击"跨越合并"选项，如下图所示。

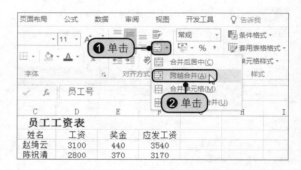

	A	B	C	D	E	F
1			员工工资表			
2	员工号		姓名	工资	奖金	应发工资
3	B0149		赵绮云	3100	440	3540
4	B0150		陈祝清	2800	370	3170
5	B0151		潘红杰	2700	200	2900
6	B0152		刘芳	2600	340	2940
7	B0153		王正杰	2900	180	3080
8	B0154		杨婉婉	2850	320	3170
9	B0155		韩识	3100	350	3450
10	统计人：			张强		

（3）直接合并单元格

步骤01 合并单元格。继续上小节中的工作表，❶选中A10:C10单元格区域，❷然后单击"对齐方式"组中的"合并后居中"下三角按钮，❸在展开的下拉列表中单击"合并单元格"选项，如下图所示。

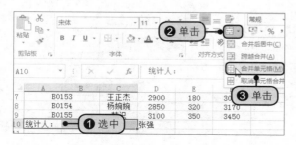

步骤02 显示合并效果。此时，所选择的A10:C10单元格区域被合并成了一个单元格，不过单元格中内容的位置不变，如下图所示。

	A	B	C	D	E	F
1			员工工资表			
2	员工号		姓名	工资	奖金	应发工资
3	B0149		赵绮云	3100	440	3540
4	B0150		陈祝清	2800	370	3170
5	B0151		潘红杰	2700	200	2900
6	B0152		刘芳	2600	340	2940
7	B0153		王正杰	2900	180	3080
8	B0154		杨婉婉	2850	320	3170
9	B0155		韩识	3100	350	3450
10	统计人：			张强		
11						

2．调整行和列尺寸

在 Excel 中，如果单元格中的数据没有被完全显示出来，需适当地调整单元格的列宽或行高，此时可以根据不同的目的按照以下 3 种方式进行操作。

原始文件：下载资源\实例文件\第1章\原始文件\调整行和列尺寸.xlsx
最终文件：下载资源\实例文件\第1章\最终文件\调整行和列尺寸.xlsx

（1）直接拖动调整行高或列宽

步骤01 更改列宽。打开原始文件，将鼠标指针移至列标间，当出现十字符号时，按住鼠标左键拖动，如下图所示。

步骤02 显示更改列宽后的效果。拖动至合适的位置后释放鼠标左键，列宽会随之调整，如下图所示。

步骤03 更改行高。将鼠标指针移至行号间，当出现十字符号后，按住鼠标左键拖动，如下图所示。

步骤04 显示更改效果。在拖动时系统会显示当前行的行高作参考，到合适高度后释放鼠标即可，如下图所示。

（2）使用功能区中的命令精确调整行高或列宽

步骤01 选择单行。若要精确调整行的行高，则可先在上小节中打开的工作表中单击某行行号，如下图所示。若要精确调整列宽，则单击列标选中某列。

步骤02 单击"行高"选项。❶单击"开始"选项卡下"单元格"组中的"格式"按钮，❷在展开的下拉列表中单击"行高"选项，如下图所示。若要调整列宽，则单击"列宽"选项。

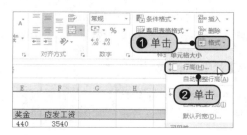

步骤03 输入行高值。弹出"行高"对话框，❶在"行高"文本框中输入设置的行高值，❷然后单击"确定"按钮，如下图所示。

步骤04 显示调整行高后的效果。返回工作表中，即可看到所选择的行的高度已经做了调整，如下图所示。

（3）自动匹配行高和列宽

步骤01 选择要调整的单元格区域。若要根据单元格中的内容自动调整单元格的大小，则先在工作表中选择要自动调整的区域，如下图所示。

步骤02 设置自动调整行高或列宽。❶单击"开始"选项卡下"单元格"组中的"格式"按钮，❷在展开的下拉列表中单击"自动调整列宽"选项，如下图所示。

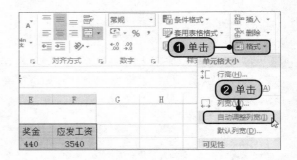

步骤03 自动调整后的效果。此时，所选中的单元格区域即按照数据内容自动调整了每列的列宽，如右图所示。

> **知识补充**
>
> 如果需要更改工作表中多行的高度，可选中多行，拖动任意行号的下边界，至合适高度后释放鼠标即可，更改列宽的操作与此类似。

1.1.4 数据格式调整手段

在编辑 Excel 工作表中的源数据表格时，为了使表格看上去更规范、整齐、美观与专业，用户可以对工作表中的字体格式、数字格式、单元格以及表格样式进行调整。

1. 设置字体格式

在 Excel 中，字体格式的设置通常包括对字体、字号、字形以及字体颜色的设置。在工作表中输入数据后，如果对默认数据的字体格式不满意，可以对其进行更改。

| 原始文件： | 下载资源\实例文件\第1章\原始文件\设置字体格式.xlsx |
| 最终文件： | 下载资源\实例文件\第1章\最终文件\设置字体格式.xlsx |

步骤01 设置字体。打开原始文件，❶选中A1单元格，❷单击"开始"选项卡下"字体"组中"字体"右侧的下三角按钮，❸在展开的下拉列表中单击"华文新魏"选项，如下图所示。

步骤02 选择字号。❶再单击"字体"组中"字号"右侧的下三角按钮，❷在展开的列表中单击单击"18"号，如下图所示。

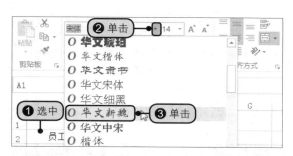

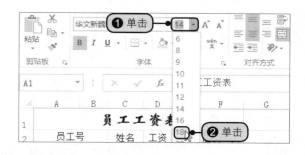

步骤03 选择字体颜色。❶单击"字体"组中"字体颜色"右侧的下三角按钮，❷在展开的列表中单击所需颜色，如下图所示。

步骤04 查看设置效果。经过操作后，即可看到所选单元格区域中的数据已经应用了相应的字体、字号和字体颜色，如下图所示。

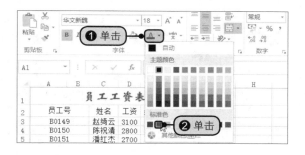

2. 设置数字格式

对于 Excel 工作表中的数值、货币、日期、时间等数据类型，用户可以设置其数字显示格式，让它们在表格中表现得更直观、更符合需要。比如设置数值保留两位小数、日期以某种格式显示，或者将金额数据以货币类型显示，甚至自定义数字格式。

| 原始文件： | 下载资源\实例文件\第1章\原始文件\设置数字格式.xlsx |
| 最终文件： | 下载资源\实例文件\第1章\最终文件\设置数字格式.xlsx |

（1）设置数值格式

步骤01 设置单元格格式。打开原始文件，❶选中要设置的单元格区域并右击，❷在弹出的快捷菜单中单击"设置单元格格式"命令，如右图所示。

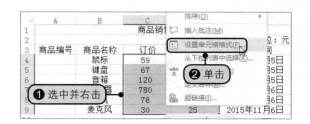

步骤02 设置数值格式。弹出"设置单元格格式"对话框，❶在"数字"选项卡下单击"分类"列表框中的"数值"选项，❷然后单击"小数位数"右侧的数字调节按钮，当文本框中显示"2"时，单击"确定"按钮，如下图所示。

步骤03 显示设置效果。返回工作表中，即可看到所选中的数据应用了设置的数值格式，如下图所示。

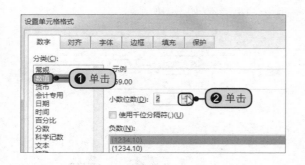

知识补充

在设置数值格式的小数位数时，还可以直接在"小数位数"后的文本框中输入要设置的位数。

（2）设置货币格式

步骤01 启用对话框。继续上小节中的工作表，❶选中C4:D9单元格区域，❷单击"开始"选项卡下"数字"组中的对话框启动器，如下图所示。

步骤02 选择数字格式。弹出"设置单元格格式"对话框，❶单击"数字"选项卡下"分类"列表框中的"货币"选项，❷并在右侧设置好"小数位数"和"货币符号"，如下图所示。

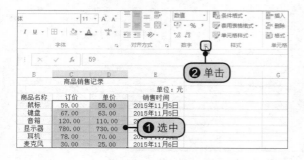

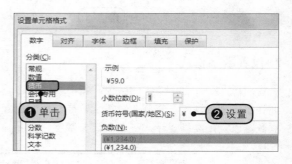

步骤03 查看设置后的效果。单击"确定"按钮返回工作表中，可看到设置后的效果，如右图所示。

知识补充

除了可以设置货币数据的小数位数、货币符号外，用户还可以在"设置单元格格式"对话框中设置货币的负数表现形式。

（3）设置日期格式

步骤01 设置单元格格式。继续上小节中的工作表，❶选中要设置的单元格区域并右击，❷在弹出的快捷菜单中单击"设置单元格格式"命令，如下图所示。

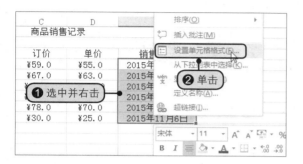

步骤02 设置日期格式。弹出"设置单元格格式"对话框，❶单击"分类"列表框中的"日期"选项，❷在"类型"列表框中单击要设置的格式，如下图所示。

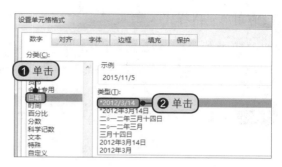

步骤03 显示设置后的效果。单击"确定"按钮返回工作表，可看到设置后的效果，如右图所示。

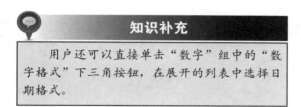

知识补充

　　用户还可以直接单击"数字"组中的"数字格式"下三角按钮，在展开的列表中选择日期格式。

（4）自定义数字格式

步骤01 设置单元格格式。继续上小节中的工作表，❶选中要设置的单元格区域并右击，❷在弹出的快捷菜单中单击"设置单元格格式"命令，如下图所示。

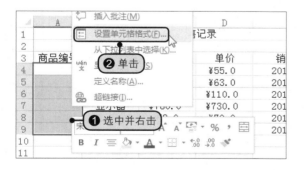

步骤02 自定义数字格式。弹出"设置单元格格式"对话框，❶单击"分类"列表框中的"自定义"选项，❷在"类型"下的文本框中输入需要的数字格式，如下图所示。

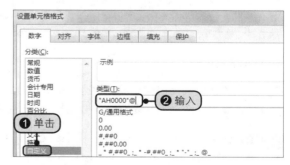

步骤03 输入数据。在A4单元格中输入"1"，如右图所示。

步骤04 显示自定义的数据效果。按下【Enter】键，即可看到自定义的数据效果，如右图所示，随后为其他单元格输入数据。

	A	B	C	D	E
1			商品销售记录		
2					单位：元
3	商品编号	商品名称	订价	单价	销售时间
4	AH00001	鼠标	¥59.0	¥55.0	2015/11/5
5	AH00004	键盘	¥67.0	¥63.0	2015/11/5
6	AH00006	音箱	¥120.0	¥110.0	2015/11/5
7	AH00007	显示器	¥780.0	¥730.0	2015/11/6
8	AH00008	耳机	¥78.0	¥70.0	2015/11/6
9	AH00009	麦克风	¥30.0	¥25.0	2015/11/6

3. 应用单元格样式

单元格样式是一组已定义的格式集合，包括字体和字号、数字格式、单元格边框和单元格底纹。在 Excel 2016 中内置了许多单元格样式，用户可以直接应用，以快速给单元格更改更专业的外观。应用单元格样式的具体操作步骤如下。

步骤01 选择单元格。继续上小节中的工作表，选中A1单元格，如下图所示。

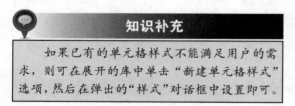

步骤02 选择样式。❶单击"开始"选项卡下"样式"组中的"单元格样式"按钮，❷在展开的库中选择所需样式，如下图所示。

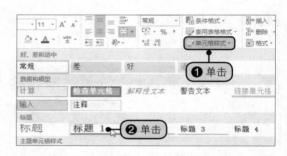

步骤03 查看设置后的效果。经过操作后，即可看到所选的单元格已应用了相应的单元格样式，如右图所示。

知识补充

如果已有的单元格样式不能满足用户的需求，则可在展开的库中单击"新建单元格样式"选项，然后在弹出的"样式"对话框中设置即可。

	A	B	C	D	E
1			商品销售记录		
2					单位：元
3	商品编号	商品名称	订价	单价	销售时间
4	AH00001	鼠标	¥59.0	¥55.0	2015/11/5
5	AH00004	键盘	¥67.0	¥63.0	2015/11/5
6	AH00006	音箱	¥120.0	¥110.0	2015/11/5
7	AH00007	显示器	¥780.0	¥730.0	2015/11/6
8	AH00008	耳机	¥78.0	¥70.0	2015/11/6
9	AH00009	麦克风	¥30.0	¥25.0	2015/11/6

4. 套用表格格式

应用内置的单元格样式可以快速设置单元格的格式。而如果用户应用工作表中预置的表格格式，则可以快速设置一个规范且专业的表格。

步骤01 套用单元格样式。继续上小节中的工作表，❶单击"开始"选项卡下"样式"组中的"套用表格格式"按钮，❷在展开的库中选择所需样式，如右图所示。

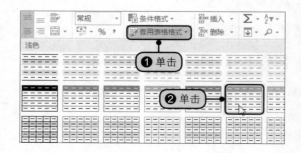

步骤02 确认表区域。弹出"创建表"对话框，❶设置好"表数据的来源"，❷然后勾选"表包含标题"复选框，❸单击"确定"按钮，如下图所示。

步骤03 查看设置后的效果。返回工作表中即可看到设置后的效果，如下图所示。

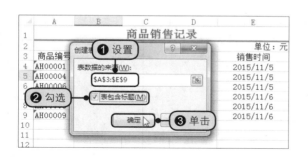

> **知识补充**
>
> 在设置表数据来源时，用户也可以提前将要设置的单元格区域选中，然后再套用单元格样式。

1.2　公式、函数、图表数据来源

　　要在 Excel 工作表中运用公式、函数、图表完成数据的处理与分析，首先需要在工作表中输入源数据。在 Excel 2016 中，可以输入的数据类型很多，包括文本、数值、日期、时间等。在输入数据前，为避免输入错误，用户可事先限制数据的输入范围，以及设置录错提醒。

1.2.1　输入基础数据

　　在单元格中可以输入各种类型的数据，比如文本、数值、日期与时间、分数等，下面将分别进行介绍。

原始文件：	无
最终文件：	下载资源\实例文件\第1章\最终文件\输入基础数据.xlsx

1. 输入文本

　　文本类型的数据是在工作表中输入的常见数据类型之一。Excel 中的文本数据不仅包括汉字、英文字母，还包括具有文本性质的数字。

步骤01 输入文本。启动Excel 2016，选中A1单元格，直接输入所需文本，然后按下【Enter】键，如下图所示。

步骤02 单击"输入"按钮。此时，在目标单元格中显示了输入的文本，❶然后选中A2单元格，输入所需文本，❷单击"输入"按钮，如下图所示。

步骤03 完成输入。继续按照同样的方法输入其他字段，效果如右图所示。

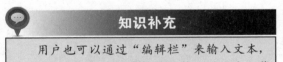

2. 输入数值

数值是一切分析的依据。直接用键盘上的数字键就可以在 Excel 中输入数值了，输入的数值在单元格中会以右对齐的形式显示。为了使数值格式更规范，输入前也可以事先对其进行格式设置。

步骤01 设置单元格格式。继续上小节中的工作表，❶选中B3:B7单元格区域并右击，❷在弹出的快捷菜单中单击"设置单元格格式"命令，如下图所示。

步骤02 设置数值格式。弹出"设置单元格格式"对话框，❶在"数字"选项卡下的"分类"列表框中单击"数值"选项，❷然后在右侧设置"小数位数"为"2"，如下图所示。

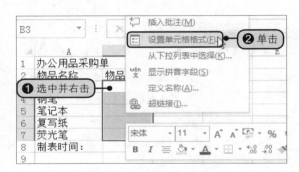

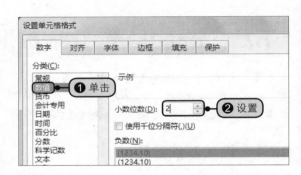

步骤03 输入数值。单击"确定"按钮，返回工作表中，在B3单元格中输入数据"5.5"，按下【Enter】键，即可看到数据自动应用了设置的数值格式，如下图所示。

步骤04 输入常规数据。用同样的方法继续在B列中输入物品单价，然后在C列的相应单元格中输入各个商品的采购数量，如下图所示。

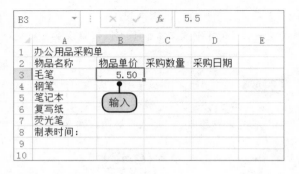

3. 输入日期与时间

日期与时间通常用来记载一些重要的日子。在 Excel 工作表中，只要按照日常生活中的日期与时间记录方式直接输入就可以了。

步骤01 **输入日期数据**。继续上小节中的工作簿，在D3单元格中直接输入采购日期"2015年11月5日"，如下图所示。

| D3 | ▼ | ⋮ | × | ✓ | fx | 2015年11月5日 |

	A	B	C	D	E
1	办公用品采购单				
2	物品名称	物品单价	采购数量	采购日期	
3	毛笔	5.50	5	2015年11月5日	
4	钢笔	10.00	10		
5	笔记本	8.00	20	输入	
6	复写纸	3.50	50		
7	荧光笔	3.00	4		
8	制表时间:				
9					
10					

步骤02 **输入其他日期**。按下【Enter】键，即可完成日期的输入，然后在D列中的其他单元格中输入日期，如下图所示。

	A	B	C	D
1	办公用品采购单			
2	物品名称	物品单价	采购数量	采购日期
3	毛笔	5.50	5	2015年11月5日
4	钢笔	10.00	10	2015年11月5日
5	笔记本	8.00	20	2015年11月5日
6	复写纸	3.50	50	2015年11月5日
7	荧光笔	3.00	4	2015年11月5日
8	制表时间:			
9				输入
10				
11				
12				

步骤03 **输入时间**。选中B8:D8单元格区域，并对其进行合并居中，然后在B8单元格中输入时间数据"10:39"，如下图所示。

	A	B	C	D
1	办公用品采购单			
2	物品名称	物品单价	采购数量	采购日期
3	毛笔	5.50	5	2015年11月5日
4	钢笔	10.00	10	2015年11月5日
5	笔记本	8.00	20	2015年11月5日
6	复写纸	3.50	50	2015年11月5日
7	荧光笔	3.00	4	2015年11月5日
8	制表时间:		10:39	
9				
10			输入	
11				
12				

步骤04 **完成输入**。输入后按下【Enter】键，即可在编辑栏中看到输入的数据保留了时间格式，如下图所示。

| B8 | ▼ | ⋮ | × | ✓ | fx | 10:39:00 |

	A	B	C	D
1	办公用品采购单			
2	物品名称	物品单价	采购数量	采购日期
3	毛笔	5.50	5	2015年11月5日
4	钢笔	10.00	10	2015年11月5日
5	笔记本	8.00	20	2015年11月5日
6	复写纸	3.50	50	2015年11月5日
7	荧光笔	3.00	4	2015年11月5日
8	制表时间:		10:39	
9				
10				

1.2.2　输入序列数据

如果要在工作表的一行或一列中输入一些有规律的数据，如递增、递减、成比例等，就可以考虑使用 Excel 的数据自动填充功能，它可以方便快捷地帮助用户完成一系列数据的快速录入。

1. 直接拖动输入序列

在 Excel 工作表中，每个单元格的右下角都有一个填充柄，用户可以通过拖动填充柄来填充一个数据或一系列数据，具体操作步骤如下。

原始文件: 下载资源\实例文件\第1章\原始文件\直接拖动输入序列.xlsx
最终文件: 下载资源\实例文件\第1章\最终文件\直接拖动输入序列.xlsx

步骤01 **拖动填充**。打开原始文件，❶在A3单元格中输入员工工号，❷然后将鼠标指针移至A3单元格右下角，当鼠标指针变为十字形状时，按住鼠标左键向下拖动，如右图所示。

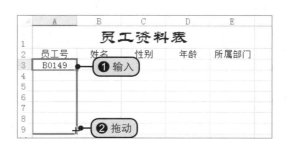

Excel 2016公式、函数与图表从入门到精通

步骤02 显示填充的序列。拖动至目标单元格后释放鼠标左键，此时可看到选择填充的单元格中已经自动填充了相应的有规律的数据，如右图所示。

高效实用技巧：输入相同的数据

　　若要在工作表中要输入相同的数据，则可以在填充数据后单击末尾单元格右侧显示的"自动填充选项"图标，在展开的列表中单击"复制单元格"单选按钮，即可在选择的单元格区域填充与起始单元格中相同的数据，如右图所示。

2. 使用"序列"对话框填充

　　在填充有规律的数据时，除了可以使用直接拖动填充，用户还可以通过"序列"对话框设置数据的填充方式填充。使用这种方式不仅可以快速输入一列有规律的编号，还能录入有规则的工作日、有规律的一组等比数值等。这种方法稍显复杂，在需要填充的数据范围较大时，可以考虑使用"序列"对话框。

> 原始文件：下载资源\实例文件\第1章\原始文件\使用序列对话框填充.xlsx
> 最终文件：下载资源\实例文件\第1章\最终文件\使用序列对话框填充.xlsx

步骤01 选中单元格区域。打开原始文件，❶在A3单元格中输入员工工号，❷然后选中A3:A9单元格区域，如下图所示。

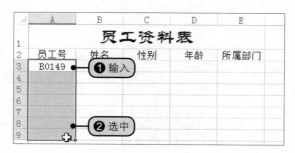

步骤03 设置序列。弹出"序列"对话框，❶在"序列产生在"选项组中单击"列"单选按钮，❷在"类型"选项组中单击"自动填充"单选按钮，❸然后单击"确定"按钮，如右图所示。

步骤02 选择"序列"选项。❶单击"开始"选项卡下"编辑"组中的"填充"下三角按钮，❷然后在展开的列表中单击"序列"选项，如下图所示。

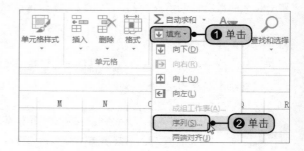

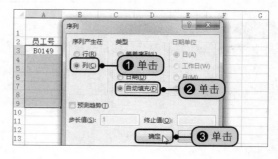

28

步骤04 显示填充的序列。经过操作后，返回到工作表中，此时所选择的单元格区域已经自动填充了相应的有规律的数据，如右图所示。

1.2.3 限制数据类型及范围

在制作工作表时，用户可以对单元格数据的有效性进行设置，以提高输入数据的准确性。如在员工工资表中，可限制输入的员工性别数据只能为"男"或"女"，或限制输入的年龄数据只能为"18-60间的整数"。

> **原始文件**：下载资源\实例文件\第1章\原始文件\限制数据类型及范围.xlsx
>
> **最终文件**：下载资源\实例文件\第1章\最终文件\限制数据类型及范围.xlsx

步骤01 选择单元格区域。打开原始文件，❶在工作表中输入员工姓名后，❷选中C3:C9单元格区域，如下图所示。

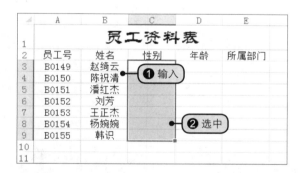

步骤02 单击数据验证选项。切换到"数据"选项卡下，❶单击"数据工具"组中的"数据验证"按钮，❷在展开的下拉列表中单击"数据验证"选项，如下图所示。

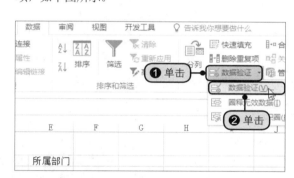

步骤03 设置数据验证条件。弹出"数据验证"对话框，❶在"设置"选项卡下设置"允许"为"序列"，❷在"来源"文本框中输入"男,女"（逗号需在半角状态下输入），如下图所示。

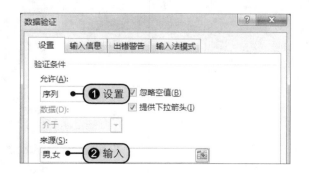

步骤04 选择填充数据。单击"确定"按钮，返回到工作表中，此时在活动单元格右侧出现了下三角按钮，❶单击该下三角按钮，❷在展开的下拉列表中选择相应的性别即可，如下图所示。

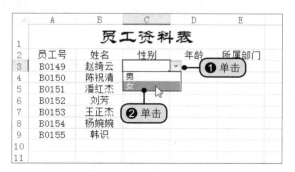

步骤05 选中单元格区域。❶按照相同的方法快速在C4:C9单元格区域中选择相应的性别，❷然后再选中D3:D9单元格区域，如下图所示。

步骤06 设置数据验证条件。再次打开"数据验证"对话框，❶设置"允许"为"整数"，❷设置"数据"为"介于"，❸在"最小值"文本框中输入年龄的下限，在"最大值"文本框中输入年龄的上限，如下图所示。

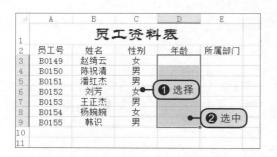

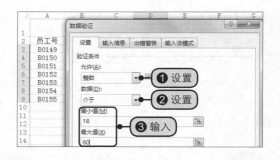

步骤07 输入不满足设置条件的数据。单击"确定"按钮，返回工作表中，❶在D3:D9单元格区域中输入不满足设置的条件的年龄，❷弹出错误提示对话框，若要重新输入，单击"重试"按钮，如下图所示。

步骤08 完成数据的输入。重新在D3:D9单元格区域中输入满足年龄范围的数据，接着输入"所属部门"列中的数据，完成表格的制作，如下图所示。

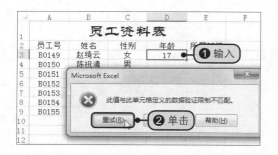

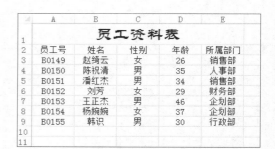

知识补充

在工作表中设置限制数据类型和范围后，若要取消限制，则可在"数据验证"对话框中单击左下角的"全部清除"按钮。

1.3 源数据的选择、整理与汇总

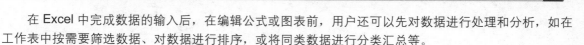

在 Excel 中完成数据的输入后，在编辑公式或图表前，用户还可以先对数据进行处理和分析，如在工作表中按需要筛选数据、对数据进行排序，或将同类数据进行分类汇总等。

1.3.1 源数据的选择——筛选

如果只需针对数据表的某部分内容编制公式或作图，就需先将这些源数据筛选出来。筛选就是将满足一定条件的数据从工作表中单独显示出来，而将不符合条件的数据暂时隐藏起来。在 Excel 中，筛选的方式主要有 3 种，分别是自动筛选、自定义筛选以及高级筛选。

原始文件：	下载资源\实例文件\第1章\原始文件\筛选数据.xlsx
最终文件：	下载资源\实例文件\第1章\最终文件\筛选数据.xlsx

1. 自动筛选

自动筛选是最简单的筛选方法，通过它可以用最简单的选择条件从工作表中快速筛选出符合某个或某些条件的记录，具体操作方法如下。

步骤01 单击"筛选"按钮。打开原始文件，❶选中任意数据单元格，❷切换到"数据"选项卡，单击"排序和筛选"组中的"筛选"按钮，如下图所示。

步骤02 选择筛选条件。❶单击"性别"右侧的下三角按钮，❷在展开的下拉列表中取消勾选"全选"复选框，❸勾选"男"复选框，如下图所示，然后单击"确定"按钮。

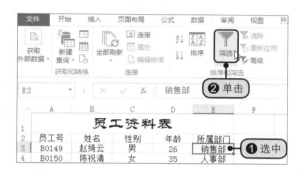

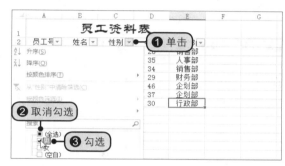

步骤03 显示筛选结果。经过操作后，此时可以看到工作表中的数据只显示了性别为"男"的员工信息，如右图所示。

知识补充

选中了工作表中含有数据的任意单元格后，在键盘上按下【Ctrl+Shift+L】组合键，也可快速进入筛选状态。

2. 自定义筛选

在筛选数据时，若需要设置的筛选条件达到了两个，并且在某个范围，则可以使用自定义筛选功能来获得更为准确的筛选结果。

步骤01 清除筛选。继续上小节中的工作表，❶单击C2单元格右侧的筛选按钮，❷在展开的下拉列表中单击"从'性别'中清除筛选"选项，如右图所示。

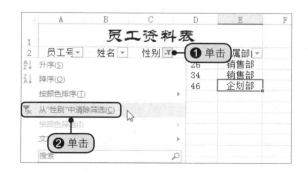

步骤02 选择自定义筛选方式。❶在筛选状态下单击"年龄"右侧的筛选按钮，❷在展开的下拉列表中单击"数字筛选>大于"选项，如下图所示。

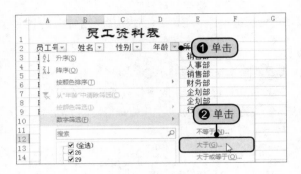

步骤03 设置筛选条件。弹出"自定义自动筛选方式"对话框，❶在"大于"右侧的文本框中输入"35"，❷然后单击"确定"按钮，如下图所示。

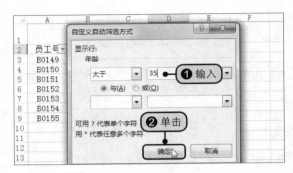

步骤04 显示筛选效果。经过操作后，返回到工作表中，此时可以看到已经对工作表中的数据进行了筛选，只显示了年龄大于35的员工信息，如右图所示。

	A	B	C	D	E
1			员工资料表		
2	员工号	姓名	性别	年龄	所属部[
7	B0153	王正杰	男	46	企划部
8	B0154	杨婉婉	女	37	企划部
11					
12					
13					
14					
15					
16					

3. 高级筛选

如果要一次同时筛选出符合多组条件的数据，借助上面两种方式很难办到，此时就需要使用高级筛选功能。要使用高级筛选功能，首先需要在工作表空白区域建立筛选条件，即设置条件区域。高级筛选主要包括"与"条件的筛选，即同时满足多个条件的筛选；"或"条件的筛选，即满足设置条件中的任意一个条件的筛选。

（1）"与"条件的数据筛选

步骤01 清除筛选。继续上小节中的工作表，❶单击D2单元格右侧的筛选按钮，❷在展开的下拉列表中单击"从'年龄'中清除筛选"选项，如下图所示。

步骤02 输入高级筛选条件。在C11:D12单元格区域中输入筛选条件，如下图所示。

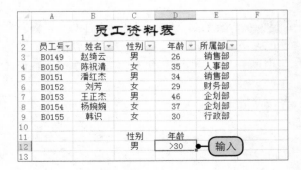

步骤03 单击"高级"按钮。切换到"数据"选项卡，单击"排序和筛选"组中的"高级"按钮，如下图所示。

步骤05 显示高级筛选结果。返回工作表中，可看到已经对工作表中的数据进行了筛选，只显示了性别为"男"且年龄大于30的员工信息，如右图所示。

知识补充

若筛选的数据中有重复的记录，可在筛选时通过勾选"高级筛选"对话框中的"选择不重复的记录"复选框来实现不重复数据的显示。

（2）"或"条件的数据筛选

步骤01 输入高级筛选条件。继续上小节中的工作表，重新在C11:D13单元格区域中输入筛选条件，如下图所示。

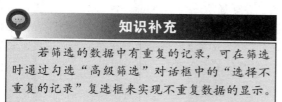

步骤03 显示筛选效果。返回到工作表中，可以看到已经对工作表中的数据进行了筛选，即只要满足性别为男或者年龄大于30岁这两个筛选条件中的一个，员工记录就会被筛选出来，如右图所示。

步骤04 设置筛选条件。弹出"高级筛选"对话框，❶设置"列表区域"和"条件区域"，❷然后单击"确定"按钮，如下图所示。

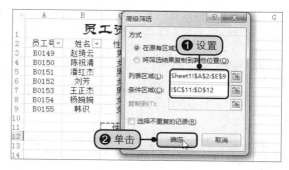

步骤02 设置筛选条件。打开"高级筛选"对话框，❶设置"列表区域"和"条件区域"，❷然后单击"确定"按钮，如下图所示。

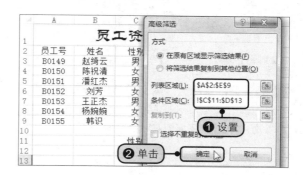

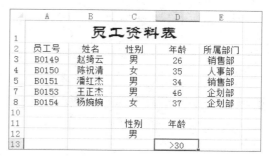

1.3.2 源数据的有序化排列——排序

杂乱无章的数据不利于人们捕捉更多信息。所以，在作图前，用户必须先将数据有序化排列，这样数据才能以更有规则的方式清晰呈现，便于人们发现数据中的规律。在 Excel 中，通过排序操作可以将某特定列的数据按照一定的顺序进行重新排列。在排序数据时，用户可以根据操作目的采用简单排序、多关键字排序或自定义序列排序方式。

1. 简单排序

当某一列数据需要按照降序或升序进行重新排列时，就可以使用简单排序的方式，具体操作方法如下。

> 原始文件：下载资源\实例文件\第1章\原始文件\简单排序.xlsx
> 最终文件：下载资源\实例文件\第1章\最终文件\简单排序.xlsx

（1）升序排序

步骤01 升序排序。打开原始文件，❶选中"应发工资"所在列的任意单元格，❷单击"数据"选项卡下"排序和筛选"组中的"升序"按钮，如下图所示。

步骤02 显示升序排序效果。经过操作后，可以看到在工作表中已经对员工应发工资进行了升序排序，即应发工资最少的员工排在上面，应发工资最多的员工排在下面，如下图所示。

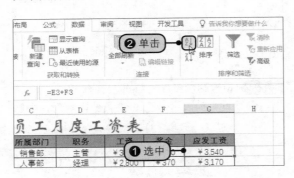

（2）降序排序

步骤01 降序排序。继续上小节中的工作表，若要对应发工资进行降序排列，则可在"排序和筛选"组中单击"降序"按钮，如下图所示。

步骤02 显示排序效果。经过操作后，此时可以看到在工作表中已经对员工应发工资进行了降序排序，如下图所示。

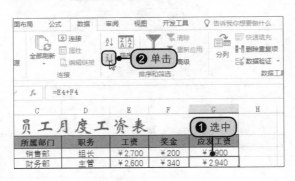

2. 多关键字排序

在 Excel 中，除了可以对一列中的数据进行简单的排序外，用户还可以通过"排序"对话框来设置多关键字对工作表中的数据进行排序，即设置"主要关键字"和"次要关键字"来实现对数据的复杂排序，也就是按照设置的排序条件进行先后排序。

原始文件：下载资源\实例文件\第1章\原始文件\多关键字排序.xlsx
最终文件：下载资源\实例文件\第1章\最终文件\多关键字排序.xlsx

步骤01 单击"排序"按钮。打开原始文件，❶选中表格中含有数据的任意单元格，❷然后单击"数据"选项卡下"排序和筛选"组中的"排序"按钮，如下图所示。

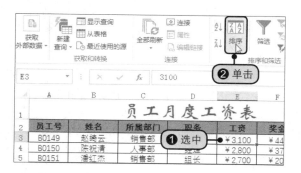

步骤02 设置主要关键字。弹出"排序"对话框，❶单击"主要关键字"右侧的下三角按钮，❷在展开的下拉列表中单击"应发工资"选项，如下图所示。

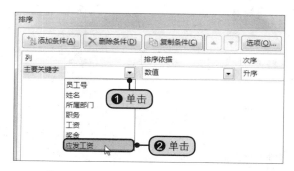

步骤03 设置次序。❶然后单击"次序"下三角按钮，❷在展开的下拉列表中单击"降序"选项，如下图所示。

步骤04 添加条件。若要设置次要关键字，则在打开的对话框中单击"添加条件"按钮，如下图所示。

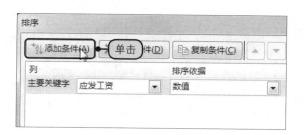

步骤05 设置次要关键字。此时出现"次要关键字"字段，❶设置好"次要关键字"及其"次序"，❷设置完成后单击"确定"按钮，如下图所示。

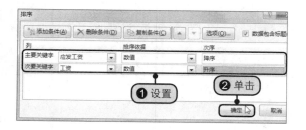

步骤06 显示设置效果。经过操作后，返回到工作表中，可以看到工作表中的数据已经按应发工资进行了降序排序，如果应发工资一样，则在工资列中按升序进行了排序，如下图所示。

3. 自定义序列排序

通过"排序"对话框，用户还可以自己定义序列进行排序。下面介绍自定义序列排序的方法，具体操作步骤如下。

原始文件：下载资源\实例文件\第1章\原始文件\自定义排序.xlsx
最终文件：下载资源\实例文件\第1章\最终文件\自定义排序.xlsx

步骤01 单击"排序"按钮。打开原始文件，❶选中表格中含有数据的任意单元格，❷然后单击"数据"选项卡下"排序和筛选"组中的"排序"按钮，如下图所示。

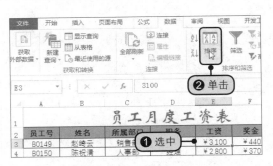

步骤02 自定义序列。弹出"排序"对话框，在"次序"下拉列表中单击"自定义序列"选项，如下图所示。

步骤03 添加序列。弹出"自定义序列"对话框，❶在"输入序列"文本框中输入要添加的序列，❷输入完成后，单击"添加"按钮，如下图所示。

步骤04 显示添加序列后的效果。此时输入的序列被添加到左侧列表框，再单击"确定"按钮，如下图所示。

步骤05 设置主要关键字。返回到"排序"对话框，❶设置"主要关键字"为"姓名"，❷然后单击"确定"按钮，如下图所示。

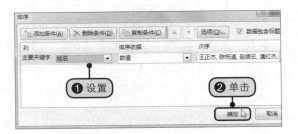

步骤06 显示自定义排序的效果。再次返回工作表中，可以看到"姓名"列数据已经按指定的序列顺序进行了排序。

知识补充

在"排序"对话框中，如果需要复制设置的排序条件，则选中条件选项之后单击"复制条件"按钮即可。如果单击"删除条件"按钮即可将选择的条件选项删除。单击对话框中的"选项"按钮，还可以进一步对排序的选项进行相应的设置。

1.3.3 源数据的汇总——分类汇总

当用户对工作表数据进行编辑处理时，往往还需根据表中某列字段对某些项的数据进行分类汇总，以查看各类数据的明细和统计情况，此时就可以通过创建分类汇总来进行操作。下面介绍分类汇总的方法。

原始文件：下载资源\实例文件\第1章\原始文件\分类汇总.xlsx
最终文件：下载资源\实例文件\第1章\最终文件\分类汇总.xlsx

1. 创建分类汇总

分类汇总是指按照指定的分类字段，对汇总项按相应的汇总方式进行汇总。在创建分类汇总之后，各种类型的数据将进行分级显示。在汇总之前，需要先对数据进行排序，具体操作步骤如下。

步骤01 升序排序。打开原始文件，❶选中"所属部门"列中的任意单元格，❷然后单击"数据"选项卡下"排序和筛选"组中的"升序"按钮，如下图所示。

步骤02 单击"分类汇总"按钮。此时已经对"所属部门"列中的数据按拼音进行了升序排序，然后单击"分级显示"组中的"分类汇总"按钮，如下图所示。

步骤03 设置分类汇总。弹出"分类汇总"对话框，❶设置"分类字段"和"汇总方式"，❷然后在"选定汇总项"列表框中勾选"应发工资"复选框，如下图所示，单击"确定"按钮。

步骤04 显示分类汇总效果。经过操作后，返回工作表中，可以看到已经以"所属部门"为字段，对各部门应发工资总和进行了汇总，并在最后显示了汇总的总计值，如下图所示。

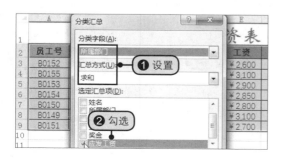

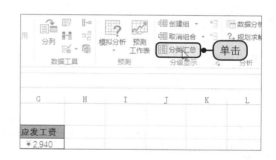

2. 嵌套分类汇总

在工作表中如果对数据创建分类汇总后，又想创建以其他字段分类汇总的信息，并保留原有汇总结果，则可以使用嵌套分类汇总功能。

步骤01 设置分类汇总。继续上小节中的工作簿，打开"分类汇总"对话框，设置"分类字段""汇总方式"和"选定汇总项"，如下图所示。

步骤02 设置不替换当前分类汇总。❶取消勾选"替换当前分类汇总"复选框，❷设置完成后单击"确定"按钮，如下图所示。

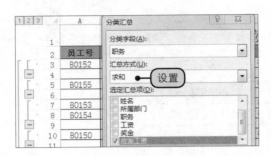

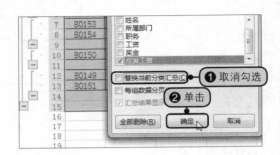

步骤03 显示嵌套分类汇总的效果。经过操作后，返回工作表中，可以看到创建嵌套分类汇总后的效果，如右图所示。

知识补充

如果需要删除工作表中的所有汇总，则在打开的"分类汇总"对话框中单击"全部删除"按钮即可。

1.3.4 源数据的整理——数据透视表

数据透视表是一种对大量数据快速汇总和建立交叉列表的交互式动态表格，它可以动态地转换行列，以显示源数据不同方式下的汇总结果。

原始文件：下载资源\实例文件\第1章\原始文件\数据透视表.xlsx

最终文件：下载资源\实例文件\第1章\最终文件\数据透视表.xlsx

1. 创建数据透视表

数据透视表最大的特点是交互性。创建一个数据透视表后可以重新排列数据信息，还可以根据需要将数据分组。下面介绍在工作表中创建数据透视表的方法，具体操作步骤如下。

步骤01 单击"数据透视表"按钮。打开原始文件，切换至"插入"选项卡下，单击"表格"组中的"数据透视表"按钮，如右图所示。

步骤02 设置数据透视表位置。弹出"创建数据透视表"对话框，❶在"表/区域"文本框中将自动添加源数据区域，若引用不正确可自行设置，❷单击"新工作表"单选按钮，如右图所示，然后单击"确定"按钮。

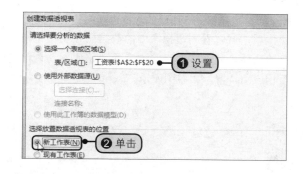

步骤03 勾选数据透视表字段。在新添加工作表右侧的"数据透视表字段"窗格中勾选要进行分析的字段复选框，如下图所示。

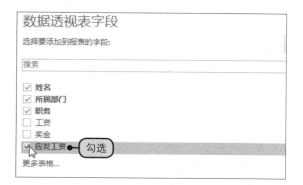

步骤04 显示数据透视表效果。添加完字段后，在工作表中可以看到创建的数据透视表效果，如下图所示。

2. 设置数据透视表字段布局

创建数据透视表后，所有字段都将自动分配到透视表视图中的各区域。用户可以按照自己的需求重新设置数据透视表各字段的布局，从而达到使用数据透视表表现数据和交互式分析的效果。

（1）调整字段顺序

步骤01 上移字段。继续上小节中的工作簿，❶在右侧的"数据透视表字段"窗格中单击"行标签"列表框中的"所属部门"字段，❷在展开的列表中单击"上移"选项，如下图所示。

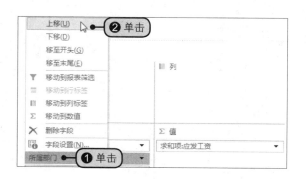

步骤02 将字段移至末尾。此时"所属部门"字段自动上移了一位，❶再单击"姓名"字段，❷在展开的列表中单击"移至末尾"选项，如下图所示。

步骤03 显示移动字段后的数据透视表效果。经过操作后，可以看到透视表中的数据已经发生了相应的变化，随着字段标签次序的调整而自动调整至相应的位置，如右图所示。

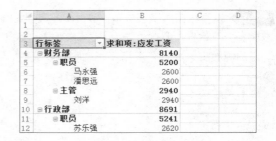

> **知识补充**
>
> 在创建数据透视表后，如果还需向数据透视表中添加其他字段，则可以在"数据透视表字段"窗格中勾选要添加的字段名称，将其添加到报表中。添加新的字段后，可以根据需要调整其显示顺序。

（2）在报表区域间移动字段

步骤01 移动字段位置。继续上小节中的工作簿，❶在右侧的"数据透视表字段"窗格中单击"行标签"列表框中的"所属部门"字段，❷在展开的列表中单击"移动到列标签"选项，如下图所示。

步骤02 移动字段。此时"所属部门"字段将自动出现在"列标签"列表框中，❶再单击"职务"字段，❷在展开的列表中单击"移动到报表筛选"选项，如下图所示。

步骤03 显示移动字段效果。移动完字段后，可以看到字段重新分布到各区域的效果，如下图所示。

步骤04 显示数据透视表效果。重新分布字段后，数据透视表也发生了相应的变化，如下图所示。

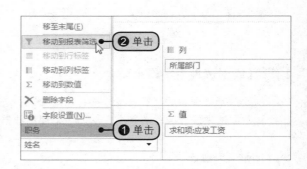

3. 更改数据透视表的值显示方式

在创建数据透视表后，默认情况下对数值字段进行了求和。如果用户需要以其他方式显示数据的汇总方式，也可以对其进行更改，如更改为平均值、最小值等。

步骤01 值字段设置。继续上小节中的工作簿，❶在右侧的"数据透视表字段"窗格中单击"数值"列表框中的"求和项:应发工资"字段，❷在展开的列表中单击"值字段设置"选项，如下图所示。

步骤02 设置计算类型。弹出"值字段设置"对话框，切换到"值汇总方式"选项卡，在"计算类型"列表框中单击"平均值"选项，如下图所示，然后单击"确定"按钮。

步骤03 显示数据透视表效果。此时，在数据透视表中按照不同的部门显示了各个部门应发工资的平均值，如右图所示。

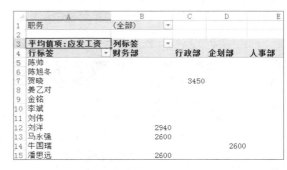

知识补充

除了可以使用以上方式打开"值字段设置"对话框以外，还可以直接在"数据透视表工具-分析"选项卡下单击"活动字段"组中的"字段设置"按钮来打开。

4. 在数据透视表中使用切片器

切片器是 Excel 2016 中一种易于筛选的组件，它包含一组字段按钮，使用户无须展开下拉列表就能够快速筛选数据透视表中的数据。

步骤01 插入切片器。继续上小节中的工作簿，单击"数据透视表工具-分析"选项卡下的"筛选"组中的"插入切片器"按钮，如下图所示。

步骤02 勾选复选框。弹出"插入切片器"对话框，❶在该对话框中勾选要插入的切片器字段，这里勾选"姓名"和"应发工资"复选框，❷单击"确定"按钮，如下图所示。

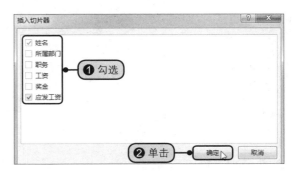

步骤03 显示插入的切片器。此时在工作表中将插入"姓名"和"应发工资"两个切片器，如下图所示。

步骤04 单击切片器中的字段。在"姓名"切片器中单击要筛选的员工，此时在"应发工资"切片器中将自动选中该员工对应的应发工资数额，如下图所示。

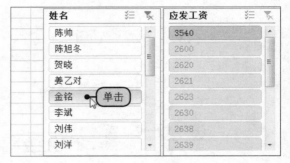

步骤05 显示选中员工的数据透视效果。此时，在数据透视表中也进行了自动筛选，只显示出了员工"金铭"应发工资的数额，如右图所示。

知识补充

利用切片器进行数据的筛选后，如果需要重新进行数据的筛选，可首先清除当前筛选结果。在切片器中单击右上角的"清除筛选器"按钮即可，或者是直接按【Alt+C】组合键。

第2章 使用公式、函数前必知的基础知识及常见错误类型

在 Excel 中，理解并掌握公式与函数的相关概念、选项设置、操作方法是进一步学习和运用公式与函数的基础，同时也有利于用户在实际工作中的综合运用，以提高办公效率。本章将对公式与函数的相关基础知识、运用公式过程中经常会遇到的问题及解决方法进行介绍。

本章知识点

- 公式的组成
- 运算符
- 创建与编辑公式
- 复制公式
- 函数的结构
- 函数的种类
- 输入函数
- 插入函数
- 返回错误值
- 公式错误检查器

2.1 了解公式的类型和可用的运算符

公式是对数据进行分析和计算的等式，它能对单元格中的数据进行逻辑和算术等特定类型的运算。而运算符则是构成公式的基本元素之一，一个运算符就是一个符号，每个运算符即代表一种运算。

2.1.1 公式的组成

公式一般以"="号开头，简单的公式通常包含加、减、乘、除等计算，而复杂些的公式可能会包含常量、单元格引用、函数和运算符等元素。一般说来，公式可以是简单的数学式，也可以是包含各种 Excel 函数的式子，具体例子及说明见下表。

序 号	公式	说 明
1	=15*16+2	包含常量的公式
2	=A3+B3+C3	包含单元格引用的公式
3	= 日工资 * 天数	包含名称的公式
4	=SUM(D3:D4)	包含函数的公式

2.1.2 可用运算符及优先级

运算符用来指定对单元格中的数据执行何种运算操作，还可用来对公式中的元素进行特定类型的运算。所有运算符都有运算的优先级。

1. 运算符的类型

在 Excel 中，包含 4 种类型的运算符：算术运算符、比较运算符、文本运算符和引用运算符。

（1）算术运算符

算术运算符主要包括加、减、乘、除以及乘幂等各种常规的算术运算，它能够完成基本的数学运算，见下表。

运算符号	运算符名称	运算符含义与实例
+	加号	加法运算，例如 4+6
-	减号	减法运算，例如 10-2
*	乘号	乘法运算，例如 3*5
/	除号	除法运算，例如 8/4
-	负号	负号运算，例如 -9+10
%	百分号	百分比运算，例如 30%*4

（2）比较运算符

比较运算符包括等于、大于、小于、大于等于、不等于等各种运算符，主要用于比较两个数值的大小，其计算结果为逻辑值，即 TRUE 或 FALSE。比较运算符多用在条件运算中，通过比较两个数据，再根据结果来判断下一步的计算，见下表。

运算符号	运算符名称	运算符含义与实例
=	等于号	等于，例如 A1=B1
>	大于号	大于，例如 A2>B2
>=	大于等于号	大于或等于，例如 A3>=B3
<	小于号	小于，例如 A4<B4
<=	小于等于号	小于或等于，例如 A5<=B5
< >	不等号	不等于，例如 A6<>B6

（3）文本运算符

文本运算符是使用 "&" 号对文本字符或字符串进行连接和合并，其运算对象可以是带引号的文字，也可以是单元格地址，见下表。

运算符号	运算符名称	运算符含义与实例
&	连接符号	连接文本，例如 =" 文本 "&" 运算符 "，显示结果为 "文本运算符"

（4）引用运算符

引用运算符是 Excel 中一种特有的运算符，主要包括冒号、逗号和空格，用于指明工作表中的单元格或单元格区域，见下表。

运算符号	运算符名称	运算符含义与实例
:	冒号	区域运算符，产生对包括在两个引用之间的所有单元格的引用。例如 A1:A3，指选择 A1、A2、A3 三个单元格
,	逗号	联合运算符，将多个引用合并为一个引用。例如 A1:A4，B1:B4，指引用 A1:A4 和 B1:B4 两个引用
（空格）	空格	交叉运算符，产生对两个引用共有的单元格的引用。例如 A2:D2 B1:B3，指引用 B2 单元格

2. 运算符的优先级

如果在一个公式中包含多个运算符，则这些运算符会按照一定的优先级来先后进行运算。如果运算优先级相同，如在公式中同时包含乘法和除法运算符，则按从左到右的顺序进行计算。各种运算符的优先顺序见下表。

优先顺序	运算符号	说　明
1	: ，	引用运算符：冒号、逗号、单个空格
2	-	算术运算符：负号
3	%	算术运算符：百分比
4	^	算术运算符：乘幂
5	* 和 /	算术运算符：乘和除
6	+ 和 -	算术运算符：加和减
7	&	文本运算符：连接两个文本
8	= < > <= >= <>	比较运算符：进行比较运算

2.2　创建与编辑公式

知道公式的组成元素和各种运算符后，用户就可以自行在工作表中创建需要的公式了。在创建公式后，用户还可以根据需要对其进行适当的编辑或修改。

原始文件：下载资源\实例文件\第2章\原始文件\创建与编辑公式.xlsx

最终文件：下载资源\实例文件\第2章\最终文件\创建与编辑公式.xlsx

2.2.1 创建公式

在 Excel 中创建公式的方法有多种，用户既可以直接在单元格或编辑栏中输入需要的公式，也可以利用鼠标引用单元格输入公式。输入公式后，Excel 会自动计算公式表达式的结果，并将结果返回到相应的单元格中。

方法1：手动输入公式

步骤01 手动输入公式。打开原始文件，选中E3单元格，然后直接输入公式"=B3+C3+D3"，如下图所示。

步骤02 显示计算结果。完成输入后，按下【Enter】键，即可计算营业部1在第一季度的销售额，如下图所示。

方法2：在编辑栏中输入公式

步骤01 在编辑栏中输入公式。选中E4单元格，在编辑栏中输入公式"=B4+C4+D4"，如下图所示。

步骤02 显示计算结果。输入完成后，按下【Enter】键，E4单元格即显示了计算结果，如下图所示。

方法3：引用单元格输入公式

步骤01 引用单元格。❶选中E5单元格，输入"="号，❷然后单击B5单元格对其进行引用，如右图所示。

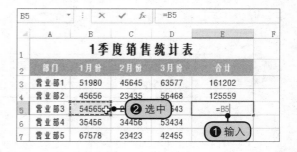

步骤02 完成公式的引用。❶输入运算符"+"，❷并继续选中需引用的单元格，直至完成公式的编辑，公式为"=B5+C5+D5"，如下图所示。

步骤03 显示计算结果。按下【Enter】键即可在选中的单元格中显示计算结果，如下图所示。

	A	B	C	D	E	F
					D5	=B5+C5+D5
1			1季度销售统计表			
2	部门	1月份	2月份	3月份	合计	
3	营业部1	51980	45645	63577	161202	
4	营业部2	45656	23435	56468	125559	
5	营业部3	54565	24234	34543	=B5+C5+D5 ❶输入	
6	营业部4	35456	34456	53434		
7	营业部5	67578	❷选中 42455			
8	营业部6	45667	22314	44355		

	A	B	C	D	E
1			1季度销售统计表		
2	部门	1月份	2月份	3月份	合计
3	营业部1	51980	45645	63577	161202
4	营业部2	45656	23435	56468	125559
5	营业部3	54565	24234	34543	113342
6	营业部4	35456	34456	53434	
7	营业部5	67578	23423	42455	
8	营业部6	45667	22314	44355	

知识补充

在输入公式后，若需修改公式，只需双击包含公式的单元格，即可进入公式编辑状态。

2.2.2 复制公式

在使用公式对工作表中的数据进行运算时，如果已经计算出一项数据，则可以通过复制公式的方法来快速获取其他相应的结果。

步骤01 移动鼠标。继续上小节中的工作表，选中已经存在公式的E5单元格，将鼠标指针移至该单元格右下角，如下图所示。

步骤02 拖动鼠标。当指针变成十字形状时向下拖动鼠标到E8单元格，如下图所示。

	A	B	C	D	E
1			1季度销售统计表		
2	部门	1月份	2月份	3月份	合计
3	营业部1	51980	45645	63577	161202
4	营业部2	45656	23435	56468	125559
5	营业部3	54565	24234	34543	113342
6	营业部4	35456	34456	53434	
7	营业部5	67578	23423	42455	移至
8	营业部6	45667	22314	44355	
9					

	A	B	C	D	E	F
1			1季度销售统计表			
2	部门	1月份	2月份	3月份	合计	
3	营业部1	51980	45645	63577	161202	
4	营业部2	45656	23435	56468	125559	
5	营业部3	54565	24234	34543	113342	
6	营业部4	35456	34456	53434		
7	营业部5	67578	23423	42455		
8	营业部6	45667	22314	44355	拖动	

步骤03 显示复制结果。释放鼠标，此时Excel将自动根据复制的公式进行计算，并将计算结果显示在单元格中，如右图所示。

	A	B	C	D	E	F
1			1季度销售统计表			
2	部门	1月份	2月份	3月份	合计	
3	营业部1	51980	45645	63577	161202	
4	营业部2	45656	23435	56468	125559	
5	营业部3	54565	24234	34543	113342	
6	营业部4	35456	34456	53434	123346	
7	营业部5	67578	23423	42455	133456	
8	营业部6	45667	22314	44355	112336	
9						
10						

知识补充

也可以通过快捷键来复制公式，其复制公式的快捷键为【Ctrl+C】键，复制后在目标单元格中按下【Ctrl+V】键即可粘贴所复制的公式。

2.3 函数的结构和种类

函数实际上就是一种简化的公式，它可以将一些被称为参数的特定数据按照特定的顺序或结构进行计算，并能够返回一个结果。函数可用于执行简单或复杂的计算。

2.3.1 函数的结构

在 Excel 中，函数主要由函数名称和参数两部分构成，其结构形式为：函数名（参数 1, 参数 2, 参数 3,…）。

其中，函数名为需要执行运算的函数的名称，而函数中的参数则可以是数字、文本、逻辑值、数组、引用，或是其他的函数。

一个完整的函数通常都以"="号开始，后面紧跟函数名称和左括号，然后以逗号分隔输入参数，最后是右括号。

2.3.2 函数的种类

Excel 中预设了 11 种类型的函数，用户可以直接选择相应的函数对数据进行计算。这 11 种函数的类别及功能或作用详见下表。

函数类别	功能或作用	常见函数列举
数据库函数	当需要分析数据清单中的数值是否符合特定条件时，可以使用数据库函数	DCOUNT、DMAX、DMIN、DSUM、DSTDEV、DCOUNTA
日期与时间函数	通过日期与时间函数，可以在公式中分析和处理日期值和时间值	DATEVALUE、MONTH、NOW、TODAY、WEEKDAY、WORKDAY、TIME、DATE
工程函数	主要用于工程分析，这类函数中的大多数可分为三种类型：对复数进行处理的函数、在不同的数字系统间进行数值转换的函数、在不同的度量系统中进行数值转换的函数	IMCONJUGATE、IMABS、IMREAL、IMAGINARY、COMPLEX、IMSQRT
财务函数	财务函数可以进行一般的财务计算，如确定贷款的支付额、投资的未来值或净现值，以及债券或息票的价值等	FV、PV、PMT、RATE、NPER
信息函数	信息函数主要用于显示 Excel 内部的一些提示信息，如数据错误信息、操作环境参数、数据类型等	CELL、INFO、ISBLANK、ISEVEN、ISODD、ISREF、ISTEXT
逻辑函数	逻辑函数主要用来判断数据的真假值或者进行复合检验	AND、FALSE、TRUE、IF、IFERROR、NOT、OR
查找和引用函数	当需要在数据清单或表格中查找特定数值，或者需要查找某一单元格的引用时，可以使用查找和引用函数	GETPIVOTDATA、ROW、HLOOKUP、HYPERLINK、INDEX、INDIRECT、LOOKUP、MATCH、OFFSET、
数学和三角函数	通过数学和三角函数，可以处理简单的计算，例如对数字取整、计算单元格区域中的数值总和或复杂计算	ABS、ACOS、COS、LOG、LOG10、MDETERM、PI、MINVERSE、MMULT、MOD、MROUND、MULTINOMIAL、ODD

函数类别	功能或作用	常见函数列举
统计函数	主要用于对数据区域进行统计分析	LOGEST、LOGNORM.DIST、LOGNORM.INV、MAX、MAXA、MEDIAN、MIN、MINA
文本函数	主要用于在公式中处理文字串	LOWER、TEXTTRIM、LEFT、SUBSTITUTE、UPPER、VALUE
多维数据集函数	多维数据集函数允许 Excel 从 SQL 服务器分析服务中提取数据，包括任意成员、子集、汇总值、属性或 KPI（关键业绩指标）等	CUBEKPIMEMBER、CUBEMEMBER、CUBEMEMBERPROPERTY、CUBERANKEDMEMBER、CUBESET、CUBESETCOUNT、

2.4 输入函数的方法

在 Excel 中，输入函数的方法也有多种，用户可以像输入公式一样直接在单元格或编辑栏中输入，也可以通过"插入函数"对话框来选择需要的函数。

> 原始文件：下载资源\实例文件\第2章\原始文件\输入函数.xlsx
> 最终文件：下载资源\实例文件\第2章\最终文件\输入函数.xlsx

2.4.1 直接输入函数

如果用户知道 Excel 中某个函数的使用方法或含义，则可以直接在单元格或编辑栏中输入。在输入过程中，还可以根据参数工具提示来保证参数输入的正确性。

步骤01 输入函数名。打开原始文件，选中E3单元格，输入求和函数"=SUM("，输入后会显示一个带有语法和参数的工具提示，如下图所示。

步骤02 选择函数参数。选中B3:D3单元格区域，在函数参数中会显示引用的单元格区域，如下图所示。

步骤03 显示计算结果。选择参数后按下【Enter】键，此时Excel将自动完成后括号的输入，并在E3单元格中显示求和结果，如右图所示。

2.4.2 通过"插入函数"对话框输入

如果用户对 Excel 内置的函数不是很熟悉，则可以通过"插入函数"对话框来输入，因为"插入函数"对话框中会显示用户所选择函数的说明信息，通过其说明信息即可判断该函数的类型以及作用。具体操作步骤如下。

步骤01 插入函数。继续上小节中的工作表，❶选中E4单元格，切换到"公式"选项卡，❷单击"函数库"组中的"插入函数"按钮，如下图所示。

步骤02 选择函数类别。弹出"插入函数"对话框，❶单击"或选择类别"右侧的下三角按钮，❷在展开的下拉列表中选择"数学与三角函数"选项，如下图所示。

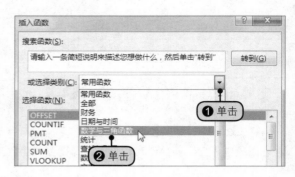

步骤03 选择函数。在"选择函数"列表框中选择所需要的函数，如"SUM"函数，如下图所示，然后单击"确定"按钮。

步骤04 设置函数参数。弹出"函数参数"对话框，在"Number1"文本框中输入要引用的单元格区域，如下图所示。

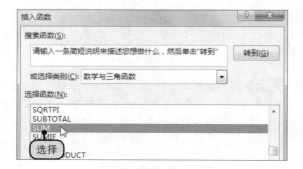

步骤05 显示计算结果。单击"确定"按钮，返回到工作表中，可以看到在目标单元格中显示了计算的值，如右图所示。

知识补充

在"函数参数"对话框中设置函数参数时，用户可以直接在参数文本框中输入常量或者单元格引用位置，还可以单击其右侧的"折叠"按钮，再在工作表中选择需要引用的单元格位置，选择之后单击对话框中的"展开"按钮即可返回到"函数参数"对话框中。

2.5 公式错误时可能遇到的问题及解决方案

在 Excel 中输入公式后，不会总是得出正确的计算结果，有时在单元格内会显示一个错误信息。当出现这些错误信息时，用户应该学会如何判断出现的错误的类型以及如何解决。

2.5.1 Excel 中的8种错误值

在使用 Excel 公式进行计算时，往往会由于输入公式的错误或者其他的原因导致一些错误值的产生。在 Excel 中常见的错误值有 8 种，具体内容见下表。

错误值类型	说 明
####	输入到单元格中的数据太长或公式所产生的结果太大，不能在单元格中完整显示
#DIV/0!	当公式使用了0作为除数，或者公式中使用了一个空单元格时，将出现此错误
#VALUE!	如果使用了不正确的参数或运算符，或者当执行自动更正公式功能时不能更正公式，都将产生此错误
#REF!	当公式中所引用的单元格无效时，将出现此错误
#N/A	当公式中引用的数据对函数或公式不可用时，将出现此错误
#NAME?	在公式中使用了 Excel 所不能识别的文本，如输错了名称，或是输入了一个已删除的名称，将出现此错误
#NUM!	公式或函数中使用无效数值时，将出现此错误
#NULL!	在公式中的两个范围之间插入一个空格以表示交叉点，但这两个范围没有公共单元格时，将出现此错误

2.5.2 检测错误的解决方案

在 Excel 中利用公式进行数据计算时，如果返回的是错误值，则可以通过以下几种方式来解决。

1. 使用公式错误检查器

公式错误检查器与语法检查程序类似，是用特定的规则检查公式中存在的问题，可以查找并发现常见错误。

> **原始文件**：下载资源\实例文件\第2章\原始文件\使用公式错误检查器.xlsx
>
> **最终文件**：下载资源\实例文件\第2章\最终文件\使用公式错误检查器.xlsx

步骤01 查看错误。打开原始文件，可以看到D4单元格中返回了一个错误值，如右图所示。

步骤02 单击"错误检查"按钮。切换到"公式"选项卡，单击"公式审核"组中的"错误检查"按钮，如下图所示。

步骤03 查看错误信息。在弹出的对话框中将显示出错单元格，并显示该错误信息的产生原因，单击"在编辑栏中编辑"按钮，如下图所示。

步骤04 输入正确公式。❶在"编辑栏"输入正确的公式，❷输入完成后单击"继续"按钮，如下图所示。

步骤05 检查下一个错误。此时将自动对下一个错误的公式进行检查，并显示该错误信息产生的原因，单击"在编辑栏中编辑"按钮，如下图所示。

步骤06 输入正确公式。❶在"编辑栏"输入正确的公式，❷输入完成后单击"继续"按钮，如下图所示。

步骤07 单击"确定"按钮。在弹出的提示对话框中单击"确定"按钮，如下图所示。

步骤08 完成检查。返回工作表中，此时在错误显示的单元格中即可显示正确的计算结果，如右图所示。

商品销售统计表			
			单位：元
商品名称	销售单价	销售数量	销售金额
鼠标	55	6	330
键盘	63	12	756
音箱	110	4	440
显示器	730	6	4380
耳机	70	16	1120
麦克风	25	10	250
销售总计		54	7276

2. 追踪单元格中的内容

如果一个公式的错误是由它引用的单元格的错误所引起的，则可以通过追踪原始数据单元格中的内容来检测错误。

原始文件：	下载资源\实例文件\第2章\原始文件\追踪单元格中的内容.xlsx
最终文件：	下载资源\实例文件\第2章\最终文件\追踪单元格中的内容.xlsx

步骤01 查看错误提示。打开原始文件，可以看到E9单元格中返回了一个错误值，如下图所示。

步骤02 单击"追踪引用单元格"按钮。切换到"公式"选项卡，单击"公式审核"组中的"追踪引用单元格"按钮，如下图所示。

步骤03 查看引用单元格。此时在工作表中可看到错误提示单元格中已经显示了箭头，通过箭头可以看出参与计算的单元格区域，如下图所示。

步骤04 输入正确公式。然后根据显示的单元格引用，在"编辑栏"中修改公式，如下图所示。

步骤05 显示正确的计算结果。修改后按下【Enter】键，即可在E9单元格中得到正确的结果，如右图所示。

3. 利用分步计算查找错误源头

对于一些复杂的公式，用户可以利用分步计算的方式，即公式求值功能来查看公式的计算顺序和结果，以查找出错误所在。

| 原始文件： | 下载资源\实例文件\第2章\原始文件\利用分步计算查找错误源头.xlsx |
| 最终文件： | 下载资源\实例文件\第2章\最终文件\利用分步计算查找错误源头.xlsx |

步骤01 选择单元格。打开原始文件，可以看到F3单元格中返回了一个错误值，选中该单元格，如下图所示。

步骤02 单击"公式求值"按钮。切换到"公式"选项卡，单击"公式审核"组中的"公式求值"按钮，如下图所示。

步骤03 单击"求值"按钮。弹出"公式求值"对话框，在"求值"列表框中显示了单元格的完整公式，单击"求值"按钮，如下图所示。

步骤04 查看求值结果。此时在"求值"列表框中以斜体显示出求值结果，由于所求出的值是一个错误值，则可判断该公式计算的第一步有错，单击"关闭"按钮，如下图所示。

步骤05 修改公式。返回到工作表中，在"编辑栏"中输入正确的公式，如下图所示。

步骤06 得出正确结果。按下【Enter】键，即可在目标单元格中得到正确的计算结果，如下图所示。

第3章

公式使用中必知的数据引用方式及技巧

在 Excel 工作表中使用公式对数据进行复杂运算时，常常会根据不同的情况使用不同的单元格引用，以自动对改变后的数据进行计算；或重新为单元格和单元格区域命名，以便通过名称快速选择目标单元格区域。本章将介绍引用单元格、在公式中使用名称的方法，以及数组公式的使用方法。

本章知识点

- 相对引用
- 绝对引用
- 混合引用
- 在公式中使用名称
- 定义名称
- 输入数组公式
- 编辑数组公式
- 公式使用中的技巧

3.1 公式中的单元格引用

Excel 中的引用包括相对引用、绝对引用、混合引用 3 种引用方式。根据不同的情况使用不同的引用方式后，公式会自动根据改变后的数值重新计算，而不必修改公式，大大地提高了效率。

3.1.1 相对引用

默认情况下，Excel 使用的引用方式即为相对引用，该引用方式指明了当前单元格与公式所在单元格的相对位置。使用相对引用后，引用单元格与包含公式的单元格的相对位置不变。下面介绍相对引用的使用方法。

| 原始文件： 下载资源\实例文件\第3章\原始文件\相对引用.xlsx |
| 最终文件： 下载资源\实例文件\第3章\最终文件\相对引用.xlsx |

步骤01 输入公式。打开原始文件，❶切换到"商品价格表"工作表，❷选中D3单元格，输入公式"=B3*C3"，按下【Enter】键，即可在目标单元格中显示计算的结果，如下图所示。

步骤02 相对引用。然后向下复制公式，即相对引用了D4:D8单元格区域，如下图所示。

3.1.2 绝对引用

在使用绝对引用时,指定引用的单元格位置是绝对的,不会随公式的位置的变化而变化。在 Excel 中,加上了绝对引用符"$"的列标和行号为绝对地址,具体使用方法如下。

原始文件:下载资源\实例文件\第3章\原始文件\绝对引用.xlsx
最终文件:下载资源\实例文件\第3章\最终文件\绝对引用.xlsx

步骤01 输入公式。打开原始文件,选中E3单元格,输入公式"=C3*$B$9",即绝对引用单元格地址为B9,如下图所示。

步骤02 复制公式。按下【Enter】键,即可在目标单元格中显示计算的结果。选中E3结果单元格,然后拖动填充E4:E8单元格区域,即可获得所有商品的批发价格,如下图所示。

	A	B	C	D	E
1	商品价格表				
2	商品代号	数量	销售单价	金额	批发价
3	DW1543	¥18.00	¥34.50	¥621.00	=C3*$B$9
4	DW1544	¥34.00	¥36.00	¥1,224.00	
5	DW1545	¥23.00	¥45.00	¥1,035.00	
6	DW1546	¥42.00	¥12.00	¥504.00	
7	DW1547	¥22.00	¥122.00	¥2,684.00	
8	DW1548	¥34.00	¥56.00	¥1,904.00	
9	批发折扣	95%			

	A	B	C	D	E
1	商品价格表				
2	商品代号	数量	销售单价	金额	批发价
3	DW1543	¥18.00	¥34.50	¥621.00	¥32.78
4	DW1544	¥34.00	¥36.00	¥1,224.00	
5	DW1545	¥23.00	¥45.00	¥1,035.00	
6	DW1546	¥42.00	¥12.00	¥504.00	
7	DW1547	¥22.00	¥122.00	¥2,684.00	
8	DW1548	¥34.00	¥56.00	¥1,904.00	
9	批发折扣	95%			

步骤03 查看引用公式。选中目标单元格中的任意一个单元格,可看到经过引用后的公式,即绝对引用的单元格没有改变,如右图所示。

知识补充

用户可先不输入绝对引用符,在输入单元格地址后按下【F4】键自动添加绝对引用符号。

E8		fx	=C8*$B$9		
	A	B	C	D	E
1	商品价格表				
2	商品代号	数量	销售单价	金额	批发价
3	DW1543	¥18.00	¥34.50	¥621.00	¥32.78
4	DW1544	¥34.00	¥36.00	¥1,224.00	¥34.20
5	DW1545	¥23.00	¥45.00	¥1,035.00	¥42.75
6	DW1546	¥42.00	¥12.00	¥504.00	¥11.40
7	DW1547	¥22.00	¥122.00	¥2,684.00	¥115.90
8	DW1548	¥34.00	¥56.00	¥1,904.00	¥53.20
9	批发折扣	95%			

3.1.3 混合引用

混合引用是指在一个单元格的地址中,既有绝对单元格地址引用,又有相对单元格地址引用。当复制使用了混合引用的公式时,绝对引用不发生改变,只有相对引用会发生变化。混合引用分绝对列相对行引用与绝对行相对列引用 2 种。绝对引用列一般采用 $A1、$B1 的形式,而绝对引用行则采用 A$1、B$1 的形式。

原始文件:下载资源\实例文件\第3章\原始文件\混合引用.xlsx
最终文件:下载资源\实例文件\第3章\最终文件\混合引用.xlsx

步骤01 输入公式。打开原始文件,❶切换到"商品折扣说明"工作表,❷在B3单元格中输入公式"=$A3*B$2",如右图所示。

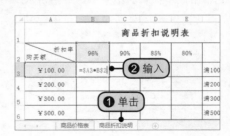

步骤02 显示计算的结果。按下【Enter】键，即可获得满100元情况下的折扣价，如下图所示。

| B3 | ▼ | : | × | ✓ | f_x | =$A3*B$2 |

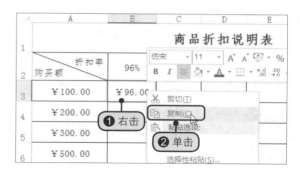

步骤03 复制公式。❶右击B3结果单元格，❷在弹出的快捷菜单中单击"复制"命令，如下图所示。

步骤04 粘贴公式。复制公式后，❶右击C4单元格，❷在弹出的快捷菜单中单击"粘贴选项"选项组中的"公式"按钮，如下图所示。

步骤05 显示混合引用计算结果。粘贴公式后得到计算的结果，可以看到，随着单元格位置的变化，公式所引用的单元格发生了变化，即绝对引用位置没变，而相对引用位置变了，如下图所示。

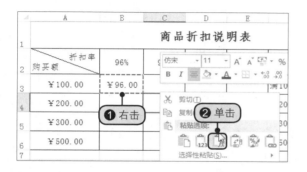

| C4 | ▼ | : | × | ✓ | f_x | =$A4*C$2 |

步骤06 显示复制公式后的计算结果。然后依次复制公式，并将其粘贴到D5、E6单元格中，得到所有购买金额对应折扣价，如右图所示。

| E6 | ▼ | : | × | ✓ | f_x | =$A6*E$2 |

3.2 在公式中使用名称

在编辑 Excel 公式时，用户可以为单元格或单元格区域命名，以增强公式的可读性，方便以后直接使用名称代替储存单元格地址进行运算。

3.2.1 定义名称的几种方法

名称是 Excel 工作簿中某些项目的标识符。用户在编辑工作表时可以为单元格、常量、图表、公式或者工作表建立名称，之后就可以在公式中通过名称来绝对引用。在 Excel 中，用户可以通过 3 种方法来定义单元格或单元格区域的名称。

1. 使用"新建名称"对话框定义名称

通过"新建名称"对话框为单元格或单元格区域定义名称，用户需要先调出该对话框，然后再分别设置单元格名称、选择名称应用的范围以及具体引用的位置。

步骤01 单击"定义名称"按钮。打开原始文件，切换到"公式"选项卡，单击"定义的名称"组中的"定义名称"按钮，如下图所示。

步骤02 定义名称。弹出"新建名称"对话框，❶在"名称"文本框中输入要定义的名称，❷在"引用位置"文本框中输入定义名称的单元格区域，❸单击"确定"按钮，如下图所示。

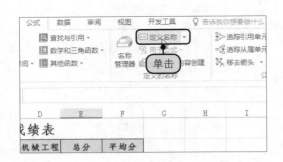

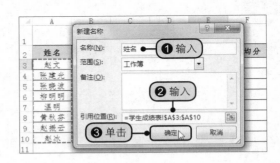

步骤03 查看定义的名称。返回工作表中，可以看到选中A2:A10单元格区域时，在"名称"文本框中显示了定义的名称，如右图所示。

2. 使用名称框命名

用户还可以直接利用工作表中的"名称框"快速地为需要定义名称的单元格或单元格区域命名。"名称框"是一个下拉列表，它显示了工作簿中的所有名称，用户只需选择命名的单元格或区域，单击"名称框"并选择名称即可。

步骤01 输入名称。继续上小节中的工作表，❶在工作表中选中B3:B10单元格区域，❷然后在"名称"文本框中输入要定义的名称，如下图所示。

步骤02 完成名称的定义。按下【Enter】键，即可完成为B3:B10单元格区域的命名操作，如下图所示。

3. 根据所选内容创建名称

在定义单元格或单元格区域名称时,许多人都会选用所选区域最上一行或最左一列中的值作为名称,来批量地进行名称的定义,具体操作方法如下。

步骤01 选择单元格区域。继续上小节中的工作表,选中C2:C10单元格区域,如下图所示。

步骤02 根据所选内容创建名称。单击"公式"选项卡下"定义的名称"组中的"根据所选内容创建"按钮,如下图所示。

步骤03 以选定区域创建名称。弹出"以选定区域创建名称"对话框,❶勾选"首行"复选框,❷然后单击"确定"按钮,如下图所示。

步骤04 显示创建的名称。返回工作表中,选中C3:C10单元格区域,即可在"名称"文本框中看到自动定义的单元格名称,如下图所示。

步骤05 继续根据所选内容创建名称。选中A3:D3单元格区域,单击"根据所选内容创建"按钮,如下图所示。

步骤06 勾选最左列复选框。❶在弹出的"以选定区域创建名称"对话框中勾选"最左列"复选框,❷然后单击"确定"按钮,如下图所示。

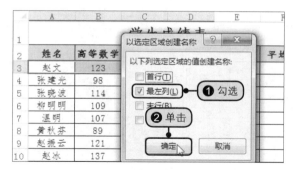

步骤07 ▶ 显示创建的名称。返回到工作表中，选中B3:D3单元格区域，即可在"名称"文本框中看到自动定义的名称，如右图所示。

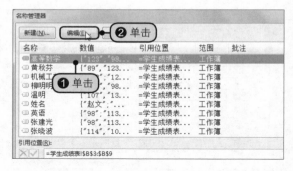

3.2.2 调整名称对应的区域范围

在工作表中定义单元格名称之后，用户还可以对定义的名称进行管理，比如调整名称对应的区域范围等。若某个名称已存在，就不能使用"名称框"来更改该名称所指的区域，只能通过"名称管理器"进行修改。下面介绍具体的操作方法。

原始文件：下载资源\实例文件\第3章\原始文件\调整名称对应的区域范围.xlsx
最终文件：下载资源\实例文件\第3章\最终文件\调整名称对应的区域范围.xlsx

步骤01 ▶ 单击"名称管理器"按钮。打开原始文件，切换到"公式"选项卡，单击"定义的名称"组中的"名称管理器"按钮，如下图所示。

步骤02 ▶ 单击"编辑"按钮。弹出"名称管理器"对话框，❶在中间的列表框中单击已定义的名称"高等数学"，❷然后单击"编辑"按钮，如下图所示。

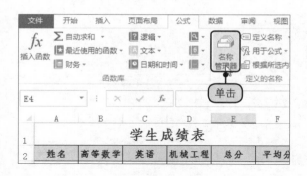

步骤03 ▶ 编辑名称。弹出"编辑名称"对话框，❶在"引用位置"文本框中重新设置引用位置为B3:B10单元格区域，❷然后单击"确定"按钮，如下图所示。

步骤04 ▶ 查看更改设置后的效果。返回"名称管理器"对话框，单击"关闭"按钮后，选中B3:B10单元格区域，可以看到"名称"的引用范围已经改变，如下图所示。

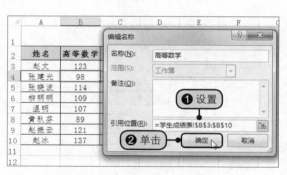

知识补充

在工作表中定义名称后,若要删除已定义的名称,则可以在打开的"名称管理器"对话框中选中要删除的名称,然后单击"删除"按钮即可。

3.2.3 将名称粘贴到公式中

将单元格或单元格区域命名之后,为了方便理解公式中所引用的单元格,用户还可以将定义的名称应用到公式当中参与运算,具体操作方法如下。

原始文件:下载资源\实例文件\第3章\原始文件\将名称粘贴到公式中.xlsx

最终文件:下载资源\实例文件\第3章\最终文件\将名称粘贴到公式中.xlsx

步骤01 粘贴名称。打开原始文件,❶选中E3单元格,❷切换到"公式"选项卡,单击"定义的名称"组中的"用于公式"按钮,❸在展开的列表中单击"粘贴名称"选项,如下图所示。

步骤02 选择粘贴名称。弹出"粘贴名称"对话框,❶在中间的列表框中选择要粘贴的名称,如"高等数学",❷然后单击"确定"按钮,如下图所示。

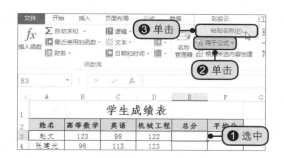

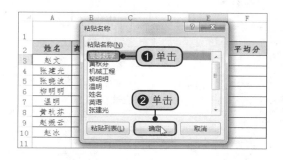

步骤03 显示粘贴效果。返回工作表中,在E3单元格中将出现"=高等数学",接着输入"+",如下图所示。

步骤04 选择名称。❶单击"用于公式"按钮,❷在展开的列表中单击"英语"选项,如下图所示。

步骤05 完成名称的粘贴。应用相同的方法在单元格中继续粘贴名称,如右图所示。

步骤06 显示计算结果。经过操作之后，即可看到目标单元格中返回的计算结果，然后向下复制公式，完成所有学生的总分计算，如右图所示。

3.2.4 对现有区域引用应用名称

在使用公式对定义名称的单元格进行计算后，用户还是可以直接在目标单元格中来引用已经定义的名称，具体操作方法如下。

原始文件：下载资源\实例文件\第3章\原始文件\对现有区域引用应用名称.xlsx
最终文件：下载资源\实例文件\第3章\最终文件\对现有区域引用应用名称.xlsx

步骤01 计算总分。打开原始文件，然后对E3:E10单元格区域进行求和运算，运算完成后选中E3:E10单元格区域，如下图所示。

步骤02 单击"应用名称"选项。切换到"公式"选项卡，❶单击"定义的名称"组中的"定义名称"右侧下三角按钮，❷在展开的列表中单击"应用名称"选项，如下图所示。

步骤03 选择要应用的名称。弹出"应用名称"对话框，在"应用名称"列表框中选择要应用的名称，如下图所示，然后单击"确定"按钮。

步骤04 查看应用效果。引用名称后，返回工作表中，选中E3:E10单元格区域，此时在编辑栏中即可看到引用应用名称后的效果，如下图所示。

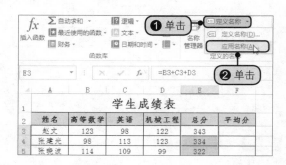

3.2.5 定义公式名称

在 Excel 工作表中，用户除了可以为单元格或单元格区域定义名称外，为了便于使用，还可以对一些公式定义名称。

原始文件：下载资源\实例文件\第3章\原始文件\定义公式名称.xlsx

最终文件：下载资源\实例文件\第3章\最终文件\定义公式名称.xlsx

步骤01 单击"定义名称"按钮。打开原始文件，切换到"公式"选项卡，单击"定义的名称"组中的"定义名称"右侧下三角按钮，如下图所示。

步骤02 新建名称。弹出"新建名称"对话框，❶在"名称"文本框中输入定义的名称，如输入"总分计算"，❷然后在"引用位置"文本框中输入要定义的公式，❸单击"确定"按钮，如下图所示。

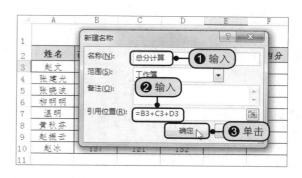

步骤03 使用定义的公式名称进行计算。返回工作表中，选中E3单元格，在编辑栏中输入公式"=总分计算"，然后按下【Enter】键，如下图所示。

步骤04 复制公式。然后将F3单元格中的公式向下复制，即可得到其他学生的总分成绩，如下图所示。

3.3 关于数组公式

数组公式是一种专门用于数组的公式类型，它可以产生单个结果，也可以同时分列显示多个结果。使用数组公式的优点是可以把数据当成一个整体来处理，它可以对一批单元格应用一个公式，然后返回用户想要的一个或一组数。

3.3.1 输入数组公式

在编辑栏可以看到用"{ }"括起来的公式就是数组公式。输入数组公式首先必须选择用来存放结果的单元格区域，该区域需要与计算数组的位置对应，即该区域需要与数组参数有相同数量的行或列。下面介绍输入数组公式的方法。

步骤01 输入数组公式。打开原始文件，选中E3:E10单元格区域，输入数组公式"=高等数学+英语+机械工程"，如下图所示。

步骤02 显示计算结果。输入完成后，按下【Ctrl+Shift+Enter】组合键，可以看到利用数组公式计算得出的各项数据，如下图所示。

学生成绩表					
姓名	高等数学	英语	机械工程	总分	平均分
赵文	123	98	122	343	
张建光	98	113	123	334	
张晓波	114	109	99	322	
柳明明	109	98	134	341	
温明	107	139	98	344	
黄秋芬	89	123	126	338	
赵振云	121	88	114	323	
赵冰	137	121	132	390	

3.3.2 编辑数组公式

输入数组公式后，数组将作为一个整体，用户不能单独编辑、清除或移动数组公式所涉及的单元格区域中的某一个单元格。若在数组公式输入完毕后需要修改，则需要按下面的步骤进行。

步骤01 修改数组公式。打开原始文件，通过修改公式方法修改E3单元格中的公式，如下图所示。

步骤02 单击"确定"按钮。确认后会弹出一个提示对话框，提示用户"无法更改部分数组"，单击"确定"按钮，如下图所示。

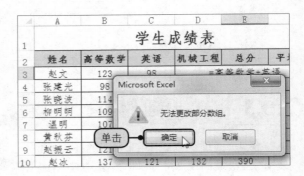

步骤03 选中数组公式计算结果。返回工作表中，按下【Esc】键退出编辑数组公式状态，然后选中E3:E10单元格区域，此时用户可以重新输入另外的数组公式，或删除创建的数组公式，如右图所示。

步骤04 删除数组公式后的效果。选中数组公式计算结果后，直接按下【Delete】键，即可删除数组公式计算所得到的结果，如右图所示。

学生成绩表					
姓名	高等数学	英语	机械工程	总分	平均分
赵文	123	98	122		
张建光	98	113	123		
张晓波	114	109	99		
柳明明	109	98	134		
温明	107	139	98		
黄秋芬	89	123	126		
赵据云	121	88	114		
赵冰	137	121	132		

 ## 3.4　公式使用中的一些技巧

在 Excel 中输入各种公式对数据进行计算时，用户还应该掌握一些使用技巧，如将输入的公式结果直接转换为数值、在编辑栏中隐藏公式等，这样就能够大大提高利用公式处理数据的效率。

3.4.1　将公式转换为数值

在使用公式对相关数据进行计算后，如果不希望其他用户看到相应的公式结构，就可以将所编辑的公式转换为数值。

原始文件：下载资源\实例文件\第3章\原始文件\将公式转换为数值.xlsx
最终文件：下载资源\实例文件\第3章\最终文件\将公式转换为数值.xlsx

步骤01 复制公式。打开原始文件，❶选中C2:C5单元格区域并右击，❷在弹出的快捷菜单中单击"复制"命令，如下图所示。

步骤02 粘贴数值。复制公式后，❶右击被选中的单元格区域，❷在弹出的快捷菜单中单击"粘贴选项"选项组中的"数值"按钮，即可将公式转换为数值，如下图所示。

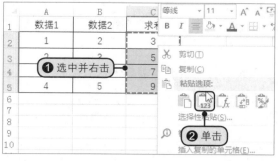

步骤03 显示转换效果。此时，选中C列中含有数据的任意单元格，可在编辑栏中看到该单元格中不含公式，只有数值，如右图所示。

知识补充

在工作表中复制公式后，用户可以在"粘贴选项"选项组中选择不同的方式粘贴，如全部粘贴、粘贴公式、粘贴单元格格式等。

	A	B	C	D	E
1	数据1	数据2	求和		
2	1	2	3		
3	2	3	5		
4	3	4	7		
5	4	5	9		

Excel 2016公式、函数与图表从入门到精通

3.4.2 在工作表中显示公式而非计算结果

如果工作表中的数据多数是由公式生成的，想要快速知道每个单元格中的公式形式，以便编辑修改，则可以直接在工作表中显示公式而不显示计算结果。

原始文件：下载资源\实例文件\第3章\原始文件\显示公式.xlsx
最终文件：下载资源\实例文件\第3章\最终文件\显示公式.xlsx

步骤01 单击"显示公式"按钮。打开原始文件，切换到"公式"选项卡，单击"公式审核"组中的"显示公式"按钮，如下图所示。

步骤02 显示公式。此时在工作表中即可看到所有包含公式的单元格将自动显示其对应的公式，而不显示计算结果，如下图所示。

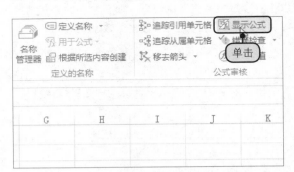

> **高效实用技巧：通过"Excel选项"对话框设置显示公式**
>
> 用户还可以通过"Excel选项"对话框来设置显示公式。单击"文件"按钮，在弹出的菜单中单击"选项"命令，弹出"Excel选项"对话框，切换到"高级"选项卡，在"此工作表的显示选项"选项组中勾选"在单元格中显示公式而非其计算结果"复选框即可，如右图所示。

3.4.3 在编辑栏中隐藏公式

在Excel中任意一个单元格输入公式，编辑栏都会相应显示出来。而如果要在选定公式单元格的同时不让公式显示在编辑栏中，则可以按照下面的方法进行设置。

原始文件：下载资源\实例文件\第3章\原始文件\隐藏公式.xlsx
最终文件：下载资源\实例文件\第3章\最终文件\隐藏公式.xlsx

步骤01 设置单元格格式。打开原始文件，❶选中要隐藏公式的D2:E7单元格区域并右击，❷在弹出的快捷菜单中单击"设置单元格格式"命令，如右图所示。

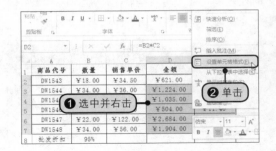

步骤02 勾选"隐藏"复选框。弹出"设置单元格格式"对话框，❶切换到"保护"选项卡，❷勾选"隐藏"复选框，如下图所示，然后单击"确定"按钮。

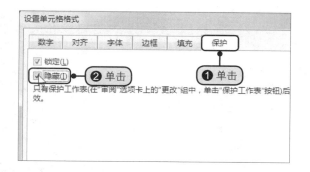

步骤04 设置密码。弹出"保护工作表"对话框，❶在中间的文本框中输入取消工作表保护时使用的密码，❷然后单击"确定"按钮，如下图所示。

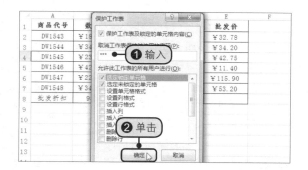

步骤06 查看隐藏效果。返回工作表中，在选中包含公式的单元格后，可看到编辑栏中不再显示对应的公式，如右图所示。

知识补充

　　若用户要取消保护工作表，则在设置密码保护工作表后，单击"审阅"选项卡下"更改"组中的"撤销工作表保护"按钮，然后在弹出的对话框中输入正确的密码，并单击"确定"按钮即可。

步骤03 保护工作表。返回工作表中，切换到"审阅"选项卡，单击"更改"组中的"保护工作表"按钮，如下图所示。

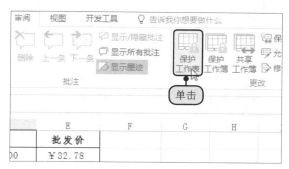

步骤05 确认密码。弹出"确认密码"对话框，❶在"重新输入密码"文本框中输入相同的密码，❷然后单击"确定"按钮，如下图所示。

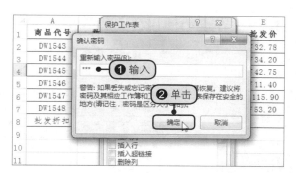

3.4.4　复制公式但不使用相对引用

　　要在工作表中复制公式而不使用相对引用，可以通过编辑栏来复制公式，然后将其粘贴到目标单元格中，具体操作方法如下。

原始文件： 下载资源\实例文件\第3章\原始文件\复制公式但不使用相对引用.xlsx
最终文件： 下载资源\实例文件\第3章\最终文件\复制公式但不使用相对引用.xlsx

步骤01 复制公式。打开原始文件，选中要复制公式的C2单元格，然后在编辑栏中选择需复制的公式，并按下【Ctrl+C】组合键，如下图所示。

步骤02 粘贴公式。复制公式后，按下【Esc】键退出公式编辑状态，然后选中D2单元格，并按下【Ctrl+V】组合键粘贴复制的公式，如下图所示。

步骤03 查看计算结果。按下【Enter】键，即可得到与原始公式一样的计算结果，然后利用拖动填充法填充D3:D5单元格区域的数据，如右图所示。

3.4.5 在表中使用公式的方法

对于 Excel 工作表中套用表格格式的表格，用户可以采用自动完成的方法在表格中使用公式，使其自动将公式填充到对应的单元格中，以创建计算列。

原始文件： 下载资源\实例文件\第3章\原始文件\在表格中使用公式的方法.xlsx
最终文件： 下载资源\实例文件\第3章\最终文件\在表格中使用公式的方法.xlsx

步骤01 输入公式。打开原始文件，❶在C2单元格中输入"="，❷然后选中A2单元格，如下图所示。

步骤02 继续输入公式。❶接着输入"+"，❷然后选中B2单元格，如下图所示。

步骤03 完成计算。完成公式的编辑后，按下【Enter】键，此时将自动完成对C2:C8单元格的求和计算，如右图所示。

你不可不知的基础函数

第4章

Excel 2016 中所包含的函数很多，如果要全部掌握，还是有一定困难的。为了帮助用户快速了解函数的使用方法，本章专门挑选了一些实际应用中经常使用的函数进行讲解，包括数学函数中的 SUM 函数和 SUMIF 函数、逻辑函数中的 TRUE 函数和 FALSE 函数、日期和时间函数中的 NOW 函数等。

本章知识点

- SUM、SUMIF函数
- TRUE、FLASE函数
- NOW、TODAY函数
- FIND、FINDB函数
- ROUND、TRUNC函数
- AND、OR、NOT函数
- YEAR、MONTH、DAY函数
- LOWER、UPPER函数

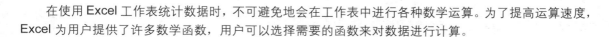

4.1 数学函数

在使用 Excel 工作表统计数据时，不可避免地会在工作表中进行各种数学运算。为了提高运算速度，Excel 为用户提供了许多数学函数，用户可以选择需要的函数来对数据进行计算。

4.1.1 SUM、SUMIF函数

当用户需要在工作表中对多个数据进行求和计算时，就可以使用 SUM 函数。而要按给定条件对指定单元格求和，则可以使用 SUMIF 函数。SUM、SUMIF 函数的表达式及参数含义见下表。

函　数	表达式	参数含义
SUM()	SUM(number1,number2,…)	number1，number2，……为需要求和的参数
SUMIF()	SUMIF(range,criteria,sum_range)	range 为用于条件判断的单元格区域，criteria 为相加求和的条件，sum_range 为求和的实际单元格

在销售额统计表中，如果需要统计出某段时间内销售额的总额和达到指标的销售总额，则可以使用 SUM 函数和 SUMIF 函数。

原始文件：	下载资源\实例文件\第4章\原始文件\SUM、SUMIF函数.xlsx
最终文件：	下载资源\实例文件\第4章\最终文件\SUM、SUMIF函数.xlsx

步骤01 输入公式计算销售总额。打开原始文件，在 B8单元格中输入计算公式"=SUM(B2:B7)"，如下图所示。

步骤02 输入公式计算达标的销售总额。按下【Enter】键即可看到计算的结果，在B9单元格中输入计算公式"=SUMIF(C2:C7,"达标",B2:B7)"，如下图所示。

步骤03 显示最终的计算结果。按下【Enter】键，即可看到各月份的销售额中达到指标的总和，如右图所示。

4.1.2 PRODUCT、SUMPRODUCT函数

当需要在工作表中计算多个数字的乘积时，可以用 PRODUCT 函数来计算。而要在给定的几组数组中，将数组间对应的元素相乘，并返回乘积之和，则可以用 SUMPRODUCT 函数来计算。PRODUCT、SUMPRODUCT 函数的表达式及参数含义见下表。

函 数	表达式	参数含义
PRODUCT()	SUM(number1,number2,…)	number1，number2，…… 为需要相乘的参数
SUMPRODUCT()	SUMPRODUCT(array1,array2,array3,…)	array1，array2，array3，…… 为 2 ～ 255 个数组参数，其相应元素需要相乘并求和

在员工工资统计表中，如果需要分别计算每位员工的提成工资和工资总额，则可以使用 PRODUCT 函数和 SUMPRODUCT 函数。

原始文件：下载资源\实例文件\第4章\原始文件\PRODUCT、SUMPRODUCT函数.xlsx
最终文件：下载资源\实例文件\第4章\最终文件\PRODUCT、SUMPRODUCT函数.xlsx

步骤01 **计算提成工资**。打开原始文件，在F3单元格中输入公式“=PRODUCT(C3,E3)”，如下图所示。

SUM　=PRODUCT(C3,E3)

员工工资统计表

每日基本工资	销售额	工作天数	提成比例	提成工资	工资总计
90	13340	20	5%	=PRODUCT(C3,E3)	
85	11587	18	5%		
100	12435	21	5%		
90	14600	21	5%		
85	12890	20	5%		
90	11324	20	5%		

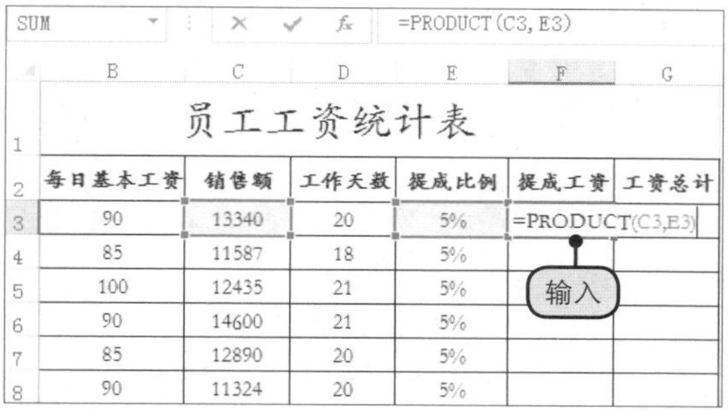

步骤02 **复制公式**。按下【Enter】键即可看到计算的结果，拖动鼠标，将公式填充至F4:F8单元格区域，如下图所示。

F3　=PRODUCT(C3,E3)

员工工资统计表

每日基本工资	销售额	工作天数	提成比例	提成工资	工资总计
90	13340	20	5%	667	
85	11587	18	5%		
100	12435	21	5%		
90	14600	21	5%		
85	12890	20	5%		
90	11324	20	5%		

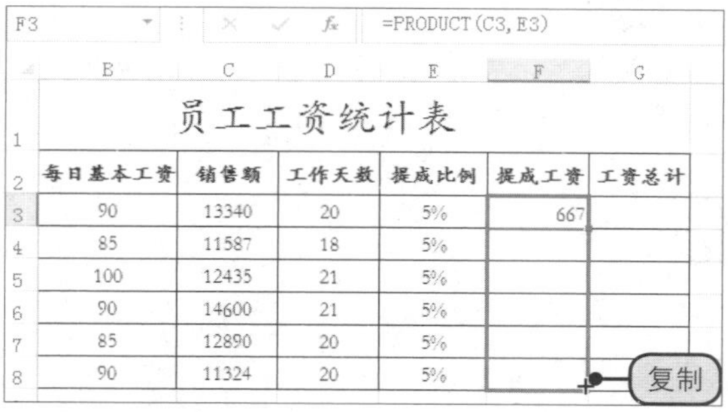

步骤03 **计算工资总计**。❶在G3单元格中输入公式“=SUMPRODUCT(B3:C3,D3:E3)”，按下【Enter】键即可看到计算的结果，❷拖动鼠标复制公式至G8单元格，如下图所示。

G3　=SUMPRODUCT(B3:C3,D3:E3)

员工工资统计表

每日基本工资	销售额	工作天数	提成比例	提成工资	工资总计
90	13340	20		667	2467
85	11587	18	5%	579.35	
100	12435	21	5%	621.75	
90	14600	21	5%	730	
85	12890	20		644.5	
90	11324	20		566.2	

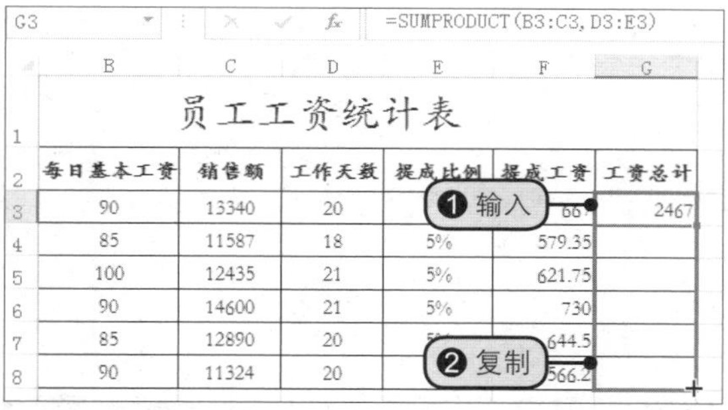

步骤04 **显示最终的计算结果**。最后即可看到每个员工的工资总计额，如下图所示。

员工工资统计表

员工姓名	每日基本工资	销售额	工作天数	提成比例	提成工资	工资总计
张杰	90	13340	20	5%	667	2467
王明一	85	11587	18	5%	579.35	2109.35
李大海	100	12435	21	5%	621.75	2721.75
刘靖	90	14600	21	5%	730	2620
黄庆	85	12890	20	5%	644.5	2344.5
胡利	90	11324	20	5%	566.2	2366.2

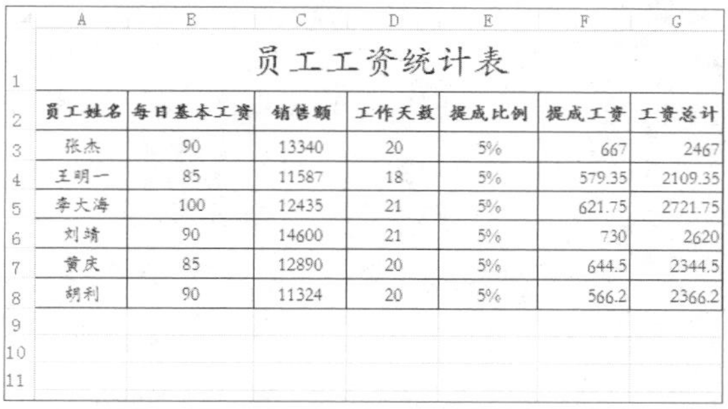

4.1.3　ROUND、TRUNC函数

ROUND 函数可以根据用户指定的小数位数来四舍五入数据，TRUNC 函数则可以根据用户指定的数据长度对数据进行取整，而不进行四舍五入运算。ROUND 与 TRUNC 函数的表达式及参数含义见下表。

函　数	表达式	参数含义
ROUND()	ROUND(number,num_digits)	number 为进行四舍五入的数值，num_digits 为数字的小数位数
TRUNC()	TRUNC(number,num_digits)	number 为要取整的数值，num_digits 为数值的小数位数，其默认值为 0

一般在统计员工的年度积分时，为了保证积分的准确性，往往需要对积分进行整理，如果要分别统计员工积分保留两位小数、统计员工积分为整数，则可以使用 ROUND 函数和 TRUNC 函数。

原始文件：	下载资源\实例文件\第4章\原始文件\ROUND、TRUNC函数.xlsx
最终文件：	下载资源\实例文件\第4章\最终文件\ROUND、TRUNC函数.xlsx

步骤01 输入公式。打开原始文件，在D3单元格中输入公式"=ROUND(C3,2)"，按下【Enter】键，即可看到计算的结果，如下图所示。

步骤02 复制公式。此时已经对C3单元格中的数据按照指定小数位数进行了四舍五入，再使用公式填充的方法计算C4:C9单元格区域中的数据，如下图所示。

步骤03 计算积分整数值。❶选中E3单元格，然后输入公式"=TRUNC(C3)"。按下【Enter】键返回计算值，此时已经对C3单元格中的数据按照数据长度保留了整数，❷再使用公式填充的方法对C4:C9的数据进行计算，如右图所示。

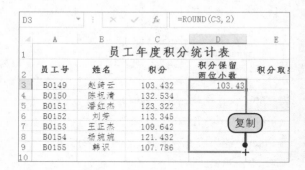

 知识补充

当公式中所指定的 num_digits 为正数 n 时，则在小数点第 $n+1$ 位进行四舍五入；若为 0，则在小数点后第一位四舍五入；若为负数 n 时，则在整数第 n 位四舍五入；若省略位数，则会提示输入的参数太少，需重新输入。

4.2 逻辑函数

用来判断真假值或进行一些检验判断的 Excel 函数，通常被称之为逻辑函数。比较常用的逻辑函数有 IF、IFERROR、TRUE、FALSE、AND、OR、NOT 这 7 种。

4.2.1 IF、IFERROR函数

IF 函数可以根据指定的条件计算结果为 TRUE 或 FALSE，并返回不同的结果。而 IFERROR 函数则可以根据公式的计算结果返回指定的值。即当公式的计算结果为错误时，返回用户所指定的值，否则将返回公式的计算结果。IF 与 IFERROR 函数的表达式及参数含义见下表。

函 数	表达式	说明
IF()	IF(logical_test,value_if_true,value_if_false)	参数 logical_test 输入为公式或表达式，表示计算结果为 TRUE 或 FALSE 的任意值或表达式；value_if_true 输入为任意数据，表示条件为 TRUE 时函数返回的值；value_if_false 表示条件为 FALSE 时函数的返回值
IFERROR()	IFERROR(value,value_if_error)	参数 value 是需要检查是否存在错误的参数；参数 value_if_error 是公式的计算结果为错误时要返回的值

在员工销售统计表中，已经统计了一些员工的预定销售额和实际销售额，此时如果需要判断每个员工是否完成了预定目标，则可以使用 IF 函数。而如果在统计员工完成销售百分比时，需要判断每位员工是否预定了销售额，则可以使用 IFERROR 函数，具体操作方法如下。

> 原始文件：下载资源\实例文件\第4章\原始文件\IF、IFERROR函数.xlsx
> 最终文件：下载资源\实例文件\第4章\最终文件\IF、IFERROR函数.xlsx

步骤01 输入公式。打开原始文件，在D3单元格中输入公式 "=IF(C3>B3,"完成","未完成")"，如下图所示。

步骤02 复制公式。按下【Enter】键，即可根据设置条件判断该员工是否完成预定目标，若计算结果为TRUE，则该员工完成了预定目标，再拖动鼠标将公式复制到其他区域，如下图所示。

步骤03 输入公式计算完成百分比。选中E3单元格，然后输入公式 "=IFERROR(C3/B3,"未预定销售额")"，如下图所示。

步骤04 显示最终结果。按下【Enter】键，若设置的条件正确，则将返回该员工的销售百分比，将公式复制到其他区域判断，如果某位员工未预定销售额，则在相应的单元格显示，如下图所示。

4.2.2 TRUE、FALSE函数

通常情况下，如果表示真条件，则使用 TRUE 函数来返回逻辑值 TRUE。相反，如果表示假条件，则使用 FALSE 函数来返回逻辑值 FALSE。TRUE 与 FALSE 这类逻辑函数没有参数，TRUE 的函数表达式为 TRUE()，FALSE 的函数表达式为 FALSE()。

在例会出席人员表中，往往需要根据员工的出席情况来表明出席或缺席情况，此时就可以使用 TRUE 函数或 FALSE 函数，如这里使用 TRUE 代表出席，使用 FALSE 代表缺席，具体操作方法如下。

原始文件：下载资源\实例文件\第4章\原始文件\TRUE、FALSE函数.xlsx
最终文件：下载资源\实例文件\第4章\最终文件\TRUE、FALSE函数.xlsx

步骤01 输入公式。打开原始文件，选中B3单元格，在编辑栏中输入公式"=TRUE()"，如下图所示。

步骤02 继续输入公式。按下【Enter】键，逻辑值TRUE将自动显示在单元格中，选中B4单元格，在编辑栏中输入公式"=FALSE()"之后，按下【Enter】键，逻辑值FALSE自动显示在单元格中，如下图所示。

4.2.3 AND、OR、NOT函数

AND 函数判断所有参数的逻辑值，当所有参数的逻辑值为真时，返回 TURE，只要一个参数的逻辑值为假，即返回 FALSE；OR 函数中的参数只要任意一个逻辑值为真时即返回 TRUE；NOT 函数用于求出一个逻辑值或逻辑表达式的相反值。

当用户需要判断工作表中的两个或两个以上的数据是否都为真时，可以使用 AND 函数。当需要判断多个参数中是否有一个参数的逻辑值为真时，可以使用 OR 函数。当需要根据指定条件来判断数据是否为真时，则可以使用 NOT 函数。AND、OR、NOT 函数的表达式及参数含义见下表。

函 数	表达式	参数含义
AND()	AND(logical1,logical2,…)	logical1，logical2，……为待检验的逻辑表达式，它们的结论或为 TRUE（真）或为 FALSE（假）
OR()	OR(logical1,logical2,…)	logical1，logical2，……是需要进行检验的逻辑表达式，其结论为 TRUE 或 FALSE
NOT()	NOT(logical)	logical 是一个可以得出 TRUE 或 FALSE 结论的逻辑值或逻辑表达式。如果逻辑值或表达式的结果为 FALSE，则 NOT 函数返回 TRUE，相反则返回 FALSE

在员工积分统计表中，统计人员可以根据指定的达标情况，分别对各个员工的积分达标情况进行统计，如统计每月的积分是否达到标准、员工总分是否达到标准等，此时可以用 AND、OR 或 NOT 函数等。

原始文件	下载资源\实例文件\第4章\原始文件\AND、OR、NOT函数.xlsx
最终文件	下载资源\实例文件\第4章\最终文件\AND、OR、NOT函数.xlsx

步骤01 输入公式。打开原始文件，选中F3单元格，在编辑栏中输入公式 "=AND(B3>250, C3>250,D3>250)"，然后按下【Enter】键，此时目标单元格返回结果FALSE，表示设置的3个参数的逻辑值不同时为真，即3个月的积分不是都大于250分，该员工没达到要求，如下图所示。

步骤02 继续输入公式。❶再将公式复制到其他区域，❷选中G3单元格，在编辑栏中输入公式 "=OR(B3>300, C3>300,D3>300)"，然后按下【Enter】键，此时目标单元格中显示结果为TURE，表示设置的3个参数的逻辑值有一个或一个以上为真，即3个月的积分中有一个或两个月以上的积分大于300分，该员工某个月达到优秀，如下图所示。

步骤03 输入公式。然后复制公式对其他区域进行判断，再选中H3单元格，在编辑栏中输入公式 "=NOT(E3<800)"，如下图所示。

步骤04 复制公式。按下【Enter】键后目标单元格显示结果为TURE，表示设置的参数的逻辑值为假，即该员工的总分达到要求，然后复制公式对其他区域进行判断，如下图所示。

4.3 日期和时间函数

日期和时间函数是处理日期型或时间型数据的函数，可用于计算工作表中的日期和时间数据或者返回指定的日期和时间。常用的日期和时间函数主要有 NOW 函数、TODAY 函数、YEAR 函数、MONTH 函数等。

4.3.1 NOW、TODAY函数

NOW 函数和 TODAY 函数都是用于返回当前日期的函数，其区别在于 NOW 函数不仅可以返回当前的日期，还能同时返回当前的时间，而 TODAY 函数则只能返回当前的日期。通过 NOW 函数和 TODAY 函数返回当前的日期或时间之后，当下次打开工作表时，日期或时间数据会根据当前的日期和时间自动更新。NOW、TODAY 函数都没有参数，NOW 函数的表达式为 NOW()，TODAY 函数的表达式为 TODAY()。

在日常费用支出表中，每次记录支出费用后，都需要修改制表时间以及每项支出的具体日期，为了快速得到当前日期和时间，可以通过 NOW 函数和 TODAY 函数来自动获取。

> 原始文件：下载资源\实例文件\第4章\原始文件\NOW、TODAY函数.xlsx
> 最终文件：下载资源\实例文件\第4章\最终文件\NOW、TODAY函数.xlsx

步骤01 输入公式。打开原始文件，选中B2单元格，输入公式"=NOW()"，如下图所示。

步骤02 计算当前日期。按下【Enter】键后，即可在目标单元格中显示当前制表的日期和时间，选中B4单元格，并在其中输入"=TODAY()"，如下图所示。

步骤03 显示最终的计算结果。按下【Enter】键后，即可在目标单元格中显示支出项目的日期，如右图所示。

4.3.2 YEAR、MONTH、DAY函数

YEAR 函数可返回以序列号表示的某日期的年份；MONTH 函数可返回以序列号表示的某日期的月份；DAY 函数可返回以序列号表示的某日期的天数。YEAR、MONTH、DAY 函数的表达式及参数含义见下表。

函 数	表达式	参数含义
YEAR()	YEAR(serial_number)	参数 serial_number 代表需要计算的日期，它必须是一个有效的日期数据，或者是日期值的单元格引用
MONTH()	MONTH(serial_number)	
DAY()	DAY(serial_number)	

在员工入职表中记录了各个员工的入职时间，如果要单独统计每位员工入职的年月日，则可以使用YEAR 函数、MONTH 函数以及 DAY 函数，具体操作方法如下。

> 原始文件：下载资源\实例文件\第4章\原始文件\YEAR、MONTH、DAY函数.xlsx
> 最终文件：下载资源\实例文件\第4章\最终文件\YEAR、MONTH、DAY函数.xlsx

步骤01　计算入职年份。打开原始文件，选中C3单元格，在编辑栏中输入公式"=YEAR(B3)"，按下【Enter】键，即可返回该员工的入职年份，如下图所示。

步骤02　计算入职月份。❶将C3单元格中的公式复制到C列的其他单元格中，❷再选中D3单元格，在编辑栏中输入公式"=MONTH(B3)"，按下【Enter】键，即可在目标单元格中返回该员工的入职月份，如下图所示。

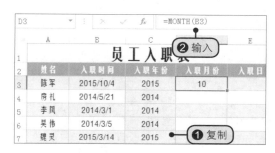

步骤03　计算入职日。❶将D3单元格中的公式复制到D列的其他单元格中，❷再选中E3单元格，在编辑栏中输入公式"=DAY(B3)"之后，按下【Enter】键，即可在目标单元格中返回该员工的入职日，❸随后将单元格中的公式复制到E列的其他单元格中，即可得到各个员工的入职日，如右图所示。

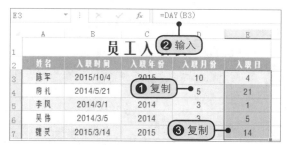

4.4　文本函数

文本函数主要用于工作表中文本方面的计算，用户通过不同的文本函数可以在一个文本值中查找另一个文本值，也可以将一个文本字符串中的所有大写字母转换为小写字母。

4.4.1　FIND、FINDB函数

FIND 函数用于在一个文本值中查找另一个文本值，而 FINDB 函数则用于在一个文本值中查找另外一个双字符文本值，它们具有相同的功能，但计数单位不同。当需要在指定的目标文本中查找特定字符的位置时，就可以使用 FIND 函数和 FINDB 函数。FIND、FINDB 函数的表达式及参数含义见下表。

函　数	表达式	参数含义
FIND()	FIND(find_text,within_text, start_num)	find_text 是待查找的目标文本；within_text 是包含待查找文本的源文本；start_num 指从其开始进行查找的字符，如省略，则假设为 1
FINDB()	FINDB(find_text,within_text, start_num)	

在培训人员登记表中，由于培训人员的姓名、性别和身份证号码都编辑在一个单元格中，如果此时需要单独统计培训人员的性别和出生日期所在单元格的起始位置，则可以使用FIND函数和FINDB函数，具体操作方法如下。

原始文件：下载资源\实例文件\第4章\原始文件\FIND、FINDB函数.xlsx
最终文件：下载资源\实例文件\第4章\最终文件\FIND、FINDB函数.xlsx

步骤01 计算性别的所在位数。打开原始文件，选中B2单元格，在编辑栏中输入公式"=FIND("女",A2)"，按下【Enter】键，即可在目标单元格中显示计算的结果，如下图所示。

步骤02 计算出生日期所在位数。选中B2单元格，并在编辑栏中输入公式"= FINDB("1985",A2)"，输入之后按下【Enter】键，即可在目标单元格中显示计算的结果，如下图所示。

4.4.2 LOWER、UPPER函数

LOWER函数用于将一个文本字符串中的所有大写字母转换为小写字母，而UPPER函数则恰好相反，它用于将一个文本字符串中的所有小写字母转换为大写字母。LOWER、UPPER函数的表达式及参数含义见下表。

函 数	表达式	参数含义
LOWER()	LOWER(text)	Text是包含待转换字母的文本字符串
UPPER()	UPPER(text)	

在员工联系表中，需要将员工的姓名全部转换为大写的形式，将员工的电子邮件地址全部转换为小写的形式，这时可以使用LOWER函数和UPPER函数，具体操作方法如下。

原始文件：下载资源\实例文件\第4章\原始文件\LOWER、UPPER函数.xlsx
最终文件：下载资源\实例文件\第4章\最终文件\LOWER、UPPER函数.xlsx

步骤01 输入公式。打开原始文件，选中A9单元格，在编辑栏中输入公式"=UPPER(A3)"，按下【Enter】键，即可在目标单元格中显示转换为大写的姓名，如右图所示。

步骤02 复制公式。再选中结果单元格向下复制公式，将姓名全部转换为大写，如下图所示。

	A	B	C
4	tracy lamar mcgrady	33	ERIC_FEB01@HOTMAIL
5	mark luliano	45	WULINHUNG@HOTMA
6	acknowledgements	24	SSHIAN328@HOTMAIL
7	alice yingalice	32	ERIC_FEB01@HOTMAIL
8	steven chunshia	34	SRNHF@HOTMAIL.C
9	MICHAEL PHELPS		
10	TRACY LAMAR MCGRADY		
11	MARK LULIANO		
12	ACKNOWLEDGEMENTS		复制
13	ALICE YINGALICE		
14	STEVEN CHUNSHIA		
15			

步骤03 将公式转换为数值。复制A9:A14单元格区域中的数据，然后单击"粘贴"下三角按钮，在展开的列表中单击"值"选项，如下图所示。

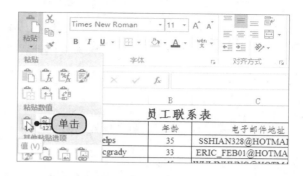

步骤04 显示粘贴效果。此时，即可看到单元格中的数据公式转换为了数字效果，如下图所示。

A9		✕ ✓ fx	MICHAEL PHELPS
	A	B	C
7	alice yingalice	32	ERIC_FEB01@HOTMAIL.COM
8	steven chunshia	34	SRNHF@HOTMAIL.COM
9	MICHAEL PHELPS		
10	TRACY LAMAR MCGRADY		
11	MARK LULIANO		
12	ACKNOWLEDGEMENTS		
13	ALICE YINGALICE		
14	STEVEN CHUNSHIA		
15			
16			
17			

步骤05 剪切、粘贴公式。再将A9:A14单元格区域中的值剪切，然后粘贴至A3:A8单元格区域中，如下图所示。

A3		✕ ✓ fx	MICHAEL PHELPS
	A	B	C
1		员工联系表	
2	姓名	年龄	电子邮件地址
3	MICHAEL PHELPS	35	SSHIAN328@HOTMAIL.COM
4	TRACY LAMAR MCGRADY	33	ERIC_FEB01@HOTMAIL.COM
5	MARK LULIANO	45	WULINHUNG@HOTMAIL.COM
6	ACKNOWLEDGEMENTS		剪切、粘贴 @HOTMAIL.COM
7	ALICE YINGALICE	32	ERIC_FEB01@HOTMAIL.COM
8	STEVEN CHUNSHIA	34	SRNHF@HOTMAIL.COM
9			

步骤06 输入公式。❶选中C9单元格，在编辑栏中输入公式"=LOWER(C3)"，按下【Enter】键，即可在目标单元格中显示转换为小写的电子邮件地址，❷然后向下复制公式将其全部转换，如下图所示。

C9		✕ ✓ fx	=LOWER(C3)
	A	B	C	D
2	姓名	年龄	❶ 输入 电子邮件地址	
3	MICHAEL PHELPS	35	SSHIAN328@HOTMAIL.COM	
4	TRACY LAMAR MCGRADY	33	ERIC_FEB01@HOTMAIL.COM	
5	MARK LULIANO	45	WULINHUNG@HOTMAIL.COM	
6	ACKNOWLEDGEMENTS	24	SSHIAN328@HOTMAIL.COM	
7	ALICE YINGALICE	32	ERIC_FEB01@HOTMAIL.COM	
8	STEVEN CHUNSHIA	34	SRNHF@HOTMAIL.COM	
9			sshian328@hotmail.com	
10			eric_feb01@hotmail.com	
11			wulinhung@hotmail.com	
12			sshian328@hotmail.com	
13	❷ 复制		eric_feb01@hotmail.com	
14			srnhf@hotmail.com	

步骤07 显示最终的表格效果。应用相同的方法将C9:C14单元格区域中的公式转换为数值，并通过剪切和粘贴数值的方法将其粘贴到C3:C8单元格区域中，结果如下图所示。

	A	B	C
1		员工联系表	
2	姓名	年龄	电子邮件地址
3	MICHAEL PHELPS	35	sshian328@hotmail.com
4	TRACY LAMAR MCGRADY	33	eric_feb01@hotmail.com
5	MARK LULIANO	45	wulinhung@hotmail.com
6	ACKNOWLEDGEMENTS	24	sshian328@hotmail.com
7	ALICE YINGALICE	32	eric_feb01@hotmail.com
8	STEVEN CHUNSHIA	34	srnhf@hotmail.com
9			
10			
11			

专用函数解析

第5章

用户平时使用函数来解决各种实际问题时，还可以使用一些专用的函数来快速计算并得到自己需要的结果，如统计函数、财务函数、工程函数、查找与引用函数等，本章将对这些专用函数进行讲解。

本章知识点

- 计数函数
- 极值函数
- 投资计算函数
- 折旧计算函数
- 偿还率计算函数
- 进制转换函数
- 数据比较函数
- 指定查找函数
- 目录查找函数
- 数据引用函数

5.1 统计函数

统计函数是指可以对一定范围的数据进行统计分析的函数，它能为统计学中的运算提供专业的计算方法，如统计参加培训的员工人数，统计学生考试成绩的最高分、最低分等。

5.1.1 计数函数

在 Excel 2016 中，最常用的计数函数主要有 COUNT 函数和 COUNTIF 函数，前者可以返回参数列表中的数字个数，后者则可以计算数据区域中满足给定条件的单元格个数。COUNT 、COUNTIF 函数的表达式及参数含义见下表。

函　数	表达式	参数含义
COUNT()	COUNT(value1,value2,…)	value1，value2，……是包含或引用各类数据的 1～255 个参数
COUNTIF()	COUNTIF(range,criteria)	range 为需要计算其中满足条件的单元格数目的单元格区域，criteria 为确定哪些单元格将被计算在内的条件，其形式可以为数字、表达式或文本

在员工培训表中，如果需要统计参加培训的员工人数，则可以使用 COUNT 函数。而如果需要根据培训成绩中的考核成绩来统计合格人数，则需使用 COUNTIF 函数来实现，具体操作方法如下。

原始文件：下载资源\实例文件\第5章\原始文件\计数函数.xlsx

最终文件：下载资源\实例文件\第5章\最终文件\计数函数.xlsx

步骤01 输入公式。打开原始文件，选中B11单元格，在编辑栏中输入公式"=COUNT(C3:C10)"，按下【Enter】键，即可看到在目标单元格中显示了计算结果，共有8位员工参加了培训，如下图所示。

步骤02 计算合格人数。假设合格的分数为70分，选中B12单元格，在编辑栏中输入公式"=COUNTIF(C3:C10,">70")"，按下【Enter】键，从单元格返回的结果中可以得出，有5位员工的考核成绩超过了70分，如下图所示。

知识补充

　　COUNT 函数只能计算数字单元格，当需要计算文本单元格或者非空单元格个数时，则可以使用 COUNTA 函数，其表达式和使用方法与 COUNT 函数一样。

5.1.2 极值函数

　　在使用 Excel 工作表统计数据时，往往还需得到一组数据中的最大值或最小值，此时就可使用极值函数快速计算，如 MAX 函数和 MIN 函数。前者可以快速返回一组值中的最大值，后者则可以快速返回一组值中的最小值，MAX、MIN 函数的表达式及参数含义见下表。

函　数	表达式	参数含义
MAX()	MAX(number1,number2,…)	number1，number2，……是需要找出最大数值的 1 ～ 255 个数字参数
MIN()	MIN(number1,number2,…)	number1，number2，……是要从中找出最小值的 1 ～ 255 个数字参数

　　在学生成绩表中，如果需要快速查找各科成绩或总分的最高分和最低分，就可使用 MAX 函数和 MIN 函数进行计算，具体操作方法如下。

| 原始文件：下载资源\实例文件\第5章\原始文件\极值函数.xlsx |
| 最终文件：下载资源\实例文件\第5章\最终文件\极值函数.xlsx |

步骤01 输入公式。打开原始文件，选中B11单元格，在编辑栏中输入公式"=MAX(B3:B10)"，按下【Enter】键，即可得到该科成绩中的最高分，如下图所示。

步骤02 复制公式。然后拖动鼠标自动填充公式，得到其他科目和总分的最高分数，如下图所示。

步骤03 计算各科最低分。选中B12单元格，在编辑栏中输入公式"=MIN(B3:B10)"，按下【Enter】键，即可得到该科成绩中的最低分，如下图所示。

步骤04 显示最终结果。然后拖动鼠标填充公式，统计出其他科目和总分的最低分数，即可得到学生成绩表的最终效果，如下图所示。

5.2 财务函数

财务函数是指用来进行财务处理的函数，它可以进行一般的财务计算，如确定贷款的支付额、投资的未来值或净现值以及固定资产的折旧值等。

5.2.1 投资计算函数

当涉及在固定利率及等额分期付款的基础上计算一项投资的未来值时，就需要用到投资计算函数FV，FV函数的表达式及参数含义见下表。

函 数	表达式	参数含义
FV()	FV(rate,nper,pmt,pv,type)	rate 为各期利率，nper 为总投资期数，pmt 为各期所应支付的金额，pv 为现值，即本金，type 为数字 0 或 1（0 为期末，1 为期初）

假如某人现在的银行账户中有10000元，现在开始打算每月往自己的银行账户存入1000元，如果按年利2.8%计算，求在2年以后该账户的存款总额。

原始文件：下载资源\实例文件\第5章\原始文件\投资计算函数.xlsx
最终文件：下载资源\实例文件\第5章\最终文件\投资计算函数.xlsx

步骤01 输入公式。打开原始文件，在B5单元格中输入公式"= FV(B4/12,B3,B2,B1,1)"，如下图所示。

步骤02 显示计算结果。输入公式后按下【Enter】键，即可看到在目标单元格中显示了计算的结果，如下图所示。

	A	B	C	D
1	现有存款	-10000		
2	每月存入金额	-1000		
3	期限（月）	24		
4	年利率	2.80%		
5	未来存款总额	=FV(B4/12,B3,B2,B1,1)		

	A	B	C	D
1	现有存款	-10000		
2	每月存入金额	-1000		
3	期限（月）	24		
4	年利率	2.80%		
5	未来存款总额	¥35,287.97		

5.2.2　折旧计算函数

企业在核算财务时，通常都会使用折旧计算函数来计算固定资产的折旧。Excel中的折旧函数主要包括AMORDEGRC、AMORLINC、DB、DDB、SLN、SYD、VDB函数，用户可根据实际情况进行选择。下面主要介绍折旧函数DB的使用方法，该函数使用固定余额递减法，计算一笔资产在给定期限内的折旧值。DB函数的表达式及参数含义见下表。

函　数	表达式	参数含义
DB()	DB(cost,salvage,life,period,month)	cost为资产原值，salvage为资产在折旧期末的价值，life为折旧期限，period为需要计算折旧值的期间。period必须使用与life相同的单位。month为第一年的月份数，省略时假设为12

假如某工厂在今年3月份投资50000元购买了一部生产用的新机器，该机器的使用寿命为5年，5年后该机器还能卖1000元，现在计算第5年该机器的折旧金额。

原始文件：下载资源\实例文件\第5章\原始文件\折旧计算函数.xlsx
最终文件：下载资源\实例文件\第5章\最终文件\折旧计算函数.xlsx

步骤01 输入公式。打开原始文件，选中B6单元格，输入公式"= DB(B1,B2,B3,5,B4)"，如下图所示。

步骤02 显示计算结果。输入公式后按下【Enter】键，即可看到在目标单元格中显示了计算的结果，即第5年的折旧值，如下图所示。

	A	B	C	D
1	成本价格	50000		
2	成本残值	1000		
3	使用年限	5		
4	购入月份	3		
5				
6	第5年的折旧值	=DB(B1,B2,B3,5,B4)		

	A	B	C	D
1	成本价格	50000		
2	成本残值	1000		
3	使用年限	5		
4	购入月份	3		
5				
6	第5年的折旧值	¥2,239.53		
7				

5.2.3 偿还率计算函数

偿还率计算函数主要用于计算内部收益率（内部收益率是资金流入现值总额与资金流出现值总额相等、净现值等于零时的折现率），包括 IRR、MIRR、RATE 和 XIRR 几个函数。用户可根据实际情况使用不同的函数进行计算。下面主要介绍 IRR 函数的使用方法，该函数用于返回由数值代表的一组现金流的内部收益率，IRR 函数的表达式及参数含义见下表。

函 数	表达式	参数含义
IRR()	IRR(values,guess)	values 为数组或单元格的引用，包含用来计算返回的内部收益率的数字。guess 为对函数 IRR 计算结果的估计值

假如某人现在要承包一家食堂，预计投资为 40000 元，并预期今后三年的净收益为 12000 元、18000 元、25000 元，现计算三年后的内部收益率。

原始文件：下载资源\实例文件\第5章\原始文件\偿还率计算函数.xlsx
最终文件：下载资源\实例文件\第5章\最终文件\偿还率计算函数.xlsx

步骤01▶ 输入公式。打开原始文件，选中B6单元格，输入公式"= IRR(B1:B4)"，如下图所示。

步骤02▶ 显示计算结果。按下【Enter】键，即可看到目标单元格中显示了计算的结果，即此项投资的内部收益率为15.65%，如下图所示。

| SUM | ▼ | : | × | ✓ | fx | =IRR(B1:B4) |

	A	B	C	D
1	预计投资	-40000		
2	第一年净收益	12000		
3	第二年净收益	18000		
4	第三年净收益	25000		
5				
6	内部收益率	=IRR(B1:B4)	输入	

	A	B	C	D
1	预计投资	-40000		
2	第一年净收益	12000		
3	第二年净收益	18000		
4	第三年净收益	25000		
5				
6	内部收益率	15.65%		
7				
8				

5.3 工程函数

工程函数就是用于工程分析的函数，Excel 中一共提供了近 40 个工程函数，本节主要介绍几种比较常见的工程函数，如进制转换函数、数据比较函数。

5.3.1 进制转换函数

进制转换函数一共有 12 种，包括 BIN2DEC、BIN2HEX、DEC2BIN、OCT2BIN 等，它们可以实现数值在不同进制之间的转换。用户在记忆这些函数名称时，只需记住二进制为 BIN，八进制为 OCT，十进制为 DEC，十六进制为 HEX，再记住函数名称中间有个数字 2 就可以了。比如，如果需要将二进制数转换为十进制，应用的函数前面为 BIN，中间加个 2，后面为 DEC，合起来就是 BIN2DEC。下面简单介绍 BIN2DEC 函数和 DEC2BIN 函数的使用，其他函数的使用方法类似。BIN2DEC 函数和DEC2BIN 函数的表达式及参数含义见下表。

函　数	表达式	参数含义
BIN2DEC()	BIN2DEC(number)	number 为待转换的二进制数，其位数不能多于 10 位
DEC2BIN()	DEC2BIN(number,places)	number 为待转换的十进制数，places 为要使用的字符数，若省略 places，函数 DEC2BIN 用能表示此数的最小字符来表示

在计算机内部，一切信息的存储、处理与传送均采用二进制的形式，但因为二进制数的阅读与书写很不方便，所以在程序设计中，为了便于辨识，可以将一些二进制数转换为十进制数，或将一些十进制数转换为二进制数。

原始文件：下载资源\实例文件\第5章\原始文件\进制转换函数.xlsx
最终文件：下载资源\实例文件\第5章\最终文件\进制转换函数.xlsx

步骤01 输入公式。打开原始文件，选中B2单元格，输入公式"= BIN2DEC(A2)"，如下图所示。

步骤02 继续输入公式。按下【Enter】键，即可在目标单元格中显示换算后的结果，❶然后利用自动填充的方式返回其他二进制数转换为十进制数的值，❷在C2单元格中输入公式"=DEC2BIN(B2)"，如下图所示。

步骤03 显示最终的计算结果。按下【Enter】键，即可在目标单元格中显示换算后的结果，然后利用自动填充的方式返回其他十进制数转换为二进制数的值，如右图所示。

5.3.2 数据比较函数

使用数据比较函数 DELTA，只能对指定的两个参数进行比较，如果相比较的两个参数相等，则返回 1，如果不相等，则返回 0。DELTA 函数的表达式及参数含义见下表。

函　数	表达式	参数含义
DELTA()	DELTA(number1,number2)	其中 number1 为第一个参数，number2 为第二个参数。如果省略，则假设 number2 的值为 0

在员工出勤考核表中，如果需要根据实际考勤人数和应到人数相比较，来判断该部门出勤率是否合格，则可以使用 DELTA 函数，返回 1 表示合格，返回 0 表示不合格。

| 原始文件： | 下载资源\实例文件\第5章\原始文件\数据比较函数.xlsx |
| 最终文件： | 下载资源\实例文件\第5章\最终文件\数据比较函数.xlsx |

步骤01 输入公式。打开原始文件，选中D3单元格，输入公式" = DELTA(B3,C3)"，如下图所示。

步骤02 显示最终的计算结果。按下【Enter】键，返回值为0，表示B3与C3单元格中的数据不相等，即该部门星期一的出勤率不合格，然后使用自动填充方式比较判断该部门星期二至星期五的出勤情况，如下图所示。

5.4 查找与引用函数

在 Excel 函数的运用中，查找与引用函数也是经常用到的，通过这类函数，用户可以在数据清单或工作表中查找特定的数值或对特定单元格的引用。

5.4.1 指定查找函数

VLOOKUP 函数和 HLOOKUP 函数都能查找指定的值，只是查找的位置有所不同，VLOOKUP 函数是在首列查找并返回其他列的值，而 HLOOKUP 函数则是在首行查找并返回其他行的值。VLOOKUP 和 HLOOKUP 函数的表达式及参数含义见下表。

函 数	表达式	参数含义
VLOOKUP()	LOOKUP(lookup_value, table_array,col_index_num, rang_lookup)	参数 lookup_value 代表需要在数据表第一列（行）中查找的数值；table_array 表示需要在其中查找数据的数据表；col_index（row_index_num）表示待返回的匹配值的列（行）序号，输入 n 表示返回第 n 行；rang_lookup 指明函数查找的方式，TRUE 或省略，返回近似查找值，如果找不到匹配值,返回 lookup_value 的最大数值，如果为 FALSE，函数将进行精确查找，如果找不到，返回值 #N/A!
HLOOKUP()	HLOOKUP(lookup_value, table_array, row_index_num, rang_lookup)	

在员工销售评分表中，如果需要通过员工的编号自动填充员工的销售额，则可以使用 HLOOKUP 函数；而如果需要通过员工的销售额自动填充员工所得评分分数，则可以使用 VLOOKUP 函数，具体操作方法如下。

| 原始文件：下载资源\实例文件\第5章\原始文件\指定查找函数.xlsx |
| 最终文件：下载资源\实例文件\第5章\最终文件\指定查找函数.xlsx |

步骤01 输入公式。打开原始文件，选中C12单元格，在编辑栏中输入公式 "=HLOOKUP(A12, $A$1:$G $2,2)"，按下【Enter】键，即可根据员工的编号显示该员工销售额，如下图所示。

步骤02 复制公式。然后使用自动填充的方式返回其他员工的销售额，如下图所示。

步骤03 输入公式。选中D12单元格，在编辑栏中输入公式 "=VLOOKUP(C12,$A$5:$C$8,3)"后按下【Enter】键，即可根据实际销售额情况返回相应得分，如下图所示。

步骤04 复制公式。然后使用自动填充的方式返回其他员工销售得分，如下图所示。

5.4.2 目录查找函数

目录查找函数 CHOOSE 可以根据给定的索引值，从多达 29 个待选参数中选出相应的值或操作。CHOOSE 函数的表达式及参数含义见下表。

函 数	表达式	参数含义
CHOOSE()	CHOOSE(index_num, value1,value2,…)	index_num 是用来指明待选参数序号的值，它必须是 1 ～ 29 之间的数字，或者是包含数字 1 ～ 29 的公式或单元格引用；value1，value2，……为 1 ～ 29 之间的数值参数

在员工职称表中，由于知道各个员工的职称代码以及相对应的职称，如果需要在同一个工作表中显示各个员工的职称代码和职称，则可以使用 CHOOSE 函数进行查找。

| 原始文件： | 下载资源\实例文件\第5章\原始文件\目录查找函数.xlsx |
| 最终文件： | 下载资源\实例文件\第5章\最终文件\目录查找函数.xlsx |

步骤01 显示职称对照表。打开原始文件，切换到"职称对照表"工作表，查看其对应关系，如下图所示。

步骤02 输入公式。切换到"职称表"中，然后选中C2单元格，输入公式"=CHOOSE(B2,"教授","副教授","一级专家","二级专家")"，如下图所示。

步骤03 复制公式。按下【Enter】键，即可根据设置参数中的对应关系返回各个人员的职称，然后使用自动填充的方式对其他人员职称进行显示，如右图所示。

知识补充

使用 CHOOSE 函数能够检索的值为 29，如果超过 29 个，则不能使用 CHOOSE 函数，需要使用 VLOOKUP 函数。

5.4.3 数据引用函数

数据引用函数 INDEX 可以返回表格或区域中的数值或对数值的引用，当用户需要查找某个特定位置的值时，即可使用 INDEX 函数。INDEX 函数的表达式及参数含义见下表。

函　数	表达式	参数含义
INDEX()	INDEX(array,row_num, column_num)	array 为单元格区域或数组常数；row_num 为数组中某行的行序号，函数从该行返回数值；column_num 是数组中某列的列序号，函数从该列返回数值

如果用户需要根据指定的节次和星期，在课程表中查找对应的科目，则可以使用 INDEX 函数，具体操作方法如下。

| 原始文件：下载资源\实例文件\第5章\原始文件\数据引用函数.xlsx |
| 最终文件：下载资源\实例文件\第5章\最终文件\数据引用函数.xlsx |

步骤01 输入公式。打开原始文件，选中B12单元格，输入公式 "=INDEX(B2:F8,B10,B11)"，如下图所示。

步骤02 显示计算结果。输入公式后按下【Enter】键，即可返回星期二第5节课的课程为"物理"，如下图所示。

步骤03 改变节次和星期。在B10和B11单元格中重新输入新的节次和星期数，即可看到B12单元格中的课程变为了对应的课程，如右图所示。

解读Excel图表的类型与元素

第6章

图表是 Excel 2016 中重要的数据分析工具，它不仅简洁、直观，而且与数据相比更有可视化的视觉效果。在工作表中创建各种类型的图表，不仅可以使数据表现得更加形象，而且还能详细地了解数据的大小和数据间的波动变化情况。

本章知识点

- 柱形图
- 面积图
- 股价图
- 盈亏迷你图
- 饼图
- 圆环图
- 折线迷你图
- 条形图
- 散点图
- 柱形迷你图

6.1 Excel 图表类型

Excel 中所包含的图表类型很多，常见的有柱形图、折线图、饼图和条形图等。每种图表的用法不同，用户要根据分析的目的来选择适用的图表，才能更准确地表达数据的特点。

6.1.1 标准图表

为满足不同用户的需要，Excel 2016 提供了 16 种图表类型，每一种图表类型又可以细分为几个子图表类型，且这些图表类型既有二维也有三维图表样式供用户选择。本节列举了一些常用的图表类型（实例文件见"第 6 章 \Excel 图表类型 .xlsx"），以及它们各自的特点与适用范围。

1. 柱形图

柱形图一般用于显示一段时间内的数据变化或显示各个项目之间的比较情况，子类型包括簇状柱形图和堆积柱形图。在柱形图中，通常沿水平轴组织类别，沿垂直轴组织数值。具体的柱形图效果如下。

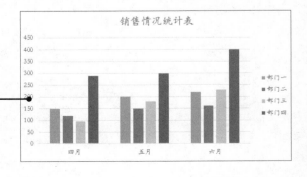

2. 折线图

折线图可以显示随时间而变化的连续数据,因此非常适用于显示在相等时间间隔下数据的变化趋势。在折线图中,类别数据沿水平轴均匀分布,所有数值数据沿垂直轴均匀分布,具体的折线图效果如下。

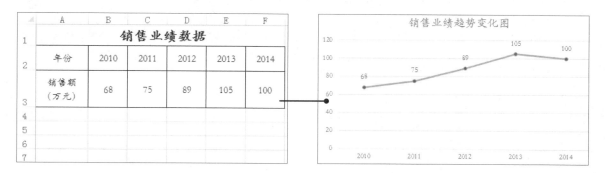

3. 饼图

饼图通常用来表示一组数据中的各个组成部分所占比例情况,它用分割并填充了颜色或图案的饼形来表示个体与整体的比例关系。饼图中,所有扇区百分比总和为 100%,具体的饼图效果如下。

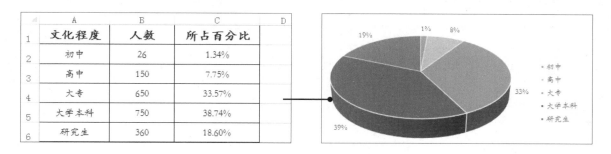

4. 条形图

条形图将序列显示为多组具有不同起点和终点的水平图条,因为它具有数值轴标签过长以及显示的数值是持续型的特点,所以很适合用于比较两个或多个类别间的差异,具体的条形图效果如下。

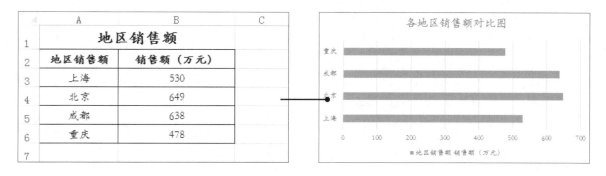

5. 面积图

面积图适合显示有限数量的若干组数据,主要强调数量随时间变化的程度,它用填充了颜色或图案的面积来显示数据,使观者不仅能看到数据各个时期的变化,也能看到总体的变化趋势,具体面积图效果如下。

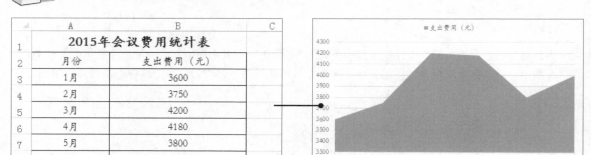

6. 圆环图

与饼图相似，圆环图也可以显示各个部分与整体之间的关系，但是不同的是，它可以包含多个数据系列，而饼图却只能有一个数据系列，所以圆环图有时可以用来比较多个饼图，具体圆环图效果如下。

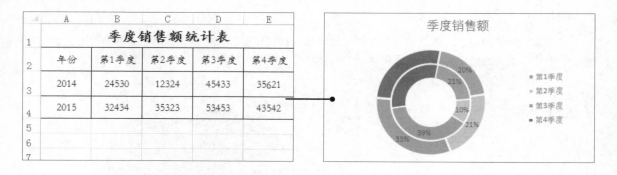

7. 散点图

散点图是研究成对出现的变量间的相互关系的坐标图。它将每一数对中的一个数绘制在 X 轴上，另一个绘制在 Y 轴上，在两点的垂直交叉处显示数据标记。散点图适用于 X 与 Y 都是连续型数据的情况，具体散点图效果如下。

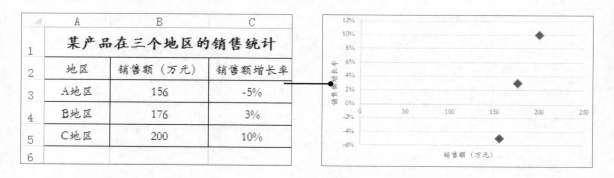

8. 雷达图

雷达图通常由一组坐标轴和多个同心多边形构成，每个坐标轴代表一个指标。在实际运用中，可以将工作表的列或行中的数据绘制在雷达图中，以定点在雷达图的位置并进行分析，具体雷达图效果如下。

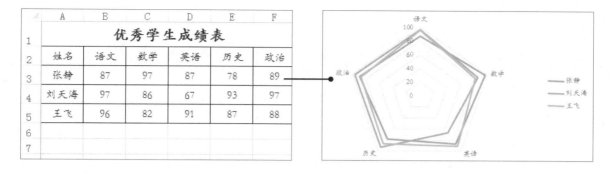

9. 气泡图

气泡图和散点图类似，它将序列显示为一组符号，并对成组的三个数值而非两个数值进行比较，其中第三个数值确定气泡数据点的大小。气泡图比较适合用于数据点较少的数据集。如果数据点太多，则创建气泡图意义不大。具体气泡图效果如下。

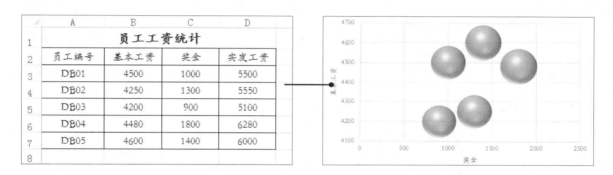

10. 股价图

股价图经常用来显示股价的波动情况，比如一段指定时间内一种股票的成交量、开盘价、最高价、最低价和收盘价。根据分析情况不同，股价图包括 4 种类型。另外，在创建股价图时，列标题数据在工作表中的组织方式非常重要，一定要按次序组织。具体的股价图效果如下。

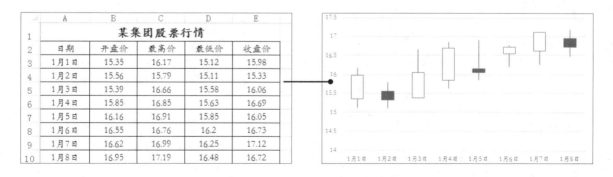

11. 曲面图

曲面图是折线图和面积图的另一种形式，它显示的是连接一组数据点的三维曲面。在寻找两组数据的最优组合时，经常都会使用曲面图，图中的颜色和图案表示具有相同范围的值的区域，具体的曲面图效果如下。

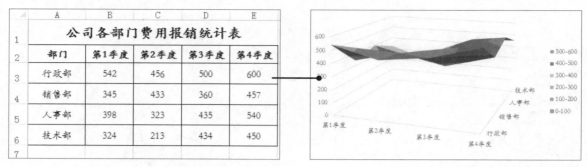

除了以上介绍的 11 种常用图表类型外，Excel 2016 还提供树状图、旭日图、直方图、箱形图和瀑布图这 5 种新增的图表，但由于使用频率不高，就不做具体介绍了。

6.1.2 单元格图表——迷你图

迷你图与上一小节的普通图表不同，它不是以对象的形式存在工作表中，而是显示在单元格背景中的一个微型图表。Excel 2016 默认有 3 种迷你图（实例文件见"第 6 章＼迷你图 .xlsx"）：折线迷你图用从左侧延伸到右侧的"之"字形线条表示一组单元格数值的变化，例如销售额随时间的变动趋势等；柱形迷你图由一系列垂直柱形组成，如果柱形较大，则表示值较大；盈亏迷你图用于表示一组单元格数值是上涨抑或下跌的状况。

1. 折线迷你图

使用折线迷你图可以在单个单元格中插入一个折线图表，从而直观地观察一系列数据的变化趋势。用户也可以在折线中添加高低点红色标记，使最大值、最小值更突出，如右图所示。

2. 柱形迷你图

使用柱形迷你图可以在单个单元格中插入一个柱形图图表，通过该图表可以快速查看各项数据的高低对比情况。如果柱形长度较长，那么该组数据的值也就更大，如右图所示。

3. 盈亏迷你图

使用盈亏迷你图可以在单个单元格中插入一个盈亏图表，它可以快速标示各个单元格数据的增长变化情况。对于正值，小方块位于单元格中的上方，表示上涨；对于负值，小方块位于单元格中的下方，表示下跌，并且一般会用红色突出显示，如右图所示。

6.2 Excel 图表组成元素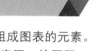

认识完 Excel 2016 中的各种图表，为方便对各种图表进行编辑，用户还需认识各种组成图表的元素。

不同的图表构成的元素是不同的，不过通常情况下，图表一般会包括图表标题、图表区、绘图区、数据系列、图例、坐标轴、网格线等内容，如下图和下表所示（实例文件见"第 6 章 \ 图表元素 .xlsx"）。如果需要对图表进行预测和分析，则还包括误差线和趋势线。

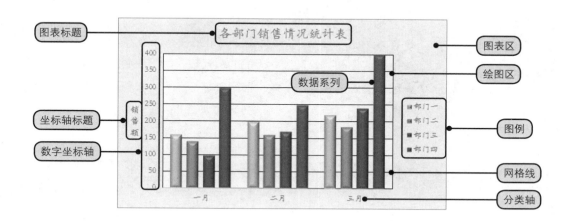

名 称	说 明
图表标题	显示图表的名称，可以自动与坐标轴对齐或在图表顶部居中
图表区	显示图表的背景颜色，当插入的图表被激活后，就可以对该区域进行颜色填充或添加边框线
绘图区	在二维图表中，以坐标轴为界并包含所有数据系列的区域。在三维图表中，此区域以坐标轴为界并包含数据系列、分类名称、刻度线标签和坐标轴标题
坐标轴标题	显示各类别的名称，可对其进行修改、删除或添加
数字坐标轴	显示图表数据刻度
数据系列	表示各类别的数据的值
图例	图例是集中于图表一角或一侧，用各种符号和颜色对所代表内容与指标的说明，有助于用户更好地认识图表
网格线	显示在绘图区的网格，作为数值参考线
分类轴	显示各数据系列的分类名称

一份简单图表的制作

第7章

了解并认识了各种图表类型后，用户就可以根据相应的数据来选择要应用的图表类型以及图表的处理方式，开始动手制作图表了。

本章知识点

- 导入数据
- 切换行/列制图
- 创建标准图表
- 创建迷你图
- 添加图表元素
- 更改图表布局和样式
- 设置图例格式
- 设置图表区
- 更改迷你图的类型
- 更改标记颜色

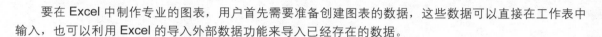

7.1　准备绘图数据

要在 Excel 中制作专业的图表，用户首先需要准备创建图表的数据，这些数据可以直接在工作表中输入，也可以利用 Excel 的导入外部数据功能来导入已经存在的数据。

7.1.1　准备之一：导入数据

在准备绘图数据时，除了可以直接在 Excel 中输入数据外，还可以将其他应用程序中的数据导入到 Excel 工作表中，以实现程序间的互补利用，提高编辑工作表的效率，减少输入数据的时间。

1. 导入文本文件中的数据

当所编辑的数据源处于文本文件中时，就可借助 Excel 导入文本文件的功能将其导入到工作表中进行编辑。可通过两种方式从文本文件导入数据：一种是在 Excel 中打开下载资源\文本文件，另外一种是将文本文件作为外部数据源导入。下面介绍将文本文件作为外部数据源导入的方法，具体操作步骤如下。

原始文件：下载资源\实例文件\第7章\原始文件\导入文本文件中的数据.txt

最终文件：下载资源\实例文件\第7章\最终文件\导入文本文件中的数据.xlsx

步骤01　单击"自文本"按钮。启动Excel 2016程序，切换到"数据"选项卡，单击"获取外部数据"组中的"自文本"按钮，如下图所示。

步骤02　选择文本。弹出"导入文本文件"对话框，❶在中间的列表框中选择包含导入数据的文本文件，❷然后单击"导入"按钮，如下图所示。

步骤03 进入文本导入向导对话框。弹出"文本导入向导 - 第1步，共3步"对话框，直接单击"下一步"按钮，如下图所示。

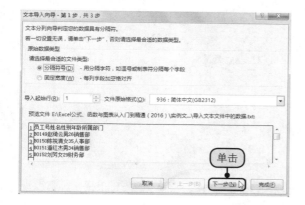

步骤04 选择分隔符号。切换到第2步设置界面，❶在"分隔符号"选项组中勾选"Tab键"复选框，❷然后单击"下一步"按钮，如下图所示。

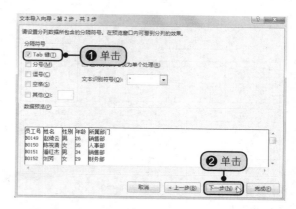

步骤05 选择导入格式。切换到第3步设置界面，❶在"列数据格式"选项组中单击"常规"单选按钮，保持默认格式不变，❷然后单击"完成"按钮，如下图所示。

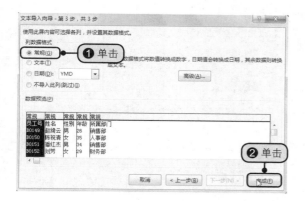

步骤06 设置数据导入位置。弹出"导入数据"对话框，❶单击"现有工作表"单选按钮，❷然后在文本框中设置区域，❸单击"确定"按钮，如下图所示。

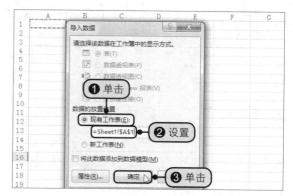

步骤07 完成导入。完成操作后，返回到工作表中，即可看到文本文件中的数据已经被导入到了Excel中，如右图所示。

	A	B	C	D	E	F	G
1	员工号	姓名	性别	年龄	所属部门		
2	B0149	赵绮云	男	26	销售部		
3	B0150	陈祝清	女	35	人事部		
4	B0151	潘红杰	男	34	销售部		
5	B0152	刘芳	女	29	财务部		
6	B0153	王正杰	男	46	计划部		
7	B0154	杨婉婉	女	37	计划部		
8	B0155	韩识	女	30	行政部		

2. 导入Word文档内容

在使用 Excel 2016 时，经常需要将 Word 中的数据导入到 Excel 中，利用 Windows 剪贴板，用户就可以轻松地将 Word 文档中的内容导入到 Excel 中。

原始文件：下载资源\实例文件\第7章\原始文件\导入Word文档内容.docx

最终文件：下载资源\实例文件\第7章\最终文件\导入Word文档内容.xlsx

步骤01 复制文档内容。打开原始文件，❶选中文档中的内容，右击鼠标，❷在弹出的快捷菜单中单击"复制"命令，如下图所示。

步骤02 粘贴文档内容。启动Excel 2016程序，❶右击A1单元格，❷在弹出的快捷菜单中单击"粘贴选项"下的"保留源格式"按钮，如下图所示。

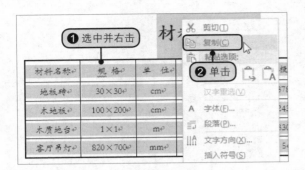

步骤03 显示数据导入效果。此时，Word文档中的内容即粘贴在Excel工作表中了，如下图所示。

步骤04 完成数据的导入。用户再根据实际需要设置表格格式即可，如下图所示。

7.1.2 准备之二：确认数据排列方式

在 Excel 中制作简单图表时，用户可以直接使用原始数据作图，但对于较为复杂的图表，则应该准备专门的作图数据，并确认作图数据的排列方式。

1. 按单元格内容组织数据

在准备作图数据的过程中，用户可以根据图表的要求将工作表中的数据设置为默认排列方式，如按照字母进行排列或按照笔画进行排列等，使数据的组织更加合理。

原始文件：下载资源\实例文件\第7章\原始文件\按单元格内容组织数据.xlsx
最终文件：下载资源\实例文件\第7章\最终文件\按单元格内容组织数据.xlsx

步骤01 排序数据。打开原始文件，切换到"数据"选项卡，单击"排序和筛选"组中的"排序"按钮，如右图所示。

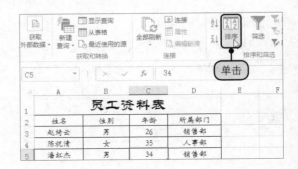

步骤02 单击"选项"按钮。弹出"排序"对话框，单击"选项"按钮，如下图所示。

步骤03 设置排序选项。弹出"排序选项"对话框，❶在"方法"选项组中单击"字母排序"单选按钮，❷然后单击"确定"按钮，如下图所示。

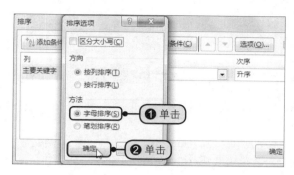

步骤04 设置排序关键字。返回到"排序"对话框中，❶设置排序的主要关键字及次序，❷然后单击"确定"按钮，如下图所示。

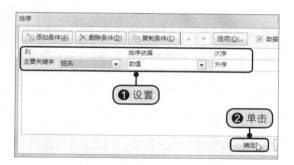

步骤05 查看排序效果。经过操作后，返回到工作表中即可看到员工资料表已经按照姓名首字母进行了升序排序，如下图所示。

2. 按单元格属性排列数据

在 Excel 中，其所能提供的排序方式扩展到了包括按字体颜色、按单元格背景以及图标在内的单元格属性内容。下面介绍如何实现按单元格属性组织数据。

原始文件：下载资源\实例文件\第7章\原始文件\按单元格属性排列数据.xlsx
最终文件：下载资源\实例文件\第7章\最终文件\按单元格属性排列数据.xlsx

步骤01 单击"排序"按钮。打开原始文件，切换到"数据"选项卡，单击"排序和筛选"组中的"排序"按钮，如下图所示。

步骤02 选择排序依据。弹出"排序"对话框，❶单击"排序依据"下三角按钮，❷在展开的下拉列表中单击"字体颜色"选项，如下图所示。

步骤03 选择主要关键字。❶单击"主要关键字"右侧的下三角按钮，❷在展开的下拉列表中单击"考核成绩"选项，如下图所示。

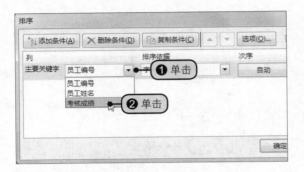

步骤04 选择排序次序。❶单击"自动"右侧的下三角按钮，❷在展开的下拉列表中单击"红色"选项，如下图所示。

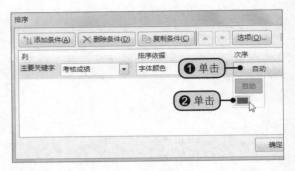

步骤05 单击"确定"按钮。设置完成后，在"排序"对话框中单击"确定"按钮，如下图所示。

步骤06 查看排序效果。经过操作后，返回到工作表中，即可看到员工培训成绩表中以红色标示的考核成绩已经排列到该列的最上面，如下图所示。

	A	B	C	D
1	员工培训成绩表			
2	员工编号	员工姓名	考核成绩	
3	WH.001	王国彬	79	
4	WH.002	王书进	87	
5	WH.005	严阳明	78	
6	WH.006	范玉祥	96	
7	WH.008	李伟	82	
8	WH.003	杨海燕	65	
9	WH.004	曹莲	67	
10	WH.007	何玉巧	60	

7.2 创建图表

在 Excel 2016 中，用户可以先在工作表中选择好要创建图表的源数据，然后再根据要创建的表格选择标准图表或迷你图的类型、图表布局和图表样式，即可得到专业的图表效果。

7.2.1 创建标准图表

Excel 2016 中提供了许多已经设计好的布局和格式化的图表供用户选择，对于多数图表，用户可以直接将工作表的行或列中排列的数据绘制在图表中。下面以在油料库存月报表中创建三维柱形图表为例，介绍在 Excel 2016 中创建标准图表的方法，其他图表的创建方法与此类似。

原始文件：下载资源\实例文件\第7章\原始文件\创建标准图表.xlsx

最终文件：下载资源\实例文件\第7章\最终文件\创建标准图表.xlsx

步骤01 选择区域。打开原始文件，选择需要创建图表的单元格区域，如选中A2:D5单元格区域，如下图所示。

步骤02 选择图表。切换到"插入"选项卡，❶单击"图表"组中的"柱形图"下三角按钮，❷在展开的下拉列表中选择需要的图表类型，如下图所示。

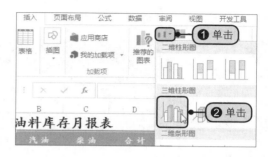

步骤03 显示插入的图表效果。此时即根据工作表中的数据创建了与之对应的三维簇状柱形图，如右图所示。

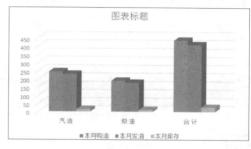

7.2.2 创建单元格图表——迷你图

在 Excel 2016 中创建单元格图表即迷你图的方法非常简单，用户只需先选择要创建的迷你图类型，然后选择相关的数据范围和位置范围即可。

1. 创建折线迷你图

在硬件销售统计表中，为了体现各个硬件在每个季度销量的变化情况，用户可以通过为其创建折线迷你图来表现，具体操作步骤如下。

原始文件:	下载资源\实例文件\第7章\原始文件\创建折线迷你图.xlsx
最终文件:	下载资源\实例文件\第7章\最终文件\创建折线迷你图.xlsx

步骤01 单击"折线图"按钮。打开原始文件，切换到"插入"选项卡，单击"迷你图"组中的"折线图"按钮，如下图所示。

步骤02 设置数据范围和迷你图放置位置。弹出"创建迷你图"对话框，❶在"数据范围"文本框中设置迷你图的数据区域，❷在"位置范围"文本框中设置放置迷你图的位置，❸单击"确定"按钮，如下图所示。

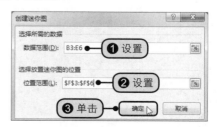

步骤03 完成折线迷你图的创建。经过操作后，返回到工作表中，可看到创建出的一组折线迷你图，如右图所示。

 知识补充

由于创建本例迷你图时"位置范围"选择了单元格区域，4个单元格内的迷你图为一组迷你图，若要拆分或将多个不同组的迷你图组合为一组，则可以在"迷你图工具-设计"选项卡中，单击"分组"组中的"取消组合"按钮或"组合"按钮。

2. 创建柱形迷你图

在办公物品出库量统计表中，为了对各个物品的出库量进行直观的对比，可以为其创建一个柱形迷你图，具体操作步骤如下。

原始文件：下载资源\实例文件\第7章\原始文件\创建柱形迷你图.xlsx

最终文件：下载资源\实例文件\第7章\最终文件\创建柱形迷你图.xlsx

步骤01 单击"柱形图"按钮。打开原始文件，切换到"插入"选项卡，单击"迷你图"组中的"柱形图"按钮，如下图所示。

步骤02 设置数据范围和迷你图位置。弹出"创建迷你图"对话框，❶在"数据范围"文本框中设置迷你图的数据区域，❷在"位置范围"文本框中设置放置迷你图的位置，❸然后单击"确定"按钮，如下图所示。

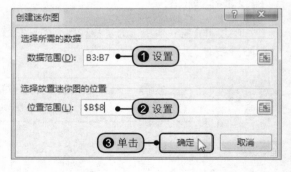

步骤03 显示创建的迷你图效果。经过操作后，返回到工作表中，在B8单元格中即创建了一个柱形迷你图，如右图所示。

高效实用技巧：更改迷你图数据源

　　若用户在创建迷你图后添加或删除了数据源中的某项数据，此时就需要重新选择迷你图的数据源，方法是先选中创建的迷你图单元格，然后在"迷你图工具-设计"选项卡下单击"迷你图"组中的"编辑数据"按钮，在展开的下拉列表中单击"编辑单个迷你图的数据"选项，再在弹出的"编辑迷你图数据"对话框中重新输入创建迷你图的单元格区域即可，如右图所示。

3. 创建盈亏迷你图

　　在销售增长盈亏表中，为了体现每个年份的增长率情况（如想快速知道哪个年份呈负增长），就可以为其创建盈亏迷你图，具体操作步骤如下。

　　原始文件：下载资源\实例文件\第7章\原始文件\创建盈亏迷你图.xlsx
　　最终文件：下载资源\实例文件\第7章\最终文件\创建盈亏迷你图.xlsx

步骤01 单击"盈亏"按钮。打开原始文件，切换到"插入"选项卡，单击"迷你图"组中的"盈亏"按钮，如下图所示。

步骤02 选择数据源。弹出"创建迷你图"对话框，❶在"数据范围"文本框中设置迷你图的数据区域，❷在"位置范围"文本框中设置放置迷你图的位置，❸然后单击"确定"按钮，如下图所示。

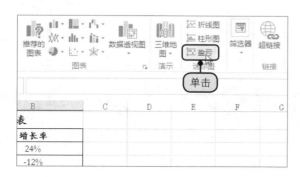

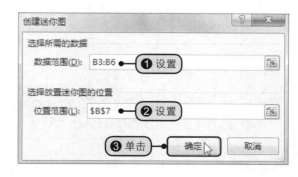

步骤03 显示创建效果。经过操作后，返回到工作表中，此时在B7单元格中即创建了一个盈亏迷你图，如右图所示。

知识补充

　　若用户要删除创建的迷你图，则右击创建的迷你图单元格，然后在弹出的快捷菜单中执行"迷你图 > 清除所选的迷你图"命令即可。

	A	B
1	销售增长盈亏表	
2	年份	增长率
3	2011	24%
4	2012	-12%
5	2013	33%
6	2014	24%
7	销售增长盈亏图	
8		

7.3 标准图表的基础编辑

创建图表后，用户可能会对生成的图表的效果不是非常满意，此时就需要对图表进行修改或编辑，使其更符合要求，因此，学会对图表进行编辑是十分必要的。下面介绍编辑图表的一些方法与技巧。

7.3.1 添加图表元素

一个完整图表往往包含众多的元素，但在默认情况下，用户在插入图表后可能看不到自己想要的一些元素，如图表标题、坐标轴标题等。如果确实需要这些元素，用户可以在插入图表后再单独添加，添加后用户还可以对其进行相应的设置，使其满足自己的要求。

原始文件：下载资源\实例文件\第7章\原始文件\添加图表元素.xlsx

最终文件：下载资源\实例文件\第7章\最终文件\添加图表元素.xlsx

步骤01 选中图表标题。打开原始文件，选中图表中的标题，如下图所示。

步骤02 设置轴标题。❶在"图表工具 - 设计"选项卡下单击"添加图表元素"按钮，❷在展开的下拉列表中单击"轴标题>主要纵坐标轴"选项，如下图所示。

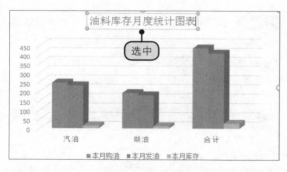

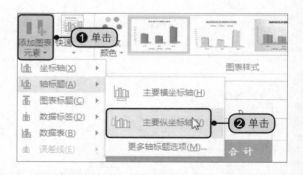

知识补充

若要在图表中添加横坐标轴标题，则需在"轴标题"下拉列表中单击"主要横坐标轴"选项。

步骤03 设置坐标轴标题格式。❶右击添加的轴标题，❷在弹出的快捷菜单中单击"设置坐标轴标题格式"命令，如下图所示。

步骤04 设置轴标题的文字方向。❶在右侧弹出的"设置坐标轴标题格式"窗格中单击"文字方向"右侧文本框后的下三角按钮，❷在展开的列表中单击"竖排"选项，如下图所示。

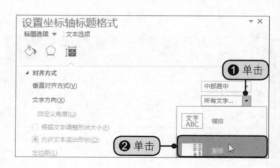

步骤05 输入轴标题文本。然后在设置好的轴标题框中输入所需文本，即可看到轴标题效果，如下图所示。

步骤06 添加数据标签。❶单击图表右侧的"图表元素"按钮，❷在展开的列表中单击"数据标签>更多选项"选项，如下图所示。

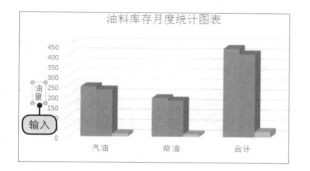

步骤07 设置数据标签格式。在右侧弹出的"设置数据标签格式"窗格中勾选"标签选项"下的所需复选框，如下图所示。

步骤08 显示最终的图表效果。经过操作后，即可看到在图表数据系列上显示了数据标签，如下图所示。

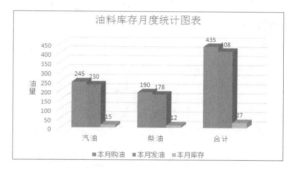

7.3.2　更改图表源数据

在实际工作中经常需要更改源数据区域的数据值，但由于图表与源数据之间在生成图表时已经有了动态链接关系，因此当对工作表中的源数据进行修改后，Excel 便会自动对图表进行更新。此外，在已创建的图表的工作表中，用户也可以重新选择源数据。

| 原始文件：下载资源\实例文件\第7章\原始文件\更改图表源数据.xlsx |
| 最终文件：下载资源\实例文件\第7章\最终文件\更改图表源数据.xlsx |

1. 通过工作表更改图表源数据

在已创建图表的工作表中，用户可以直接通过更改表格数据来更改图表的源数据，以修改图表样式。

步骤01 插入列。打开原始文件，❶选中D列，然后右击，❷在弹出的快捷菜单中单击"插入"命令，如右图所示。

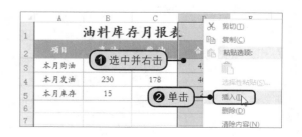

步骤02 添加数据。此时，在工作表中插入了新的一列，然后输入数据，并对E列中的数据进行重新计算，如下图所示。

	A	B	C	D	E
1	油料库存月报表				
2	项目	汽油	柴油	机油	合计
3	本月购油	245	190	100	535
4	本月发油	230	178	40	448
5	本月库存	15	12	60	87
6				输入	
7					
8					
9					

步骤03 显示更改源数据后的图表效果。添加源数据后，Excel将自动对图表进行更新，如下图所示。

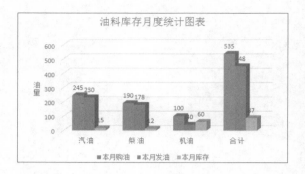

2. 重新选择图表源数据

在创建图表后，如果不需要在图表中显示某项数据，除了可以直接在工作表中删除不需要的数据项外，也可以通过重新选择源数据的方法来完成新图表的创建。

步骤01 选择数据。继续上小节中的工作簿，在"图表工具 - 设计"选项卡下单击"数据"组中的"选择数据"按钮，如下图所示。

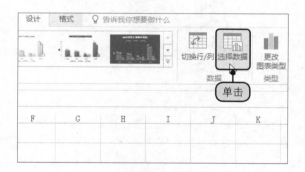

步骤02 设置数据区域。弹出"选择数据源"对话框，在"图表数据区域"后的文本框中输入合适的数据区域，如下图所示，然后单击"确定"按钮。

步骤03 显示更改图表源数据后的效果。返回工作表中，即可看到更改图表源数据后的效果，如右图所示。

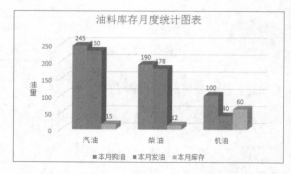

7.3.3　更改图表类型

Excel 2016 为用户提供了众多的图表类型，如果用户在创建图表后觉得所创建的图表类型不合适，可以直接更改，比如将创建的三维簇状柱形图更改为三维簇状条形图。具体操作步骤如下。

原始文件：下载资源\实例文件\第7章\原始文件\更改图表类型.xlsx

最终文件：下载资源\实例文件\第7章\最终文件\更改图表类型.xlsx

步骤01 更改图表类型。打开原始文件，单击工作表中的图表，切换到"图表工具 - 设计"选项卡，单击"类型"组中的"更改图表类型"按钮，如下图所示。

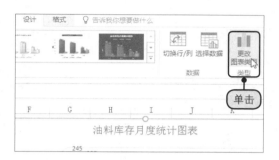

步骤02 选择更改的图表类型。弹出"更改图表类型"对话框，❶在"所有图表"选项卡下单击"条形图"，❷在右侧的图表类型中选择图表类型，如下图所示，然后单击"确定"按钮。

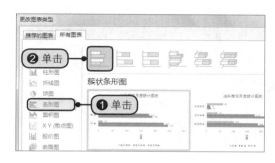

步骤03 显示更改效果。返回工作表中，此时可看到所选择的图表类型已经更改为簇状条形图，如右图所示。

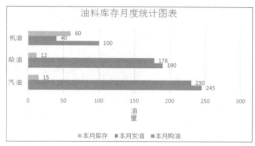

7.3.4 应用图表布局和样式

图表布局是指图表及组成元素，如图表标题、图例、数据系列、坐标轴等的显示方式。在 Excel 工作表中插入图表后，用户可以通过选择图表布局来快速设置图表标题、坐标轴、图例等元素的位置。另外，在创建图表后，用户还可以通过更改图表默认的样式来快速美化图表。

原始文件：下载资源\实例文件\第7章\原始文件\应用图表布局和样式.xlsx

最终文件：下载资源\实例文件\第7章\最终文件\应用图表布局和样式.xlsx

1. 更改图表布局

在 Excel 中，在默认方式下创建的图表都会按系统默认的布局样式排列，用户也可以根据实际需要更改图表布局。

步骤01 选择图表布局。打开原始文件，选中图表，❶切换到"图表工具 - 设计"选项卡，单击"图表布局"组中的"快速布局"下三角按钮，❷在展开的库中选择合适的样式，如右图所示。

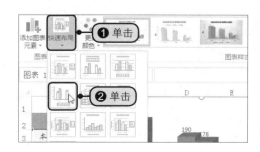

步骤02 显示更改布局后的效果。此时即可看到图表的布局发生了变化，即应用了选择的布局样式，如右图所示。

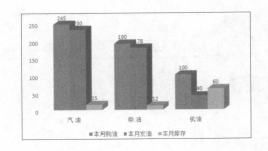

2. 更改图表样式

与图表布局一样，Excel 中的图表同样也有多种图表样式供用户选择。如果需要更改图表的样式，可以直接在图表样式库中进行选择。

步骤01 选择图表样式。继续上小节中打开的工作表，选中布局后的图表，切换到"图表工具 - 设计"选项卡，单击"图表样式"组中的快翻按钮，在展开的库中选择合适的样式，如下图所示。

步骤02 显示更改图表样式后的效果。此时即可看到所选的图表样式发生了相应的改变，如下图所示。

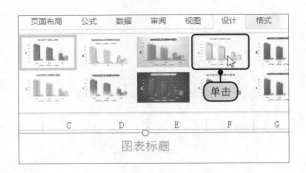

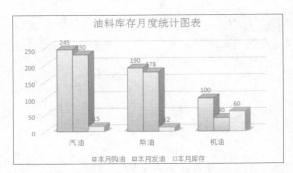

7.3.5 设置图表元素格式

创建图表或在图表中添加各种元素后，用户还可以对图表中的各种元素进行格式化设置，以满足不同的需要，如设置图表标题、设置图例格式、设置图表区和编辑图表区等。

原始文件：下载资源\实例文件\第7章\原始文件\设置图表元素格式.xlsx
最终文件：下载资源\实例文件\第7章\最终文件\设置图表元素格式.xlsx

1. 设置图表标题

为了使创建的图表更加美观，设置图表标题非常有必要。默认情况下创建的图表标题可能会显得非常单调，此时用户可以为其自定义设置字体、字号、颜色等效果，具体设置方法如下。

步骤01 选中图表标题。打开原始文件，选中图表标题，如右图所示。

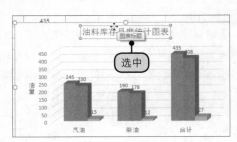

步骤02 设置图表标题字体格式。切换到"开始"选项卡，❶单击"字体"组中的"字体"下三角按钮，❷在展开的下拉列表中选择合适的字体，如下图所示。

步骤03 选择字号。❶继续单击"字体"组中的"字号"下三角按钮，❷在展开的下拉列表中选择合适的字号，如下图所示。

步骤04 设置字体颜色。❶单击"字体"组中的"字体颜色"下三角按钮，❷在展开的下拉列表中选择字体颜色，如下图所示。

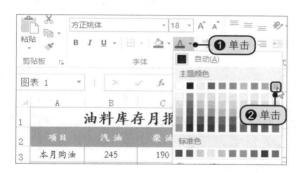

步骤05 显示设置后的效果。经过操作后，返回到工作表中，此时可看到图表标题已经应用了设置的字体格式，如下图所示。

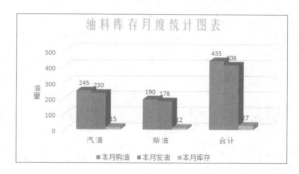

2. 设置图例格式

设置图表中的图例格式包括更改图例在图表中的位置、设置图例的填充效果，以及调整图例的边框颜色和样式等。下面只对图例的位置设置进行介绍，具体设置方法如下。

步骤01 设置图例格式。继续上小节中的工作表，❶在创建的图表中选中图例元素，然后右击，❷在弹出的快捷菜单中单击"设置图例格式"命令，如下图所示。

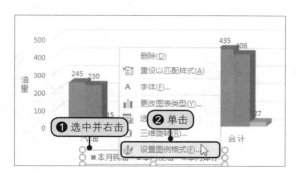

步骤02 设置图例位置。弹出"设置图例格式"窗格，在"图例位置"选项组中单击"靠上"单选按钮，如下图所示。

步骤03 显示设置效果。选中图例位置后，单击"关闭"按钮，返回到工作表中，即可看到图表中的图例已经被调到了图表标题的下方，如右图所示。

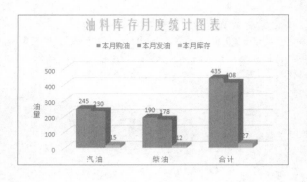

> **知识补充**
>
> 在图表中选中图例后，切换到"图表工具 - 布局"选项卡，然后单击"标签"组中的"图例"按钮，在展开的下拉列表中也可选择图例所在位置。

3. 设置图表区

在 Excel 中，默认情况下，创建的三维图表其图表区是无任何填充颜色的，如果用户想为其填充一种颜色，则可以按照下面的方法来进行操作。

步骤01 设置所选内容格式。继续上小节中打开的工作簿，选中需要设置图表区的图表，切换到"图表工具 - 格式"选项卡，❶单击"当前所选内容"组中的"图表元素"下拉按钮，选择"图表区"选项，❷再单击"设置所选内容格式"按钮，如下图所示。

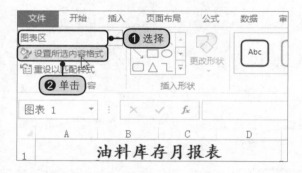

步骤02 设置图表区格式。在工作表的右侧弹出"设置图表区格式"窗格，在"填充"选项组中单击"渐变填充"单选按钮，如下图所示。

步骤03 设置预设渐变的填充颜色。❶单击"预设渐变"右侧的下三角按钮，❷在展开的颜色库中选择合适的颜色，如下图所示。

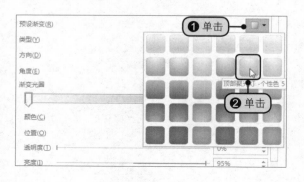

步骤04 设置图例位置。❶单击"类型"右侧的下三角按钮，❷在展开的下拉列表中单击"射线"选项，如下图所示。

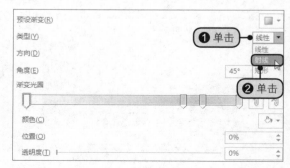

步骤05 设置填充方向。❶单击"方向"右侧的下三角按钮，❷在展开的库中选择"从中心"样式，如下图所示。

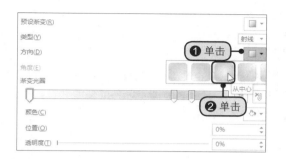

步骤06 显示最终效果。关闭窗格，即可看到所选择的图表已经应用了所设置的渐变填充效果，如下图所示。

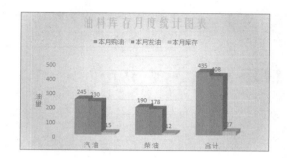

4. 编辑绘图区

为三维图表的图表区设置填充效果后，往往会同时在绘图区应用所设置的效果。如果用户不想在绘图区使用同样的效果，则可以单独进行设置，具体操作步骤如下。

步骤01 设置所选内容格式。继续上小节中打开的工作簿，选中需要设置绘图区的图表，切换到"图表工具 - 格式"选项卡，❶单击"当前所选内容"组中的"图表元素"下拉按钮，选择"绘图区"选项，❷再单击"设置所选内容格式"按钮，如下图所示。

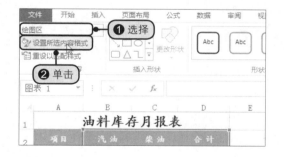

步骤02 设置绘图区格式。弹出"设置绘图区格式"窗格，在"填充"选项组中单击"纯色填充"单选按钮，如下图所示，然后在"颜色"下拉列表中选择一种填充颜色。

步骤03 显示设置效果。设置完毕后，单击"关闭"按钮，即可看到所选择的图表中的绘图区重新填充了颜色，如右图所示。

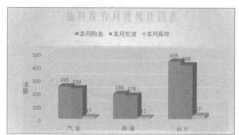

7.4 迷你图的编辑

与图表一样，在创建迷你图后，用户也可以根据需要对其进行编辑或修改，如更改迷你图的图表类型、为迷你图标记颜色等。

7.4.1 更改迷你图的类型

创建迷你图后，如果用户发现图表类型不合适，可以重新选择迷你图的类型，具体操作步骤如下。

原始文件：下载资源\实例文件\第7章\原始文件\更改迷你图的类型.xlsx
最终文件：下载资源\实例文件\第7章\最终文件\更改迷你图的类型.xlsx

步骤01 更改迷你图类型。打开原始文件，❶选中迷你图所在的单元格，❷切换到"迷你图工具 - 设计"选项卡，单击"类型"组中的"柱形图"类型，如下图所示。

步骤02 显示更改类型后的效果。经过操作后，即可将创建的折线迷你图更改为需要的柱形迷你图样式，如下图所示。

7.4.2 更改标记颜色

为了能够通过迷你图快速地判断各个单元格中数据的高低情况，在创建迷你图后，用户还可以使用不同的颜色来标记迷你图组中负点、高点或低点的位置，具体操作步骤如下。

步骤01 标记高点颜色。继续上小节中打开的工作簿，❶选中迷你图所在单元格区域，❷切换到"迷你图工具 - 设计"选项卡，单击"样式"组中的"标记颜色"按钮，❸在展开的下拉列表中单击"高点"选项，❹展开"主题颜色"列表，选择要进行标记的颜色，如下图所示。

步骤02 显示设置效果。为高点设置标记颜色后，返回到工作表中，即可看到在柱形迷你图组中所有的高点都以红色进行了标记，如下图所示。

步骤03 显示最终的标记颜色设置效果。然后按照相同的方法，为迷你图组中的所有低点标记颜色，最终效果如右图所示。

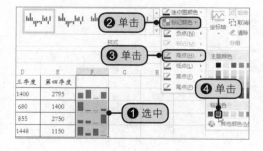

设计一份专业的商务图表

第8章

一图胜千言，现在已经进入读图时代，图表能够将繁杂、枯燥的文字和数据提炼成简洁、生动、丰富的图形化视觉语言，受到越来越多职场人士的青睐。本章主要从图表布局、图表配色和图表细节三个角度介绍如何设计一份专业的商务图表。

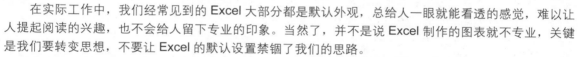

本章知识点

- 专业图表设计要点
- 专业图表标题处理
- 专业图表图例处理
- 开放式的图表边框
- 色彩基本知识
- 经典图表配色
- 图表细节内容
- 添加图表副标题
- 强调关键数据

8.1 专业图表设计要点

在实际工作中，我们经常见到的 Excel 大部分都是默认外观，总给人一眼就能看透的感觉，难以让人提起阅读的兴趣，也不会给人留下专业的印象。当然了，并不是说 Excel 制作的图表就不专业，关键是我们要转变思想，不要让 Excel 的默认设置禁锢了我们的思路。

专业是商务图表必须具备的特质，而要体现商务图表的专业性，首先需要把握专业图表的设计要点。商务图表的设计可以从三个方面来概括：一是专业的图表布局，二是专业的图表配色，三是趋于完美的图表细节。

8.1.1 清晰易读——图表布局

图表布局是指图表中各个元素的排列位置和关系，例如，图表标题通常显示在图表的上方，而图例在 Excel 默认的图表布局中总显示在绘图区右侧。也许有人会问：Excel 不是为我们设置好图表布局了的吗？没错，Excel 为用户考虑得非常周到，除了默认的布局样式外，还将一些常用的布局样式集成在功能区，用户只需要单击鼠标就可以更改布局。但是，如果用户希望创建出一份让人感觉专业的商务图表，就不可以依赖默认布局，因为默认的图表布局有一定的局限性。

下面详细讲解默认图表布局的局限性以及专业商务图表布局的特点。

1. 默认图表布局及局限性分析

对于默认的 Excel 图表，可以将整个图表布局分为 3 个区域，分别是标题区、绘图区和图例区。默认的标题区位于图表正上方，图例总是位于图表右侧。在通常情况下，人们似乎认为图表的结构就该如此，所以我们看到的大部分图表也都是采用的这种构图方式，很少有人想过要去改变它。

实际上，我们从视觉阅读规律和信息传递等多个角度来仔细地分析默认的图表布局方式，会发现它存在以下问题。

◎标题不够突出，信息量不足，而且不能够更灵活地设置标题区的格式。

◎绘图区占据了图表较大的面积。

◎绘图区四周的空间利用率不高，而且如果图例较长，还容易导致整个图表版面失衡，给人重心不稳的感觉。

◎图例置于绘图区右侧，阅读时视线需来回往返，需要长距离检索，甚至需要在大脑里数次对照绘图区和图例进行翻译，才能较准确地获取信息。

◎图表信息表达不够完善，缺少数据来源等说明信息。

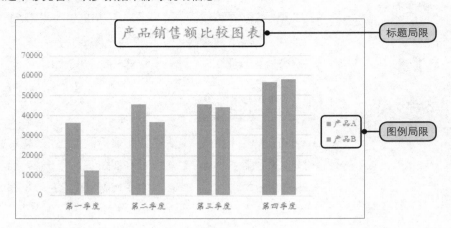

2. 专业图表布局特点分析

如果我们注意观察顶级的商务杂志或者咨询公司的商务图表，就会发现它们几乎没有使用默认图表布局的样式，而是通常使用一种竖向构图的方式，从上至下依次将图表分为 4 个区域：主标题区、副标题区、绘图区（图例通常融入绘图区，根据实际数据系列的走势，可以灵活出现在绘图区不同的位置）和注释区，如下图所示。

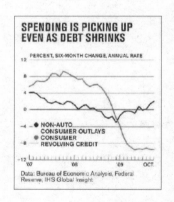

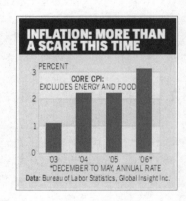

不难看出，杂志的商务图表在图表布局方面主要有以下几个特点：

（1）更完善的图表要素

在竖向布局构图中，图表所包含的要素更加丰富：主标题、副标题、图例、绘图区、脚注区共 5 个区域。除了图例根据实际情况只在需要时出现，且位置比较灵活外，其余的各个要素都必不可少，并且相对位置都比较固定。

商务图表正是充分利用了这些图表要素，使图表更显专业。例如，在主标题中明确地表达观点和信息；在副标题中对主题标题观点进行更详细补充与论述；图例的出现更人性化，它紧挨着数据系列，避免空间距离上的视线跳跃以及视线来回对照在人脑中反映产生的时间延迟；注释区通常对图表数据的来源进行说明，为图表提供更完整的信息。

（2）突出的标题区

在竖向布局构图中，标题区非常突出，通常占到整个图表的 30%，特别是主标题一般都使用了非常吸引眼球的无衬线字体和大号字体，让读者首先捕捉到图表要表达的信息；副标题区通常是对主标题的内容进行说明和补充，使用小号字体；而图表的绘图区仅仅占到图表 50% 的版面，在保证信息清晰传递的前提下，这种小面积的绘图区给人一种精细的感觉。

（3）更符合视觉规律，图表易读性更强

在竖向布局构图中，通常整个图表的外围高宽比例在 2 ∶ 1 ～ 1 ∶ 1 之间。图例区一般融入绘图区，或放在绘图区与图表区的交界处，而不是 Excel 默认的在绘图区的右侧，阅读者的目光从上至下顺序移动，不必左右跳跃，使阅读自然而舒适，同时能更快捷有效地传递信息。

（4）图表空间安排更紧凑，版面更美观、整洁

在竖向布局构图中，整个图表元素的安排使版面给人一种平衡的稳定感，而且图表的空间安排更加紧凑，既能够突出图表信息传递的各个区域，又能保持图表中有适当的留白区域，给读图的人一种舒适的感觉。

8.1.2　视觉舒适——图表配色

配色之于图表就如同彩妆之于女性。相貌平平的女生经过彩妆的修饰，就可以魅力四射，同样的，经过专业配色的图表可以瞬间变得光芒四射，牢牢吸引大众的眼球。

在 Excel 2003 中，当需要为单元格或图表设置颜色时，只能使用 7 行 8 列共 56 种颜色。从 Excel 2010 开始，颜色突破了 56 种的限制，在"填充"下拉列表中默认会显示 6 行 10 列共 60 种主题颜色、10 种标准颜色，同时还可以通过"其他颜色"选项打开"颜色"对话框，选择更多的颜色或进行自定义颜色，如右图所示。

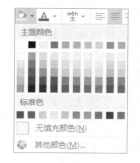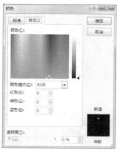

默认情况下，Excel 会使用"更改颜色"中"彩色"的第 1 行开始的颜色填充数据系列，如下图所示。

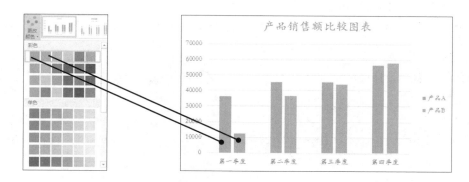

因此，实际工作中的大部分图表都有着相似的外观，这就好像明星在公众场合遭遇"撞衫"一样尴尬。一部分人或许已经麻木，理所当然地认为 Excel 图表就是这样，但是，这样的图表永远也无法给人留下专业的印象，因此，我们必须要适当地改变图表的配色，让它从颜色上趋于专业。

当然了，配色也是一门深奥的学问，要想真正做到用色自如，也不是一朝一夕的事，需要长时间的积累。可以从模仿专业商务图表的配色方案开始，然后逐步形成自己的配色方案。

8.1.3 结构完整——图表细节

细节体现专业度，在制作专业的图表时要特别注意一些容易忽略的细节。就 Excel 商务图表来说，容易忽略的可能有以下几个细节。

◎图表数据来源说明。

◎图表坐标轴刻度是否准确。

◎图表字体的选用是否专业。

◎图表网格线是否保留。

8.2 实现专业图表布局的方法

在掌握了专业的商务图表所具备的 3 个要点后，首先来剖析第一个要点，即图表的布局。在实际应用中，如何实现专业的图表布局呢？本节将从图表标题、图例和图表边框 3 个角度，运用多种方法详细介绍如何实现专业的图表布局。

8.2.1 专业的图表标题

任何一种图表，首先必须具备一个鲜明的文字说明性的标题，它既是对图表所传达信息的概括和总结，又是引导读者有侧重点地阅读图表的手段。

典型的商务图表标题至少应具备以下几个特点。

◎标题应非常醒目，具有较强的视觉吸引力。

◎标题文字应表明图表观点，或者对读者进行有目的的引导。

◎标题文字不宜过于笼统，应简明扼要，清晰易懂。

◎可以使用主副标题结构，在主标题中表明观点，副标题进行简单叙述，以包含更充足的图表信息。

原始文件：下载资源\实例文件\第8章\原始文件\专业的图表标题.xlsx

最终文件：下载资源\实例文件\第8章\最终文件\专业的图表标题.xlsx

1. 标题字体的设置

因为标题需要具有醒目的效果，所以通常选择无衬线字体作为标题字体。中文字体中无衬线字体有黑体、微软雅黑等，英文无衬线字体的代表则是 Arial 字体。

步骤01 选中图表标题。打开原始文件，选中工作表中的图表标题，如下图所示。

步骤02 设置字体和字号。切换到"开始"选项卡，在"字体"组中设置"字体"为"微软雅黑"，"字号"为"20"，如下图所示。

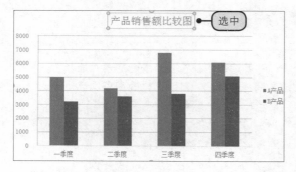

步骤03 显示设置效果。更改字体和字号后的标题比默认的标题更加醒目，如下图所示。

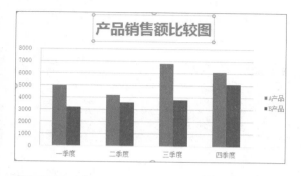

步骤04 拖动图表标题。❶将标题字体颜色更改为更醒目的红色，❷还可以将标题位置由默认的居中拖至图表左上角，如下图所示。

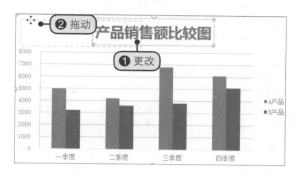

步骤05 显示最终的图表效果。经过以上操作后，即可看到图表的最终效果，如右图所示。

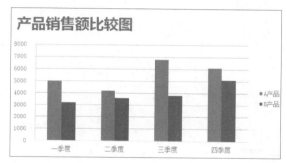

2. 标题内容的提炼

图表标题是图表内容的高度概括，应直接在图表标题中阐明观点，或者起到引导读者阅读的作用，最好不要使用一些中性的、立意不明的或者模棱两可的文字作为标题。

步骤01 输入新的图表标题。继续上小节中打开的工作表。选中图表，将图表标题更改为"A产品第三季度销量最高"，此图表标题会引导读者关注A产品第三季度的销量，如下图所示。

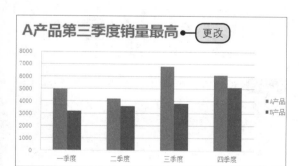

步骤02 更改图表标题。反之，如果将图表标题更改为"B产品销量呈稳定上升趋势"，则会很自然地引导读者关注B产品，如下图所示。

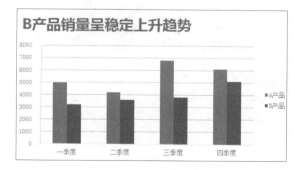

知识补充

相同的图表内容，不同的图表标题，能够传达给读者完全不同的图表主题和阅读指导，所以，在设计图表标题时，应直接表明要传达的结论或需要引起读者关注的数据点。

3. 使用单元格内容作为图表标题

在使用默认的图表元素时，我们会发现很难在图表中输入较长的内容，而且图表的格式也受到较多的限制，这就使得图表标题的注目性不容易充分表达出来。通过研究专业的商务图表发现，这些商务图表标题区域都非常醒目，而且占据的位置比传统的 Excel 图表更多一些。在 Excel 中，使用单元格可以实现专业图表标题风格。

步骤01 隐藏图表标题。继续上小节中打开的工作表，❶切换到"图表工具 - 设计"选项卡，单击"图表布局"组中的"添加图表元素"下三角按钮，❷在展开的列表中单击"图表标题>无"选项，如下图所示。

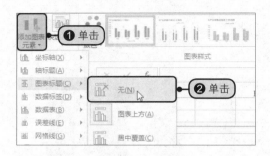

步骤02 显示隐藏后的效果。隐藏图表标题后，图表会自动调整绘图区大小，以占满图表区，如下图所示。

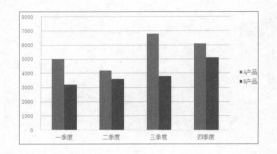

步骤03 在合并单元格中输入标题。在图表上方，合并与图表宽度近似的单元格区域，然后在合并单元格中输入图表标题"B产品销量呈稳定上升趋势"，如下图所示。

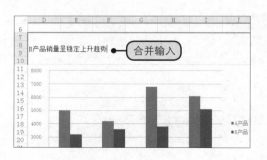

步骤04 设置填充颜色和字体颜色。将标题所在的单元格填充为黑色，将字体颜色设置为白色，如下图所示。

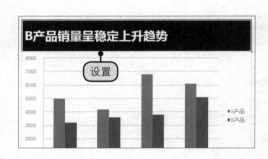

步骤05 输入副标题内容。将鼠标指针定位在编辑栏中标题内容后面，按下【Alt+Enter】组合键，然后输入图表副标题文字，并选中副标题。

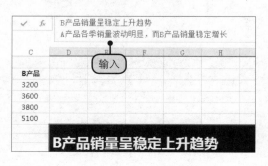

步骤06 设置字体和字号。设置"字体"为"方正姚体"，单击"加粗"按钮，设置"字号"为"11"号，如下图所示。

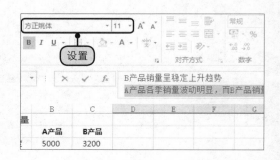

步骤07 显示设置效果。此时正副标题使用不同的字体分两行显示在同一单元格中，效果如右图所示。

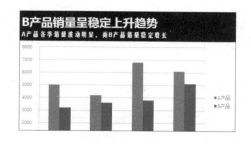

8.2.2 商务图表中图例巧安排

Excel 中默认的图例无论是出现的位置还是图例的样式，都给人一种循规蹈矩的印象，过于保守，而且有时也不利于阅读。商务图表中的图例安排得更加灵活，主要体现在两个方面：一是图例的位置，二是图例的样式。

原始文件：下载资源\实例文件\第8章\原始文件\商务图表中图例巧安排.xlsx
最终文件：下载资源\实例文件\第8章\最终文件\商务图表中图例巧安排.xlsx

1. 图例位置的变化

将图例融入到绘图区中，要根据图表数据系列的具体情况，在图表中选择放置图例的适当位置，是左上角、右上角、左下角还是右下角，这样做的目的是避免视线左右移动，可以提高图表的阅读效率。

步骤01 移动图例。打开原始文件，单击图表中的图例，按住鼠标左键不放，将图例移至绘图区左上角，然后释放鼠标，如下图所示。

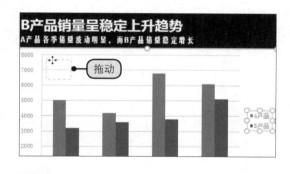

步骤02 调整图例大小。将鼠标置于图例边框线上，当指针变为双向箭头时向外拖动，将图例调整为单行显示，如下图所示。

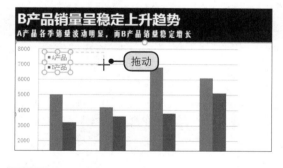

步骤03 调整绘图区尺寸。将鼠标置于绘图区边框上，当指针变为双向箭头时向外拖动图例，以占满原图例区域，如下图所示。

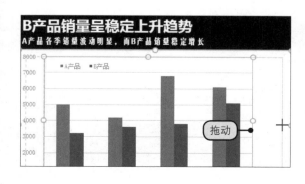

步骤04 显示图表最终效果。更改图例位置后的图表如下图所示，图例离数据系列距离更近，避免了视线来回左右移动，有助于提高图表阅读效率。

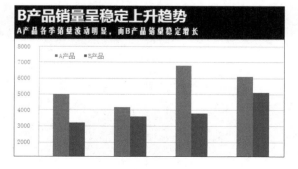

2. 使用数据标签模拟图例

使用默认的图例虽然操作起来非常方便，但是它的格式设置也受到一些限制。在商务图表中，通常更注重图表的易读性设计，所以一些图表会放弃默认的图例，而采取直接在数据系列中标注的方法，特别是对于数据系列个数较多的折线图，直接标注的方法既可以使图表更加美观，也可以增加图表的易读性，提高读图的效率。

步骤01 更改图表类型。继续上小节中打开的工作表，选中图表，切换到"图表工具 - 设计"选项卡，单击"类型"组中的"更改图表类型"按钮，如下图所示。

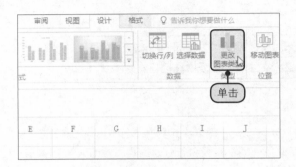

步骤02 选择要更改的图表类型。弹出"更改图表类型"对话框，❶在"所有图表"选项卡下单击"折线图"，❷然后选择合适的子类型图表，如下图所示，单击"确定"按钮。

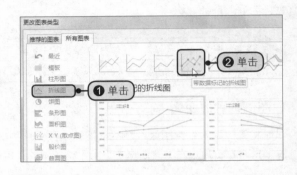

步骤03 显示更改效果。更改图表类型后，可发现带数据标记的折线图更适合用来表达销量的变动趋势，如下图所示。

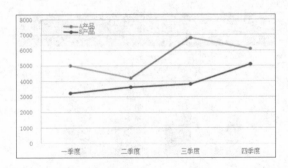

步骤04 添加数据标签。❶右击图表中的数据系列，❷在弹出的快捷菜单中执行"添加数据标签>添加数据标签"命令，如下图所示。

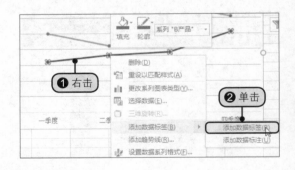

步骤05 显示添加效果。使用同样的方法为图表中的另一个数据系列添加图表标签，如下图所示。

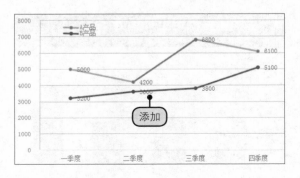

步骤06 删除数据标签。依次选中数据系列，然后按下【Delete】键，即可删除这些数据标签，如下图所示。

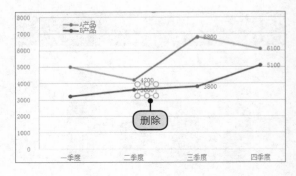

步骤07 显示删除效果。最后只保留各个数据系列最后一个数据点的数据标签，如下图所示。

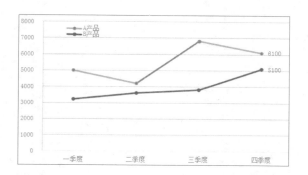

步骤09 定位数据标签值。❶单击"A产品"系列的数据标签，❷在编辑栏中输入"=Sheet1！$B$2"，然后用类似的方法更改"B产品"系列标签值，如下图所示。

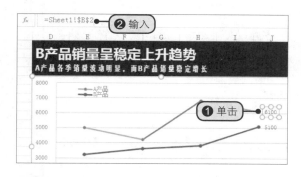

步骤11 显示最终效果。最后，将使用数据标签做成的图例字体颜色更改为红色加粗格式，得到最终效果，如右图所示。

步骤08 查看数据内容。要用数据标签作图例，就需要将标签值更改为系列名称，源数据表格中系列名称分别在B2和C2单元格中，如下图所示。

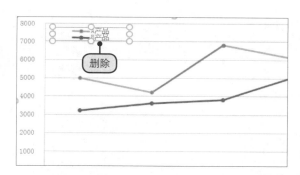

步骤10 删除图例。选中图表中原来的图例，按下【Delete】键将它删除，如下图所示。

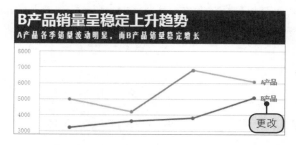

3. 使用形状绘制图例

除了使用数据标签模拟图例外，还有一种更加简单的方法，就是直接使用 Excel 中的自选形状或者文本框在数据系列旁边进行标注，操作步骤如下所示。

步骤01 删除数据标签。继续上小节中打开的工作表，删除添加的数据标签，如右图所示。

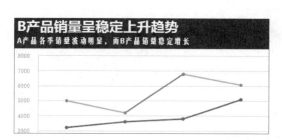

步骤02 选择形状。❶单击"插入"选项卡下"插图"组中的"形状"按钮，❷从下拉列表中的"标注"分组中选择一种标注样式，如下图所示。

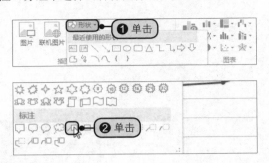

步骤04 输入内容。分别在图表中绘制两个标注指向对应的数据系列，并在标注中添加图例说明文字，如"A产品波动明显"，如下图所示。

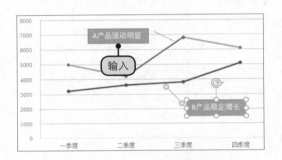

步骤06 显示美化效果。美化形状后的图表效果中，绘制的标注形状既起到了图例的说明作用，同时也使图表更加美观，信息更丰富，如下图所示。

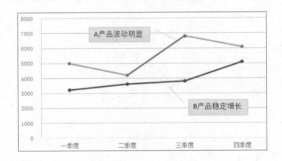

步骤08 显示最终效果。组合后，当移动图表时，形状会随着图表一起移动，形状与图表的相对位置不会发生变化，而且仍然可以对图表和形状进行单独的编辑，如右图所示。

步骤03 绘制形状。在图表中拖动鼠标绘制选择的形状，如下图所示。

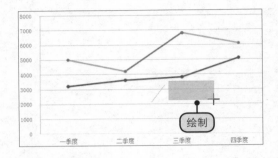

步骤05 选择形状样式。选中绘制的标注，在"形状样式"库中选择适当的内置形状样式，如下图所示。

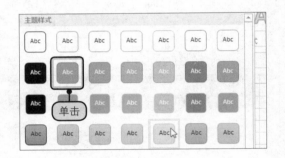

步骤07 组合图表和形状。❶按住【Ctrl】键，依次单击标注形状和图表，然后右击，❷在弹出的快捷菜单中执行"组合>组合"命令，如下图所示。

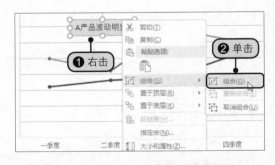

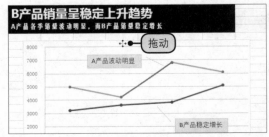

8.3　好的配色是成功的一半

色彩对于生命来说有着无可抗拒的吸引力，因为任何进入人们视线的物体，我们首先注意的一定是它的颜色。使用专业配色的图表，在帮助人们理解和分析数据的同时，还能够让读者把图表当做艺术品来欣赏，营造良好的阅读情境。

8.3.1　图表配色原理与技巧

要学会图表的配色，首先需要了解一些颜色的基本知识，掌握色彩归纳整理的原则和方法，主要包括色彩的基本属性、色彩的基本概念。

1. 色彩的基本属性

自然界的色彩分为无彩色和有彩色2大类，无彩色是指黑色、白色和灰色，而其他所有颜色则属于有彩色，如下左图所示。从心理学和视觉的角度出发，有彩色具有3个属性：色相、明度和纯度。色相也可以称为色调，明度有时也称为亮度，纯度也可以称为饱和度。而无彩色的表现则简单一些，通常表现为明暗的变化，体现在颜色上就是黑、白与不同深浅的灰色。

（1）基本色相环

色相是指颜色的种类和名称，是颜色最基本的特征，也是一种颜色区别于另一种颜色的关键因素。如基本色相环中的红色、紫色、蓝色、绿色、黄色、橙色代表不同的色相，如下右图所示。

（2）色彩明度

色彩明度即色彩亮度，同样的颜色设置不同的明度时，得到的色彩强弱和明暗完全不同，例如红、绿、蓝在不同明度时显示出来的颜色效果完全不同，如下左图所示。

（3）色彩饱和度

色彩饱和度也叫纯度，是指色彩的鲜艳程度。通常，原色最纯，颜色混合得越多则纯度逐渐减弱。例如：红、绿、黄三种颜色纯度不同时，显示出来的颜色效果也不同，如下右图所示。

2. 色彩的基本概念

在了解了色彩的基本属性后，接下来介绍几个色彩的基本概念，如三原色、三间色、复色、补色、邻近色、相似色等。

（1）三原色

三原色，是指红 RGB（255，0，0）、黄 RGB（255，255，0）、蓝 RGB（0，0，255）这 3 种基本颜色，其余的彩色都是由这 3 种颜色根据不同的比例调配出来的，如下左图所示。

（2）三间色

三间色，又称为"二次色"，是由相邻的三原色调配出来的颜色，如下右图所示。在调配时，因为原色在分量多少上有所不同，所以能产生丰富的间色变化。间色在视觉刺激的强度上相对三原色来说缓和不少，属于比较容易搭配的颜色。虽然是二次色，但仍有很强的视觉冲击力，容易营造轻松、明快、愉悦的氛围。

（3）复色

复色是由两种间色或原色与间色混合而成，也称为"三次色"，因此色相倾向较微妙、不明显，视觉刺激度比较缓和，如下左图所示。

（4）互补色

补色，在广义上也可理解为对比色。在色环上划直径，正好相对的（距离最远的）两种颜色互为补色，如下右图所示。

 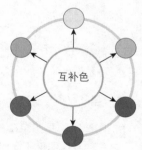

（5）邻近色

色相环上任意颜色同其毗邻的颜色称为邻近色。邻近色也是类似色的关系，只是范围比较小。例如黄色与绿色、绿色与蓝色互为邻近色，如下左图所示。

（6）同类色

同类色是比邻近色更加接近的颜色，它主要指在同一色相中不同的颜色变化，如下右图所示。例如，红颜色中有紫红、深红、玫瑰红、大红、朱红、橘红等种类，而绿色中有嫩绿、深绿、墨绿等。

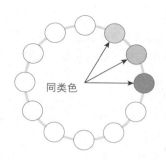

8.3.2 图表的经典配色

即使了解了色彩的属性、基本概念，在实际工作中，要从丰富的色彩库中选择颜色为图表进行色彩搭配时，仍然会有不知所措的感觉，因为不知道到底该以什么标准去选择颜色。实际上，一个简单的方法就是从一些专业的图表中借用成功的配色方案，因为通常这些配色方案都是由专业的设计师搭配出来的，可借鉴性极高。下面介绍《商业周刊》杂志中几种图表的经典配色方案。

1. 简洁的蓝黑风格

在 2011 年的《商业周刊》中，图表的配色主要使用了蓝色与黑色或者不同深浅的蓝色的搭配，如下图所示，这种图表整体给人一种沉稳、正式、简洁的感觉，非常适合科技、IT 等行业的商务图表。

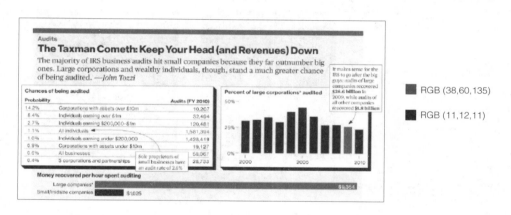

2. 小面积的黑色使用

黑色永远是商务图表喜爱的颜色之一，但如果大面积使用会使图表太严肃，通常是将黑色与其他明度较高的颜色搭配使用。小面积地使用黑色，再配合其他明度较高的颜色，如亮紫色、鲜绿色、绿色、黄色等等颜色，可以使图表显得简洁、正式，给人专业、认真的感觉，如下图所示。

3. 经典的红与黑

无论时尚与潮流怎样发展，红与黑的搭配在任何一个时代、任何一个行业都永不落伍。在《商业周刊》中也经常见到红黑风格的图表，特别适用于金融、证券等行业，如下图所示。

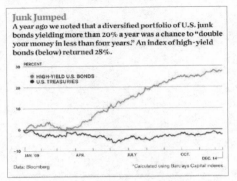

4. 具有强烈视觉冲击力的黑色背景图表

当图表需要展现非常强烈的视觉冲击力时，比如在长篇的报告中，要使图表非常醒目突出，一个有效的方法就是为图表设置较为强烈的背景色。商务图表通常使用注目性较高、比较正式的黑色背景，如下图所示。

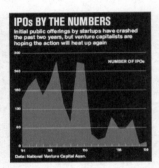

5. 永不过时的黑白灰配色

黑白灰配色本身是时尚色彩中永恒的经典。在《商业周刊》下面的这个案例中，演绎了黑白灰的经典搭配，同时使用了小面积的红色突出需要强调的数据，使图表的易读性更强，如下图所示。

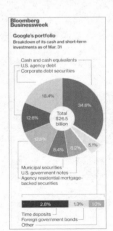

8.4 细节是好图表成功的关键

普通的 Excel 图表之所以给人的感觉有点平淡无奇，是因为它不注重细节的处理，但是专业的图表却从来不肯放过任何一个细节，因此，细节也就成了好图表的关键。处理好图表中诸如数据来源说明、关键数据强调等细节，可以有效提升图表的专业度。

8.4.1 不容忽视的图表细节

一般人通常不会重视图表细节，而专业的图表往往会更加重视容易被忽略的细节，不会放过任何一个细枝末节。图表的细节主要体现在以下几个方面。

（1）图表数据来源说明

图表数据来源说明通常使用小字添加在图表的下方，可以体现图表信息的真实性和完整性，并且使图表具有可追溯性。

（2）强调重点数据或需要关注的数据

在图表中，应有目的地对图表中的某个数据点进行强调，通常是图表中的重点数据或者希望别人关注的数据。但需要注意的是，强调的数据不宜太多，最好只有 1 个，因为处处强调等于没有强调。

（3）数值坐标轴刻度应从0值开始

通常数值坐标轴的刻度应从 0 开始，如果要使用非 0 起点的坐标轴，要有充足的理由，而且需要在坐标轴上添加截断标记。

（4）形状的长宽比例要适宜

图表中的形状要使用合理的长宽比例，并保持一致，避免人为地歪曲图表数据。

（5）不要使用倾斜的X轴标签

如果 X 轴标签过长时可考虑换行，因为歪着脖子阅读真的很难受。

8.4.2 图表细节的修饰

接下来以图表注释和图表关键数据的强调为例，介绍图表细节的修饰。

原始文件	下载资源\实例文件\第7章\原始文件\图表细节的修饰.xlsx
最终文件	下载资源\实例文件\第7章\最终文件\图表细节的修饰.xlsx

1. 添加图表副标题和注释

虽然 Excel 图表元素本身并没有图表副标题，但用户可以自己加入。图表副标题可以对图表标题中的结论进行简要的阐释，而图表注释可以对图表数据来源进行说明，使图表更加完善。下面以开放式边框的图例为例，介绍如何利用单元格来添加图表副标题和图表数据来源说明注释。

步骤01 插入行。打开原始文件，❶右击第9行，❷在弹出的快捷菜单中单击"插入"命令，如下图所示。

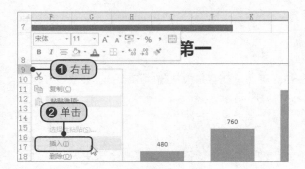

步骤02 输入数据内容。将插入的行进行合并，然后输入内容"2014年，格威品牌销量急速上升，远远领先于其余品牌"，并设置合适的字号，如下图所示。

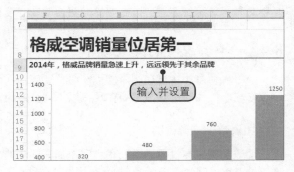

步骤03 输入内容。在图表下方蓝色矩形条的上方插入空行，然后输入图表数据说明信息"数据来源：大众商场内部统计资料"，如右图所示。

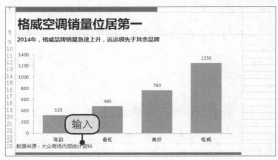

💬 **知识补充**

不是每位用户都喜欢开放式边框的图表，如果是边框闭合式的传统图表，怎么使用单元格内容作为副标题和图表注释呢？首先需要将图表区填充颜色设置为"无填充色"，然后再根据图表的位置选择单元格。还有另一种方法，就是使用文本框或者形状调整图表区与绘图区的尺寸，留出副标题区和注释区的位置，然后通过绘制形状并在形状中添加文字的方法，完成副标题内容和图表注释内容的输入。

2. 强调图表关键数据

为了使图表中的关键数据引起读者的关注，可以使用一些数据强调的方法，使这些关键数据在第一时间就能吸引读者的眼球。大量的实践证明，强调图表关键数据最简单且效果最显著的方法就是使用强调颜色，即将关键的数据点填充为与图表中其余数据点完全不同的颜色，使它看上去"与众不同"。

步骤01 选中系列。继续上小节中打开的工作表，双击选择图表中的"格威"数据点系列，如右图所示。

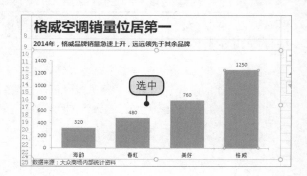

步骤02 **设置填充色。**切换到"图表工具 - 格式"选项卡，在"形状样式"组中单击"形状填充>红色"选项，如下图所示。

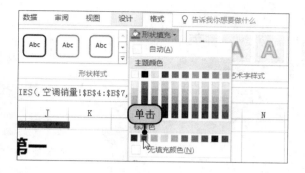

步骤03 **显示设置效果。**此时，图表强调了关键数据"格威"，该数据点用了醒目的红色，而其余数据点为蓝色，如下图所示。

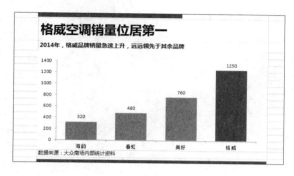

★ 第2部分 ★

行业应用

第9章

函数在员工信息管理中的应用

您还在为烦杂的员工信息档案管理而头疼吗？您还在为在成百上千的员工数据库中查找某条记录而头昏眼花吗？将 Excel 中的文本函数、日期函数和查找引用函数用到员工信息管理中，将大大地减轻信息管理的工作量，使信息管理逐步走向自动化。

本章知识点

- LEFT函数
- MID函数
- RIGHT函数
- DAYS360函数
- TODAY函数
- MONTH、DAY函数
- VLOOKUP函数
- INDEX、MATCH函数
- OFFSET函数

9.1 提取员工基本信息

身份证号码是公民身份的唯一识别码，它由 6 位数字地址码、8 位数字出生日期码、3 位数字顺序码和 1 位数字校验码共 18 位数字组成。根据身份证的编码特征，用户在处理员工档案时，输入身份证号码后，可以根据公式自动提取员工的出生地区、出生日期和性别，以提高工作效率。

原始文件：下载资源\实例文件\第9章\原始文件\提取员工基本信息.xlsx

最终文件：下载资源\实例文件\第9章\最终文件\提取员工基本信息.xlsx

9.1.1 使用LEFT函数提取员工出生地区

当需要从某个字符串中截取出左侧的一个或几个字符时，可以使用 LEFT 函数。LEFT 函数的作用是基于所指定的字符数据返回文本字符串的第一个或前几个字符。如果希望提取的字符以字节为单位，则可以使用 LEFTB 函数。

LEFT、LEFTB 函数的语法、参数及参数含义见下表。

函数	表达式	参数含义
LEFT()	LEFT(text,num_chars)	参数 text 表示要提取字符的文本字符串，num_chars 指定要提取的字符个数
LEFTB()	LEFTB(text,num_bytes)	参数 text 表示要提取字符的文本字符串，num_bytes 指定要提取的字节个数

在 18 位身份证编码中，前面 6 位是区域行政编码，它代表公民的出生地区。最前面 2 位对应的是直辖市或者省的编码，中间 2 位对应的是地级市的编码，最后 2 位对应的是区 / 县的编码。要在 Excel 中实现根据身份证号码中的前 6 位自动显示出生地区，需要事先将 6 位区域编码及对应的区域录入到 Excel 中。

在本例原始文件中包含 2 个工作表，分别是"地区编码表"和"员工档案表"，在"员工档案表"中已经输入了员工的工号、姓名、性别和身份证号码等基本信息，为隐藏部分真实信息，这里将身份证最后 4 位显示为 X。对应的地区编码在"地区编码表"工作表中。

接下来就根据员工的身份证号码来提取出员工的出生地区，具体操作步骤如下。

步骤01 查看表格内容。打开原始文件，可以看到工作簿中包含"地区编码表"和"员工档案表"2个工作表，如下图所示。

	A	B	C	D
1	员工工号	姓名	身份证号码	出生地区
2	1	张成	11000019750102XX1X	
3	2	林小然	11010119780805XX2X	
4	3	范冰	11010219760415XX3X	
5	4	夏雨雨	11010319650805XX4X	
6	5	李心洁	11010419771205XX6X	
7	6	赵大鹏	11010519800511XX5X	
8	7	何洁新	11010619780805XX6X	
9	8	李小红	11010719830105XX8X	

步骤02 定义名称。❶单击"地区编码表"工作表标签，❷选中A2:D22单元格区域，❸在名称框中输入"data"，然后按下【Enter】键，如下图所示，即可为选中的区域定义名称。

	A	B	C	D	E
1	代码	直辖市/省	市	区/县	
2	110000	北京市	北京	北京市	
3	110101	北京市	北京	东城区	
4	110102	北京市	北京	西城区	
5	110103	北京市	北京	崇文区	
6	110104	北京市	北京	宣武区	
7	110105	北京市	北京	朝阳区	
8	110106	北京市	北京	丰台区	
9	110107	北京市	北京	石景山区	
10	120000	天津市			天津市

步骤03 插入列。❶切换至"员工档案表"，❷右击D列标签，❸在弹出的快捷菜单中单击"插入"命令，如下图所示。

步骤04 输入公式。在新插入列的D2单元格中输入公式"=LEFT(C2,6)"，从身份证号码中提取地区编码，如下图所示。

D2 =LEFT(C2,6)

	A	B	C	D
1	员工工号	姓名	身份证号码	地区编码
2	1	张成	11000019750102XX1X	=LEFT(C2,6)
3	2	林小然	11010119780805XX2X	
4	3	范冰	11010219760415XX3X	
5	4	夏雨雨	11010319650805XX4X	
6	5	李心洁	11010419771205XX6X	
7	6	赵大鹏	11010519800511XX5X	
8	7	何洁新	11010619780805XX6X	
9	8	李小红	11010719830105XX8X	

步骤05 复制公式。按下【Enter】键后，拖动D2单元格右下角的填充柄，向下复制公式，如下图所示。

	A	B	C	D
1	员工工号	姓名	身份证号码	地区编码
2	1	张成	11000019750102XX1X	110000
3	2	林小然	11010119780805XX2X	110101
4	3	范冰	11010219760415XX3X	110102
5	4	夏雨雨	11010319650805XX4X	110103
6	5	李心洁	11010419771205XX6X	110104
7	6	赵大鹏	11010519800511XX5X	110105
8	7	何洁新	11010619780805XX6X	110106
9	8	李小红	11010719830	110107
10	9	吴军	120000195711	120000

步骤06 将公式粘贴为值。选中D列中的公式单元格区域，按下【Ctrl+C】组合键，然后单击"粘贴"下三角按钮，在弹出的快捷菜单中单击"值"选项，如下图所示。

步骤07 转换为数字。选中D列中的值区域，单击出现在左侧的下三角按钮，在弹出的菜单中单击"转换为数字"选项，如下图所示。

步骤08 设置公式查找地区。在E2单元格中输入公式"=VLOOKUP(D2,data,2,FALSE)&VLOOKUP(D2,data,3,FALSE)&VLOOKUP(D2,data,4,FALSE)"，按下【Enter】键后，即可根据地区编码查找到对应的出生地区，如下图所示，随后向下复制公式。

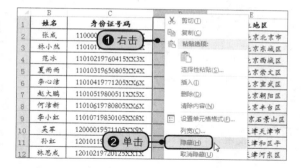

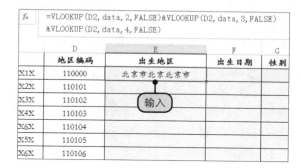

步骤09 隐藏列。❶右击D列标签，❷在弹出的快捷菜单中单击"隐藏"命令，如下图所示。

步骤10 表格最终效果。隐藏辅助数据列后，得到表格最终效果，完成根据身份证号码提取出生地区操作，如下图所示。

知识补充

&为文本连接运算符，它的作用是将多个文本字符串连接成一个文本字符串。

9.1.2 使用MID函数提取员工出生日期

当需要从某个字符串中取出中间的一个或几个字符时，可以使用 MID 函数。MID 函数的作用是返回文本字符串中的从指定位置开始的特定数目的字符数。如果希望在返回时以字节为单位，则可以使用 MIDB 函数。

MID、MIDB 函数的语法、参数及参数含义见下表。

函数	表达式	参数含义
MID()	MID(text,start_nums, num_chars)	参数 text 表示要提取字符的文本字符串，start_nums 表示文本中要提取的第一个字符的位置，num_chars 指定要提取的字符个数

续表

函数	表达式	参数含义
MIDB()	MIDB(text, start_nums, num_bytes)	参数 text 表示要提取字符的文本字符串，start_nums 表示文本中要提取的第一个字节的位置，num_bytes 指定要提取的字节个数

　　身份证号码中第 7 位至第 15 位共 8 位长度的编码对应的是出生日期，因此，当知道某个人的身份证号码后，可以使用函数直接从身份证号码中提取出生日期。在提取时还需要注意，尽量使提取出来的出生日期具有日期格式，以方便数据直接参与其他运算。

步骤01 输入公式提取日期。继续上小节中打开的工作簿，❶选中F2单元格，在编辑栏中输入公式"=IF（LEN(C2)<>18,"",MID(C2,7,8)"，按下【Enter】键，❷向下复制公式，此时提取出来的数据虽然为出生日期，但为文本类型，无法直接转为数字格式，如下图所示。

步骤02 提取日期。❶选中F2单元格，在编辑栏中输入公式"=IF(LEN(C2)<>18,"",DATE(MID(C2,7,4),MID(C2,11,2),MID(C2,13,2)))"，按下【Enter】键，❷向下复制公式，提取出员工的出生日期，如下图所示。

步骤03 转换日期类型。打开"设置单元格格式"对话框，❶在"数字"选项卡下单击"日期"选项，❷然后在"类型"下选择合适的日期格式，如下图所示。

步骤04 显示最终效果。单击"确定"按钮，返回工作表中，得到提取员工出生日期后的表格的最终效果，如下图所示。

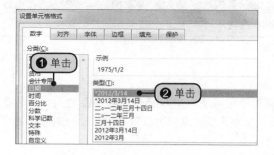

知识补充

　　直接使用 MID 等文本函数从身份证中提取的出生日期为文本型数据，我们应该想办法将它转换为日期型数据，以便进行管理和直接运用到计算。在步骤 02 中使用了 DATE 函数，将分别提取出年份字符、月份字符和日期字符作为 DATE 函数的参数，从而将整个结果转为有效的日期格式。DATE 函数的语法知识将在后面章节中介绍。

9.1.3 使用RIGHT函数提取员工性别

当需要从某个字符串右侧提取一个或几个字符时，可以使用 RIGHT 函数。RIGHT 函数的作用是返回文本字符串中最后一个或最后几个字符。如果希望在返回时以字节为单位，则可以使用 RIGHTB 函数。RIGHT、RIGHTB 函数的语法、参数及参数含义见下表。

函数	表达式	参数含义
RIGHT()	RIGHT(text,num_chars)	参数 text 表示要提取字符的文本字符串，num_chars 指定要提取的字符个数
RIGHTB()	RIGHTB(text, num_bytes)	参数 text 表示要提取字符的文本字符串，num_bytes 指定要提取的字节个数

在 18 位长度的身份证号码中，最后 4 位中的前 3 位，即第 15 至 17 位是分配顺序码，第 17 位（倒数第 2 位）可用来判断员工的性别，因为在分配时遵循奇数为男、偶数为女的规定，第 18 位为随机产生的校验码。如果是使用旧的 15 位长度的身份证号码，则最后一位代表性别，但现在全国基本都实现了身份证的升级，因此本例以 18 位身份证号码为例介绍。

步骤01 输入公式。继续上小节中打开的工作簿，选中G2单元格，在编辑栏中输入公式 "=IF(LEN(C2)<>18,"",IF((MOD(RIGHT(LEFT(C2,17),1),2)=0),"女","男"))"，按下【Enter】键后，即可得到对应的性别，如下图所示。

步骤02 复制公式。向下复制公式，即可提取出其他员工的性别，如下图所示。

知识补充

在使用 18 位长度的身份证号码中，最后 1 位为校验码，倒数第 2 位为性别判断位，因此，不能直接使用 RIGHT 函数，需要先提出左侧的 17 位，然后再使用 RIGHT 函数取出右侧的一位，再使用 MOD 函数判断奇偶性。

9.2 计算员工工龄、合同到期日

在员工基本信息管理中，经常需要对一些日期型数据进行计算。例如，根据员工的入职日期计算员工的工龄，根据员工的入职日期和合同年数计算合同到期日，根据员工的出生年月自动设置生日提醒等等。在 Excel 中，使用日期函数可以非常方便地解决类似的问题。

原始文件：	下载资源\实例文件\第9章\原始文件\计算员工工龄、合同到期日.xlsx
最终文件：	下载资源\实例文件\第9章\最终文件\计算员工工龄、合同到期日.xlsx

9.2.1 使用DAYS360和TODAY函数计算员工工龄天数

如果需要计算两个日期之间相差的天数，可以使用 DAYS360 函数，该函数是按照一年 360 天的算法来计算两日期之间相差的天数。TODAY() 函数的作用是返回当前系统日期。

DAYS360 和 TODAY 函数的语法、参数及参数含义见下表。

函数	表达式	参数含义
DAYS360()	DAYS360(start_date, end_date,method)	参数 start_date 代表起始日期，end_date 代表终止日期，method 指定采用的方法，该参数为 FALSE 或者省略，则采用美国计算方法，该参数为 TRUE，则采用欧洲计算方法，起始日期和终止日期为一个月的 31 号，都将等于本月的 30 号。
TODAY()	TODAY()	无参数

如果某公司以天数来精确计算员工的工龄，则可以通过使用 DAYS360 函数来计算员工入职日期和今天之间相差的天数。

步骤01 输入公式。打开原始文件，选中J2单元格，在编辑栏中输入公式"=DAYS360(F2,TODAY(),TRUE)"，按下【Enter】键后显示该员工的工龄，如下图所示。

步骤02 复制公式。向下拖动J2单元格右下角的填充柄来复制公式，计算出其余员工的工龄，如下图所示。

9.2.2 使用DATE函数计算合同到期日期

DATE 函数的作用是计算某一特定日期的系列编号，在 Excel 中，日期格式实际是存储为一组系列编号，不同的日期对应不同的编号。

DATE 函数的语法、参数及参数含义见下表。

函数	表达式	参数含义
DATE()	DATE(year,month,day)	参数 year 代表年份，month 代表月份，day 代表天数

利用 DATE 函数可以将数值编码或者文本格式的代码转换为日期格式，例如，在 9.1.2 节提取员工出生日期时，使用了 DATE 函数将提取结果转换为日期格式。

在员工档案表中，已知员工的入职时间和合同年限，需要计算员工的合同到期日期，可以使用DATE函数实现。

步骤01 输入公式。继续上小节中打开的工作表，选中K2单元格，在编辑栏中输入公式"=DATE(YEAR(F2)+G2,MONTH(F2),DAY(F2))"，按下【Enter】键后，得到当前员工的合同到期日期，如下图所示。

步骤02 复制公式。向下拖动K2单元格右下角的填充柄，复制公式，计算出其余员工的合同到期日期，如下图所示。

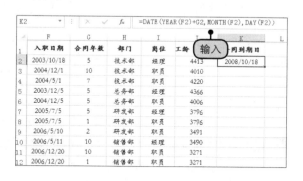

高效实用技巧：更改 Excel 中的日期系统

在 Excel 中有 2 种日期系统，默认的是 1900 年日期系统，它是从 1900 年第 1 天开始编号。还有一种是 1904 年日期系统，从 1904 年第 1 天开始，用户可以在两种日期系统之间切换。单击"文件"按钮，在菜单中单击"选项"命令，弹出"Excel 选项"对话框，切换到"高级"选项卡，然后勾选"使用 1904 日期系统"复选框，最后单击"确定"按钮即可，如右图所示。

9.2.3 使用MONTH、DAY函数自动提醒员工生日

MONTH 函数用来计算某个日期值中相应的月份数，它只有一个参数表示需要计算月份的日期值。在 Excel 中，与 MONTH 函数相对应的还有 2 个函数：一个是 YEAR 函数，用来计算某个日期值中相应的年份数；另一个是 DAY 函数，用来计算某个日期值中相应的天数。

MONTH、DAY、YEAR 函数的语法、参数及参数含义在第 4 章 4.3.2 中已经介绍过，这里不再赘述。

将 MONTH、DAY、TODAY 等函数组合应用，可以在员工档案表中显示本月要过生日的员工和本日过生日员工，以便企业提前为员工购买生日礼物和在生日当天发送祝福。

步骤01 隐藏列。继续上小节中打开的工作表，❶选中F列至K列并右击，❷在弹出的快捷菜单中单击"隐藏"命令，将不需要用到的数据暂时隐藏起来，如右图所示。

步骤02 输入列标题。在L1和M1单元格中分别输入"本月生日提醒"和"本日生日提醒"，并设置合适的字体格式，如下图所示。

步骤03 设置公式计算本月生日员工。选中L2单元格，在编辑栏中中输入公式"=IF(MONTH(E2)=MONTH(TODAY()),"本月"&DAY(E2)&"日过生日","")"，按下【Enter】键后，即可显示当月过生日的员工，如下图所示。

步骤04 计算今天过生日的员工。❶向下复制公式，得到本月过生日的员工，❷选中M2单元格，在编辑栏中输入公式"=IF(AND(MONTH(E2)=MONTH(TODAY()),DAY(E2)=DAY(TODAY())),"今天过生日","")"，按下【Enter】键后，即可显示当天过生日的员工，如下图所示。

步骤05 复制公式。向下复制公式，得到其他要今天过生日的员工，如下图所示。

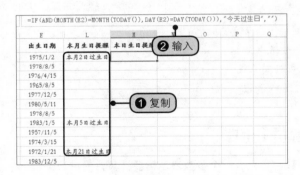

9.3 查询员工档案信息

查询员工信息是日常工作中经常会遇到的操作，面对庞大的员工档案数据库，有时需要查找某个特定的数据，或者是根据某个条件返回特定的数据等，这时就可以借助 Excel 中的查找和引用函数来实现，比如 VLOOKUP、INDEX、MATCH 等。

原始文件：下载资源\实例文件\第9章\原始文件\查询员工档案信息.xlsx

最终文件：下载资源\实例文件\第9章\最终文件\查询员工档案信息.xlsx

9.3.1 使用VLOOKUP函数引用员工姓名等信息

VLOOKUP 函数属于 Excel 中的查找引用类函数，它的功能是在表格或数组的首列查找指定的数值，并由此返回表格或数组当前行中指定列处的数值，因此 VLOOKUP 函数也常被称为竖向查找函数。在 Excel 中与之对应的还有水平查找函数 HLOOKUP，它的功能是在表格或数值数组的首行查找指定的数值，并由此返回表格或数组当前列中指定行处的数值。

VLOOKUP、HLOOKUP 函数的语法、参数及参数含义在第 5 章 5.4.1 小节已经介绍过，这里不再重复介绍。

在员工信息管理中，如果企业的员工档案数据库中有成千上万条记录，需要临时查找某个员工的信息时，可以通过 VLOOKUP 函数来实现，例如根据工号查找员工姓名、身份证号、部门和职称。

步骤01 创建查询表。打开原始文件，❶在员工档案表后插入新的工作表，并命名为"信息查询"，❷然后在工作表中输入查找提示的文字信息，以及需要查找的表项目，如下图所示。

步骤02 输入公式查询员工姓名。选中B3单元格，在编辑栏中输入公式"=IF(A3="","",VLOOKUP(A3,员工档案表!A2:J31,2,FALSE))"，按下【Enter】键，此时因为A3单元格为空，所以显示结果也为空，如下图所示。

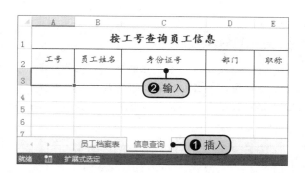

步骤03 输入工号。在A3单元格中输入员工工号，如5，此时B3单元格中会显示查找到的员工姓名，如下图所示。

步骤04 输入公式查询身份证号。选中C3单元格，在编辑栏中输入公式"=IF(A3="","",VLOOKUP(A3,员工档案表!A2:J31,3,FALSE))"，按下【Enter】键，即可得到身份证号，如下图所示。

步骤05 查询部门。选中D3单元格，在编辑栏中输入公式"=IF(A3="","",VLOOKUP(A3,员工档案表!A2:J31,7,FALSE))"，根据员工工号返回员工部门，如右图所示。

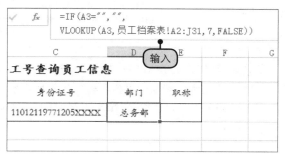

步骤06 查询职称。选中E3单元格，在编辑栏中输入公式"=IF(A3="","",VLOOKUP(A3,员工档案表!A2:J31,10,FALSE))"，根据员工工号查找并返回员工的职称，如下图所示。

步骤07 改变工号。在A3单元格中重新输入新的工号，即可看到想要的员工信息，如下图所示。

高效实用技巧：使用 COLUMN 函数作为参数，使公式具有可复制性

在本节使用 VLOOKUP 函数查询员工信息时，可以发现这几个步骤的公式实际上都非常类似，只有一个参数，只是要返回的列的位置不相同，那么如果要引用的数据和源数据中的列的位置关系相同，实际上可以使用 COLUMN 函数作为参数，只需设置一个公式，然后复制公式即可。

9.3.2 使用INDEX、MATCH函数查找员工所在部门

INDEX 函数的作用是返回列表或数组中的元素值，它的语法在前面第 5 章已经介绍过，这里不再重复介绍。MATCH 函数的作用是在数组中查找值，返回在指定方式下与指定数值匹配的数组中元素的相应位置。

MATCH 函数的语法、参数及参数含义见下表。

函数	表达式	参数含义
MATCH()	MATCH(lookup_value, lookup_array,match_type)	参数 lookup_value 代表需要在数据表中查找的数值；lookup_array 表示可能包含所要查找的数值的连续单元格区域；match_type 指明如何在 lookup_array 中查找 lookup_value，可为 1（省略）、0 或 -1

使用 INDEX 和 MATCH 函数可以完成一些比较复杂的查找，例如，如果表格中的部门字段显示在员工姓名的左侧，需要根据姓名查找员工所在部门时，使用 VLOOKUP 无法查找，这就是典型的查找左侧值的问题，可以使用 INDEX 和 MATCH 函数配合完成。

步骤01 复制工作表。继续上小节中打开的工作簿，❶右击"员工档案表"工作表标签，❷在弹出的快捷菜单中单击"移动或复制"命令，如下图所示。

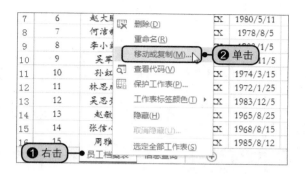

步骤02 选择工作表位置。弹出"移动或复制工作表"对话框，❶选中"（移至最后）"选项，❷勾选"建立副本"复选框，❸然后单击"确定"按钮，如下图所示。

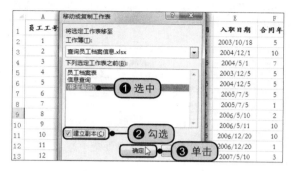

步骤03 移动列。此时即可看到工作簿中新增了一个名为"员工档案表（2）"的工作表，然后将该工作表中的"部门"字段移至"员工工号"字段右侧、"姓名"字段的左侧，如下图所示。

步骤04 创建新的信息查询工作表。❶新插入"信息查询2"工作表，在工作表中输入"根据员工姓名查找所在部门"，❷在A2、B2单元格中输入"员工姓名"和"所在部门"，并设置好字体格式，如下图所示。

步骤05 单击"数据验证"选项。在"数据"选项卡中的"数据工具"组中，单击"数据验证>数据验证"选项，如下图所示。

步骤06 设置数据验证条件。弹出"数据验证"对话框，❶设置"允许"为"序列"，❷设置"来源"为"=员工档案表!$B$2:$B$31"，如下图所示，然后单击"确定"按钮。

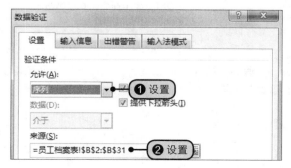

步骤07 输入公式查询所在部门。选中B3单元格，在编辑栏中输入公式"=INDEX('员工档案表(2)'!B2:B31,MATCH(信息查询2!A3,'员工档案表(2)'!C2:C31,0))"，按下【Enter】键后，因为A3单元格中的员工姓名还未知，所以B3单元格中显示有误，如下图所示。

步骤08 选择员工姓名。❶单击A3单元格右侧的下拉按钮，❷在展开的员工姓名下拉列表中选择一个员工姓名，如下图所示。

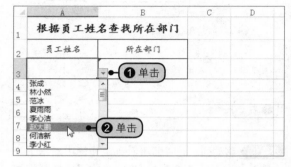

步骤09 显示最终显示效果。最后即可看到员工对应的部门，如右图所示。

知识补充

在设置了数据有效性后，如果单元格右侧没有显示下拉按钮，需要打开"数据有效性"对话框，检查是否未勾选"提供下拉箭头"复选框，勾选后才会显示下拉按钮。

9.3.3 使用OFFSET函数偏移引用员工工资账户

OFFSET函数的作用是以指定的引用为参照系，通过给定的偏移量返回新的引用，常用来引用某个特定的数据区域。

OFFSET函数的语法、参数及参数含义见下表。

函数	表达式	参数含义
OFFSET()	OFFSET(reference,rows, cols,height,width)	参数 reference 作为偏移量参照系的引用区域；rows 和 cols 表示相对于偏移量参照系的左上角单元格，上（下）偏移的行数以及左（右）偏移的列数；height 和 width 表示返回的引用区域的行数和列数

假如需要在"信息查询"工作表中返回全部员工的工资账号，可以使用 OFFSET 函数偏移引用，具体公式设置如下。

步骤01 输入数据内容。继续上小节中打开的工作簿，在"信息查询2"工作表中的空白单元格区域输入所需的内容，并设置合适的字体格式，如下图所示。

步骤03 复制公式。向下拖动A6单元格右下角的填充柄复制公式，得到其余员工的工资账号，如右图所示。

步骤02 输入公式。选中A6单元格，在编辑栏中输入公式"=OFFSET('员工档案表(2)'!A2,,12,,1)"，按下【Enter】键后得到一个员工的工资账号，如下图所示。

函数在员工薪酬核算中的应用

第10章

任何企业都离不开员工工资的核算。即使企业没有 ERP，您也不必为工资的核算而发愁；即使 ERP 并不能满足企业的工资核算要求，您仍然不需要难过。在 Excel 中，您只需要掌握几个员工薪酬核算中的常用函数，便可解决工资核算中的常见问题，赶快试一试吧！

📖 本章知识点

- 条件格式
- COUNTA函数
- COUNTBLANK函数
- HOUR、MINUTE函数
- MAXA、DSUM函数
- NETWORKDAYS函数
- COUNTIF函数
- IF、LOOKUP函数
- SUMPRODUCT函数
- MOD、ROW函数

10.1 统计员工出勤情况

员工考勤统计是员工薪酬核算中比较重要的一部分，考勤统计结果直接影响员工每个月的实发工资。企业为了监督员工的上下班情况，一般都实行上下班打卡制，用来准确记录员工每天的考勤情况。在月末的时候，相关部门需要统计出当月的考勤情况，以此计算员工的全勤奖、应扣工资等。

10.1.1 使用条件格式突出显示迟到、早退、缺勤记录

现在企业使用的考勤系统通常可自动记录并保存数据，还可以直接将这些数据导入到 Excel 中进行分析。

假设已将某企业某月的考勤记录导入到 Excel 工作表中，该企业规定的上班时间为 9:00，下班时间为 18:00，首先使用条件格式突出显示考勤记录表中的迟到、早退和缺勤的数据。

原始文件：下载资源\实例文件\第10章\原始文件\突出显示.xlsx
最终文件：下载资源\实例文件\第10章\最终文件\突出显示.xlsx

步骤01 选中"上班"打卡数据。打开原始文件，按下【Ctrl】键不放，选中"上班"列中的数据单元格区域，如右图所示。

上下班打卡记录	李艳玲		张小明	
日期	上班	下班	上班	下班
2015/6/1	8:50	18:05	8:50	18:05
2015/6/2	8:52	18:10	8:52	18:10
2015/6/3	9:00	18:15	8:28	18:15
2015/6/6	9:05	18:20	8:22	18:20
2015/6/7	8:30	选中	8:30	18:22
2015/6/8			8:52	18:23
2015/6/9	8:35	18:24	9:03	18:24
2015/6/10	8:52	18:25	8:52	18:25

步骤02 突出显示单元格规则。❶切换到"开始"选项卡，单击"样式"组的"条件格式"按钮，❷在展开的下拉列表中单击"突出显示单元格规则>大于"选项，如下图所示。

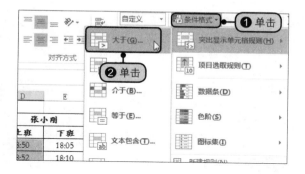

步骤03 设置条件格式规则。❶在弹出的"大于"对话框中的左侧文本框中输入上班时间"9:00"，❷在"设置为"下拉列表中保留默认的选项，❸单击"确定"按钮，如下图所示。

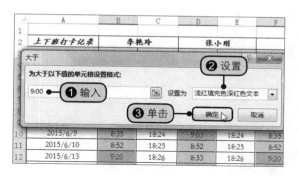

步骤04 突出显示迟到的单元格。随后，Excel会使用"浅红色填充深红色文本"格式突出显示所有上班时间大于9:00的单元格，即突出显示迟到的数据，如下图所示。

	A	B	C	D	E
1					
2	上下班打卡记录	李艳玲		张小刚	
3	日期	上班	下班	上班	下班
4	2015/6/1	8:50	18:05	8:50	18:05
5	2015/6/2	8:52	18:10	8:52	18:10
6	2015/6/3	9:00	18:15	8:28	18:15
7	2015/6/6	9:05	18:20	8:22	18:20
8	2015/6/7	8:30	18:22	8:30	18:22
9	2015/6/8			8:52	18:23
10	2015/6/9	8:35	18:24	9:03	18:24
11	2015/6/10	8:52	18:25	8:52	18:25

步骤05 选中"下班"打卡数据。按下【Ctrl】键后，选中下班打卡的数据单元格区域，如下图所示。

	A	B	C	D	E
1					
2	上下班打卡记录	李艳玲		张小刚	
3	日期	上班	下班	上班	下班
4	2015/6/1	8:50	18:05	8:50	18:05
5	2015/6/2	8:52	18:10	8:52	18:10
6	2015/6/3	9:00	18:15	8:28	18:15
7	2015/6/6	9:05	18:20	8:22	18:20
8	2015/6/7	8:30	18:22	8:30	18:22
9	2015/6/8			8:52	18:23
10	2015/6/9	8:35	18:24	9:03	18:24
11	2015/6/10	8:52	18:25	8:52	18:25

步骤06 突出显示单元格规则。❶单击"条件格式"按钮，❷在展开的列表中单击"突出显示单元格规则>小于"选项，如下图所示。

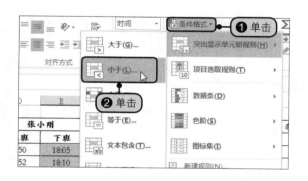

步骤07 设置条件格式规则。❶在弹出的"小于"对话框中的左侧文本框中输入下班时间"18:00"，❷在"设置为"下拉列表中选择"绿填充色深绿色文本"，如下图所示。

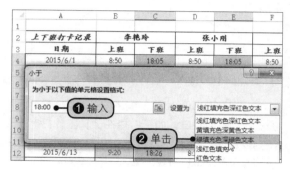

步骤08 突出显示早退数据。单击"确定"按钮，随后，Excel会使用"绿填充色深绿色文本"格式突出显示早退的数据，如下图所示。

	A	B	C	D	E
1					
2	上下班打卡记录	李艳玲		张小刚	
3	日期	上班	下班	上班	下班
4	2015/6/1	8:50	18:05	8:50	18:05
5	2015/6/2	8:52	18:10	8:52	18:10
6	2015/6/3	9:00	18:15	8:28	18:15
7	2015/6/6	9:05	18:20	8:22	18:20
8	2015/6/7	8:30	18:22	8:30	18:22
9	2015/6/8			8:52	18:23
10	2015/6/9	8:35	18:24	9:03	18:24
11	2015/6/10	8:52	18:25	8:52	18:25

步骤09 选择突出显示规则。再次在"样式"组中单击"条件格式>突出显示单元格规则>其他规则"选项，如下图所示。

步骤10 新建条件格式规则。❶在"新建格式规则"对话框中的"选择规则类型"框中选择"使用公式确定要设置格式的单元格"，❷然后输入公式"=IF(B4="",1,0)"，❸单击"格式"按钮，如下图所示。

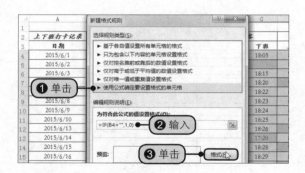

步骤11 设置填充颜色。❶在"设置单元格格式"对话框中单击"填充"标签，❷选中合适的填充颜色，如下图所示，然后返回"新建格式规则"对话框，单击"确定"按钮。

步骤12 显示最终效果。设置条件格式后，即可看到使用了不同的设置颜色突出显示了员工的迟到、早退和缺席数据，如右图所示。

	A	B	C	D	E	F	G
1							
2	上下班打卡记录	李艳玲		张小刚		朱客	
3	日期	上班	下班	上班	下班	上班	下班
4	2015/6/1	8:50	18:05	8:50	18:05	8:50	18:05
5	2015/6/2	8:52	18:10	8:52	18:10		
6	2015/6/3	9:00	18:15	8:28	18:15	9:00	18:15
7	2015/6/6	9:05	18:20	8:22	18:20	9:05	18:20
8	2015/6/7	8:30	18:22	8:30	18:22	8:30	18:22
9	2015/6/8			8:52	18:23	8:52	18:23
10	2015/6/9	8:35	18:24	9:03	18:24	8:35	18:24
11	2015/6/10	8:52	18:25	8:52	18:25	8:52	18:25
12	2015/6/13	9:20	18:26	8:33	18:26	9:20	18:26
13	2015/6/14	8:52	17:20	8:52	17:20	8:52	17:20
14	2015/6/15	9:50	18:28	8:50	18:28	8:40	18:28

10.1.2 使用NETWORKDAYS函数统计应出勤天数

NETWORKDAYS 函数用来统计两个日期之间的工作日天数，工作日一般不包括周末（星期六、星期日）和法定假日。如果希望在计算工作日时使用参数来指明周末的日期和天数，从而计算两个日期间的全部工作日天数，可以使用 NETWORKDAYS.INTL 函数。

NETWORKDAYS、NETWORKDAYS.INTL 函数的语法、参数及参数含义见下表。

函数	表达式	参数含义
NETWORKDAYS()	NETWORKDAYS(start_date,end_date,[holidays])	参数 start_date 代表一个开始的日期，end_date 代表一个终止的日期，holidays 为可选参数，表示不在工作日历中的一个或多个日期构成的可选区域
NETWORKDAYS.INTL()	NETWORKDAYS. INTL (start_date,end_date, [weekend],[holidays])	参数 start_date、end_date 和 holidays 含义同上。weekend 是可选参数，取值为数值或字符串，用于指定介于开始和结束日期之间但又不包括在所有工作日数中的周末

如果企业严格按照国家规定实行双休制，在计算两个日期之间的工作天数时可以直接使用 NETWORKDAYS 函数。如果企业未按国家规定，每周只休一天，则可使用 NETWORKDAYS.INTL 函数，通过选择 weekend 参数来计算工作的天数。

原始文件：下载资源\实例文件\第10章\原始文件\NETWORKDAYS函数.xlsx
最终文件：下载资源\实例文件\第10章\最终文件\NETWORKDAYS函数.xlsx

步骤01 创建统计表。打开原始文件，❶将工作表标签Sheet2更改为"考勤统计"，❷在该工作表中创建一个用来统计员工考勤的表格，并在工作表中输入需要的数据内容，如下图所示。

步骤02 设置公式计算工作日数。选中B3单元格，在编辑栏中输入公式"=NETWORKDAYS(员工打卡记录 !$A$4,员工打卡记录!$A$25)"，按下【Enter】键，然后向下复制公式，计算出本月应有工作日数，如下图所示。

知识补充

假如企业法定假日也要休息，则在计算工作日时，应使用 holidays 参数排除法定假日。例如 6 月 6 日为端午节，则要排除，此时计算6月工作日的公式应为"=NETWORKDAYS(员工打卡记录 !$A$4, 员工打卡记录 !$A$25,员工打卡记录 !A7)"，其中，"员工打卡记录 !A7"为日期"6月6日"的引用。

高效实用技巧：使用 NETWORKDAYS.INTL 函数计算单休制工作日天数

如果企业实行单休制，每周星期日休息，星期六为工作日，在计算两个日期之间的工作日时，则需要使用 NETWORKDAYS.INTL 函数。在输入函数时，输入开始和结束日期后，屏幕会自动显示参数 weekend 的列表，可以直接从列表中选择，输入公式后，假设暂时排除端午节假期，即可得到 2015 年 6 月单休制的工作日天数，如右图所示。

10.1.3　使用COUNTA函数统计实际出勤天数

COUNTA 函数用来统计单元格区域内非空单元格的个数，它的使用方式在前面第 5 章已经介绍过，这里不再赘述。在员工打卡记录中，如果某一天员工没有出勤，则打卡记录为空白，通过统计非空的单元格个数就可以统计出员工当月实际出勤的天数。

| 原始文件： | 下载资源\实例文件\第10章\原始文件\COUNTA函数.xlsx |
| 最终文件： | 下载资源\实例文件\第10章\最终文件\COUNTA函数.xlsx |

步骤01 ▶ 输入公式。打开原始文件，选中C3单元格，在编辑栏中输入公式 "=COUNTA(员工打卡记录!B$4:B$25)"，按下【Enter】键，如下图所示。

步骤02 ▶ 复制公式。拖动C3单元格右下角的填充柄，复制公式至C7单元格，如下图所示。

步骤03 ▶ 修改参数。分别将C4:C7单元格区域中的公式中列的引用更改为D、F、H、J，得到其他员工的出勤天数，如右图所示。

10.1.4　使用COUNTIF函数统计迟到和早退次数

COUNTIF 函数用来统计区域中满足给定条件的单元格的个数，它的语法和参数也在第 5 章 5.1.1 小节介绍过了，该函数常用来按条件统计某些数据。

在统计员工出勤情况时，如果要统计出每位员工该月迟到和早退的次数，则可以使用 COUNTIF 函数来完成。如果员工的上班打卡时间大于 9:00，则说明该员工当日迟到，如果员工的下班打卡时间小于 18:00，则说明该员工当日早退，据此设置 COUNTIF 函数的条件，则可完成统计结果。

| 原始文件： | 下载资源\实例文件\第10章\原始文件\COUNTIF函数.xlsx |
| 最终文件： | 下载资源\实例文件\第10章\最终文件\COUNTIF函数.xlsx |

步骤01 统计迟到次数。打开原始文件，选中D3单元格，在编辑栏中输入公式"=COUNTIF(员工打卡记录!B$4:B$25,">9:00")"，按下【Enter】键，即可得到该员工的迟到次数，如下图所示。

步骤02 复制公式。向下复制公式，并修改公式中对列的引用，得到其他员工的迟到次数，如下图所示。

步骤03 统计早退次数。选中E3单元格，在编辑栏中输入公式"=COUNTIF(员工打卡记录!C$4:C$25,"<18:00")"，按下【Enter】键，即可得到该员工的早退次数，如下图所示。

步骤04 复制公式。向下复制公式，并修改公式中对列的引用，得到其他员工的早退次数，如下图所示。

10.1.5 使用COUNTBLANK函数统计缺勤天数

COUNTBLANK 函数用来统计单元格区域内空单元格的个数。需要注意的是，函数 COUNTBLANK 统计的是空单元格的个数，而不包括单元格内容为空格的单元格。

COUNTBLANK 函数语法、参数及参数含义见下表。

函数	表达式	参数含义
COUNTBLANK()	COUNTBLANK(range)	参数 range 代表要统计的单元格区域

使用 COUNTBLANK 函数可以统计出各月员工的缺勤天数，如果员工缺勤，则打卡记录中对应的单元格为空单元格。

原始文件：下载资源\实例文件\第10章\原始文件\COUNTBLANK函数.xlsx

最终文件：下载资源\实例文件\第10章\最终文件\COUNTBLANK函数.xlsx

步骤01 输入公式。打开原始文件,选中F3单元格,在编辑栏中输入公式"=COUNTBLANK(员工打卡记录!B\$4:B\$25)",按下【Enter】键,如下图所示。

F3	▾	:	×	✓	ƒx	=COUNTBLANK(员工打卡记录!B\$4:B\$25)

	A	B	C	D	E	F
1			本月考勤统计表		输入	
2		本月应出勤天数	实际出勤天数	迟到次数	早退次数	缺勤天数
3	李艳玲	22	21	3	2	1
4	张小刚	22	22	2	3	
5	朱容	22	21	4	2	
6	王军	22	22	3	2	
7	李刚	22	22	2	2	

步骤02 复制公式并修改参数。❶拖动F3单元格右下角的填充柄,复制公式至F7单元格,❷分别将F4:F7单元格区域中的公式中列的引用更改为D、F、G、J,得到其他员工的缺勤天数,如下图所示。

F5	▾	:	×	✓	ƒx	=COUNTBLANK(员工打卡记录!F\$4:F\$25)

	A	B	C	D	E	F
1			本月考勤统计表			
2		本月应出勤天数	实际出勤天数	迟到次数	早退次数	缺勤天数
3	李艳玲	22	21		❶复制	1
4	张小刚	22	22	2	3	0
5	朱容	22	21		❷复制并修改	1
6	王军	22	22	3	2	0
7	李刚	22	22	2	2	0

10.2 计算员工业绩提成及加班费

员工绩效工资和加班工资是工资的重要组成部分。通常,员工的绩效工资是根据员工完成的工作量按照不同等级的提成比例进行计算,而员工的加班工资一般则是按照加班时间乘以小时工资进行计算。需要注意的是,通常双休日加班工资为平常工资的 2 倍,而法定假日则为平常工资的 3 倍。

原始文件:	下载资源\实例文件\第10章\原始文件\计算员工业绩提成及加班费.xlsx
最终文件:	下载资源\实例文件\第10章\最终文件\计算员工业绩提成及加班费.xlsx

10.2.1 使用IF和LOOKUP函数计算员工业绩提成

IF 函数的作用是执行条件判断,根据逻辑值的真假返回不同的结果。而 LOOKUP 函数的作用是在单行区域或单列区域(向量)中查找数值,然后返回第二个单行区域或单列区域中相同位置的数值。IF 函数的语法已在第 4 章 4.2 节介绍过了,这里就不再重复介绍。LOOKUP 函数的语法表达式、参数及参数含义见下表。

函数	表达式	参数含义
LOOKUP()	LOOKUP(lookup_value, lookup_vector,result_vector)	参数 lookup_value 表示函数在第一个向量中所要查找的值,lookup_vector 表示第一个包含一行或一列的区域,result_vector 表示第二个包含一行或一列的区域

假如公司在根据员工的月销售额计算业绩提成时,首先根据销售额划分了不同的业绩等级,如销售额小于 5000 元为 A 级,销售额在 5000 ～ 10000 元之间为 B 级,销售额在 10001 ～ 20000 元之间为 C 级,销售额大于 20000 元为 D 级。A、B、C、D 级对应不同的提成比例,分别为 2%、3%、5% 和 8%。

在原始文件中已经录入了各员工当月的销售额,需要计算该月的业绩提成,可以使用 LOOKUP 函数计算出各员工的业绩等级,然后再使用 IF 函数根据不同的等级返回不同的提成比例,最后使用简单的数学公式计算出提成金额。

步骤01 划分业绩等级。打开原始文件，❶在"业绩统计表"工作表中选中C2单元格，在编辑栏中输入公式"=LOOKUP(B2,{0;5000;10000;20000},{"A","B", "C","D"})"，❷按下【Enter】键后向下复制公式，根据销售额划分业绩等级，如下图所示。

步骤02 判断并返回提成比例。❶选中D2单元格，在编辑栏中输入公式"=IF(C2="A",0.02,IF(C2="B",0.03,IF(C2="C",0.05,0.08)))"，❷按下【Enter】键后向下复制公式，根据业绩等级返回不同的提成比例，如下图所示。

步骤03 计算提成金额。❶选中E2单元格，在编辑栏中输入公式"=B2*D2"，❷按下【Enter】键后向下复制公式，计算出每位员工的提成金额，如右图所示。

10.2.2　使用HOUR和MINUTE函数计算加班时间

HOUR 和 MINUTE 函数为 Excel 中的时间函数，HOUR 函数用来计算某一时间或代表时间的系列编号所对应的小时数，MINUTE 函数用来计算某一时间或代表时间的系列编号所对应的分钟数。HOUR 和 MINUTE 函数的语法、参数及参数含义见下表。

函数	表达式	参数含义
HOUR()	HOUR(serial_number)	参数 serial_number 表示将要计算的时间
MINUTE()	MINUTE(serial_number)	

使用 HOUR 和 MINUTE 函数可以计算两个时间值之间间隔的小时数和分钟数。

在月底的时候需要统计出员工当月的加班时间，假如企业在加班时实行打卡制，记录了准确的加班开始和结束时间，则可以使用 HOUR 和 MINUTE 函数来计算员工的加班时间。

假设企业明确规定加班时间按小时制计算，小于 30 分钟的不计算，大于或等于 30 分钟而不足 1 小时的按 0.5 小时计算，接下来开始统计各位员工本月的加班时间，具体操作步骤如下。

步骤01 查看加班打卡记录。继续上小节打开的工作簿，单击"加班打卡记录"工作表标签，查看本月员工加班打卡记录，表格中空白单元格表示该日未加班，如下图所示。

步骤02 统计员工加班时间。❶在加班统计表中选中B4单元格，在编辑栏中输入公式"=IF(加班打卡记录!B4="",0,IF(MINUTE(加班打卡记录!C4-加班打卡记录!B4)>=30,0.5+HOUR(加班打卡记录!C4-加班打卡记录!B4),HOUR(加班打卡记录!C4-加班打卡记录!B4)))"，❷按下【Enter】键，然后向下复制公式，计算出该员工每日的加班小时数，如下图所示。

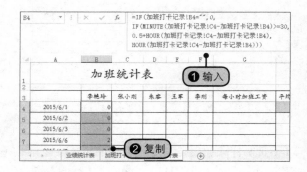

步骤03 计算员工加班小时数。❶选中C4单元格，在编辑栏中输入公式"=IF(加班打卡记录!D4="",0,IF(MINUTE(加班打卡记录!E4-加班打卡记录!D4)>=30,0.5+HOUR(加班打卡记录!E4-加班打卡记录!D4),HOUR(加班打卡记录!E4-加班打卡记录!D4)))"，❷按下【Enter】键，然后向下复制公式，计算该员工每日的加班小时数，如下图所示。

步骤04 计算其他员工的加班小时数。应用相同的方法在D、E、F列中输入公式统计其他员工的加班小时数，如下图所示。

10.2.3 使用WEEKDAY、SUMPRODUCT等函数计算加班工资

WEEKDAY 函数的功能是返回某日期为星期几，SUMPRODUCT 函数的功能是计算数组乘积的和，而 SUM 函数是用来计算某一单元格区域中所有数字之和。SUM 函数的语法、参数在本书第 4 章 4.1.1 小节就已经介绍过了。下面仅介绍 WEEKDAY 与 SUMPRODUCT 函数的语法、参数及参数含义，见下表。

函数	表达式	参数含义
WEEKDAY()	WEEKDAY(serial_number,return_type)	参数 serial_number 代表需要计算的日期，return_type 确定返回值类型的数字。如果 return_type 为 1 或省略，则

函数	表达式	参数含义
		使用数字1～7代表星期日～星期六，如果参数为2，则返回数字1～7，代表星期一～星期日，如果参数为3，则返回数字0～6，代表星期一～星期日
SUMPRODUCT()	SUMPRODUCT (arrya1,array2,array3,…)	参数个数是可选的，在2到255个之间，表示需要求和的数组。需要注意的是，各个参数数组的数据个数必须一致

在实际工作中，周末的加班工资为平时工资的2倍，法定假日的加班工资则为平常工资的3倍。如果要计算员工某月的加班工资，首先需要根据加班的时间计算出每天的小时工资，然后再计算每位员工该月的加班工资数额。

步骤01 计算每小时加班工资。继续上一小节中打开的工作簿，❶在"加班统计表"工作表中选中G4单元格，在编辑栏中输入公式"=IF(WEEKDAY(A4,2)>=6,2*$H$4,$H$4)"，❷按下【Enter】键后向下复制公式，计算出每天的小时加班工资，如下图所示。

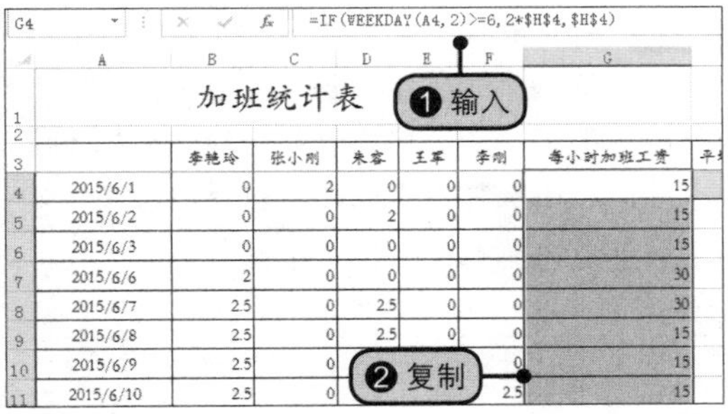

步骤02 计算每位员工的月加班费。❶选中B28单元格，在编辑栏中输入公式"=SUMPRODUCT(B4:B27,$G$4:$G$27)"，❷按下【Enter】键后向右复制公式至F28单元格，计算出每位员工该月的加班工资，如下图所示。

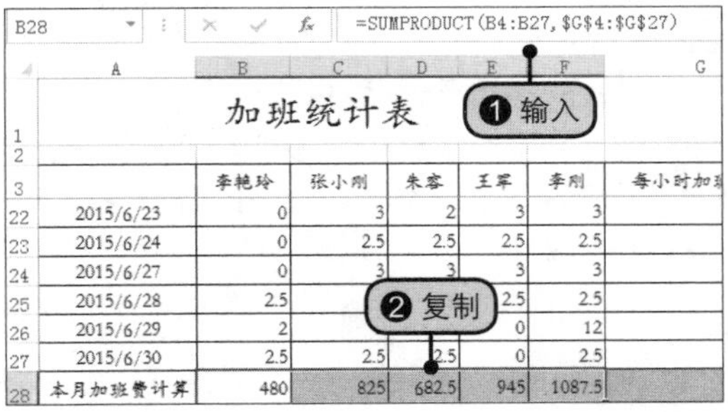

步骤03 计算当月加班费总额。选中G28单元格，在编辑栏中输入公式"="合计加班费"&SUM(B28:F28)"，按下【Enter】键，计算该月加班费总额，如右图所示。

10.3 员工工资的核算与汇总

在完成工资数据各个分项的计算后，还需要将这些数据综合起来，计算出员工当月的应发工资、应缴纳个人所得税和实发工资，并分别按部门对工资进行汇总等。在计算员工所得税时，应根据国家规定的个税起征点，计算员工应缴纳的个人所得税金额。

10.3.1 使用MAXA函数计算个人所得税和实发工资

MAX 函数的功能是计算所有数值数据的最大值，在 Excel 中还有一个 MAXA 函数，用来计算所有非空单元格的最大值。对于 MAX 函数，它只计算数值数据，如果参数区域中有文本、逻辑值或空白单元格将会被忽略；对于 MAXA 函数，逻辑值、文本所在单元格都会参与到运算中，字符当作 0 进行运算，逻辑值 TRUE 作为 1 计算，FALSE 作为 0 计算。

MAX 函数的语法在前面第 5 章已介绍过，MAXA 函数的语法、参数及参数含义见下表。

函数	表达式	参数含义
MAXA()	MAXA(value1,value2,…)	参数个数在 1 ～ 255 之间

在本节的案例中，已知各个员工的基本工资等相关数据，现在需要计算员工的应发工资、应扣所得税，具体操作步骤如下。

原始文件：下载资源\实例文件\第10章\原始文件\MAXA函数.xlsx
最终文件：下载资源\实例文件\第10章\最终文件\MAXA函数.xlsx

步骤01 计算应发工资。打开原始文件，❶在"工资明细表"工作表中选中H2单元格，在编辑栏中输入公式"=E2+F2-G2"，❷然后向下复制公式计算各员工应发工资数额，如下图所示。

步骤02 插入所得税标准表。❶在工作簿中插入"所得税标准"工作表，❷并在该工作表中创建所得税速算表，该表格内容包括应纳税的工资范围、下限范围和各范围的扣税百分率以及速算扣除数和个税起征额，如下图所示。

步骤03 设置公式计算所得税。❶选中I2单元格，在编辑栏中输入公式"=MAXA((H2-所得税标准!\$F\$3)*0.05*{1,2,3,4,5,6,7,8,9}-25*{0,1,5,15,55,135,255,415,615},0)"，❷然后向下复制公式，计算其他员工的应扣所得税，如右图所示。

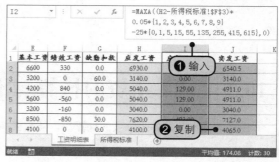

步骤04 计算实发工资。❶选中J2单元格，在编辑栏中输入公式"=H2-I2"，❷按下【Enter】键后向下复制公式，计算各员工该月的实发工资，如右图所示。

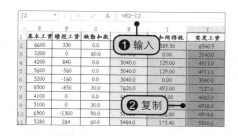

知识补充

此处在设计"应扣所得税"计算公式时，使用了MAXA函数结合速算扣除数进行计算，自动输入个税起征点后，公式可自动按现行收入计算出应扣所得税。再来详细剖析一下该公式，其中H2中为员工的应发工资，所得税标准!\$F\$3为个税起征点，0.05为5%税率，0.05*{1,2,3,4,5,6,7,8,9}对应9个等级的适用税率，25*{0,1,5,15,55,135,255,415,615}为速算扣除数，1级为0，2级为25，3级为25*5=125……关于这9个等级可参照"所得税标准"工作表中的表格中的数据。而公式的最外层MAXA(常量数组,0)，也就是在一组常量数组和0中返回最大值。

10.3.2 使用DSUM函数汇总各部门工资

DSUM函数Excel中的数据库函数类别，它的功能是返回列表或数据库的列中满足指定条件的数字之和。DSUM函数的语法及参数含义见下表。

函数	表达式	参数含义
DSUM()	DSUM(database, field,criteria)	参数database表示构成列表或数据库的单元格区域，该区域的第一行包括第一列的标签；field指定函数所使用的数据列，它可以是文本类型，此时需要添加双引号将字段名引起来，如"（字段名）"，也可以是包含列字段的单元格引用，还可以是代表列在列表中的位置的数字（不带引号），如1表示第一列，2表示第二列，依此类推；criteria表示包含给定条件的单元格区域，此区域至少需要包含一个列标签，并且列标签下方包含至少一个指定列条件的单元格

在完成对各个员工的工资的计算后，假如还需要生成部门工资汇总表，就可以使用DSUM函数。

原始文件: 下载资源\实例文件\第10章\原始文件\DSUM函数.xlsx
最终文件: 下载资源\实例文件\第10章\最终文件\DSUM函数.xlsx

步骤01 创建统计表。打开原始文件，❶在工作簿中插入"部门工资汇总"工作表，❷创建一个行标志为部门，列字段包括应发工资、应扣所得税和实发工资的统计表格，如下图所示。

步骤02 创建条件区域。在表格上方的A1:E2单元格区域中输入"部门"字段名称和具体的内容，如下图所示。

步骤03 定义名称。❶切换至"工资明细表"工作表，❷选中A1:J31单元格区域，❸在名称框中输入"data1"，按下【Enter】键确认名称的定义，如下图所示。

步骤05 设置公式汇总总务部的应发工资。❶选中B7单元格，在编辑栏中输入公式"=DSUM (data1,B5,$B$1:$B$2)"，❷按下【Enter】键，然后向右复制公式，汇总总务部应扣所得税和实发工资，如下图所示。

	A	B	C	D	E
1	部门	部门	部门	❶输入	部门
2	技术部	总务部	销售部		研发部
3					
4	部门工资汇总表				
5	部门	应发工资	应扣所得税	实发工资	
6	技术部	24478	772.1	23705.9	
7	总务部	19272.36364	570.7545455	18701.60909	
8	销售部			❷复制	
9	客服部				

步骤07 计算合计值。❶选中B11单元格，在编辑栏中输入公式"=SUM(B6:B10)"，❷按下【Enter】键，然后向右复制公式，计算合计值，如下图所示。

	A	B	C	D	E
4	部门工资汇总表			❶输入	
5	部门	应发工资	应扣所得税	实发工资	
6	技术部	24478	772.1	23705.9	
7	总务部	19272.36364	570.7545455	18701.60909	
8	销售部	51804.72727	2124.772727	49679.95455	
9	客服部	27324.36364	908.1090909	❷复制	
10	研发部	29870.4	846.58	2902	82
11	合计	152749.8545	5222.316364	147527.5382	
12					

步骤04 设置公式汇总技术部的应发工资。❶在"部门工资汇总"工作表中选中B6单元格，在编辑栏中输入公式"=DSUM(data1,B5,$A$1:$A$2)"，❷按下【Enter】键，然后向右复制公式，汇总技术部应扣所得税和实发工资，如下图所示。

步骤06 设置公式汇总其他部门的应发工资。应用相同的方法计算出其他部门的应发工资、应扣所得税和实发工资，如下图所示。

	A	B	C	D	E
1	部门	部门	部门	部门	部门
2	技术部	总务部	销售部	客服部	研发部
3					
4	部门工资汇总表				
5	部门	应发工资	应扣所得税	实发工资	
6	技术部	24478	772.1	23705.9	
7	总务部	19272.36364	570.7545455	18701.60909	
8	销售部	51804.72727	2124.772727	49679.95455	
9	客服部	27324.36364	908.1090909	26416.25455	
10	研发部	29870.4	846.58	29023.82	
11	合计				

步骤08 设置数字格式。选中需要设置数字格式的单元格区域，打开"设置单元格格式"对话框，❶单击"数字"选项卡下"分类"列表框中的"数值"选项，❷设置"小数位数"为"1"，如下图所示。

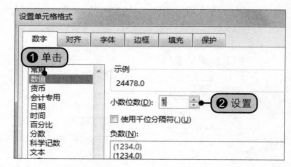

步骤09 显示最终的表格效果。单击"确定"按钮，返回工作表中，即可看到最终的表格效果，如右图所示。

	A	B	C	D	E
1	部门	部门	部门	部门	部门
2	技术部	总务部	销售部	客服部	研发部
3					
4	部门工资汇总表				
5	部门	应发工资	应扣所得税	实发工资	
6	技术部	24478.0	772.1	23705.9	
7	总务部	19272.4	570.8	18701.6	
8	销售部	51804.7	2124.8	49680.0	
9	客服部	27324.4	908.1	26416.3	
10	研发部	29870.4	846.6	29023.8	
11	合计	152749.9	5222.3	147527.5	

10.3.3 使用MOD、ROW、COLUMN函数生成工资条

MOD 函数的作用是返回两数相除的余数，ROW 函数返回单元格的行序号，COLUMN 函数返回单元格的列序号，它们的语法、参数及参数含义见下表。

函数	表达式	参数含义
MOD()	MOD(number,divisor)	number 表示被除数，divisor 表示除数
ROW()	ROW(reference)	reference 为引用的单元格或单元格区域
COLUMN()	COLUMN(reference)	reference 为引用的单元格或单元格区域

在实际工作中，如果要将员工工资条打印出来，则应为每一条数据设置表头、数据和分隔线，即每位员工的工资条由 3 行构成：表头、数据和分隔线。根据工资条的这个特点，利用行号与 3 的倍数关系，通过 MOD、ROW、COLUMN、IF、INDEX 等函数的组合应用，可以自动生成员工工资条。

> 原始文件：下载资源\实例文件\第10章\原始文件\生成工资条.xlsx
> 最终文件：下载资源\实例文件\第10章\最终文件\生成工资条.xlsx

步骤01 设置公式。打开原始文件，❶在工作簿中新插入"工资条"工作表，❷选中A1单元格，在编辑栏中输入公式"=IF(MOD(ROW(A1),3)=0,"",IF(MOD(ROW(A1),3)=1,工资明细表!A$1,INDEX(工资明细表!$A$2:$J$31,(ROW($A1)+1)/3,COLUMN((A1)))))"，按下【Enter】键，如下图所示。

步骤02 向右和向下复制公式。然后拖动A1单元格右下角的填充柄，向右复制公式至J1单元格，Excel会自动填充出工资表中的其余列字段标题，然后再向下拖动J1单元格右下角的填充柄，即可生成员工工资条，如下图所示。

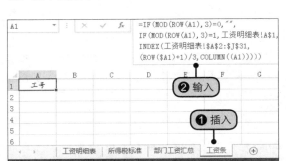

函数在企业财务管理中的应用

企业投资收益的预算、企业贷款方案和还贷额计算以及企业固定资产折旧是现代企业财务管理中的三大核心问题，关系到企业的生存发展。使用 Excel 中对口的函数，可以简单快捷地完成这些问题相关的计算，得到准确的数据和结论，使企业的财务管理更加规范和科学化。

第 11 章

本章知识点

- FV、FVSCHEDULE函数
- PV、NPV函数
- IRR、MIRR、XIRR函数
- PMT函数
- PPTMT、IPMT函数
- CUMPRINC、CUMIPMT函数
- SLN 函数
- DB、DDB函数
- SYD函数
- VDB函数

11.1 预算企业投资收益情况

投资是企业发展壮大的有效途径之一，企业要扩大规模，增强实力，通常会将散闲资金拿来进行新项目的投资。Excel 中有专门用来计算投资与收益的函数，通过灵活运用这些函数，对投资的未来值、现值、净现值等进行计算，可以掌握投资收益等情况，有利于企业更好地进行财务管理。

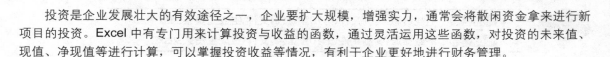

原始文件：下载资源\实例文件\第11章\原始文件\预算企业投资收益情况.xlsx
最终文件：下载资源\实例文件\第11章\最终文件\预算企业投资收益情况.xlsx

11.1.1 使用FV、FVSCHEDULE函数计算投资的未来值

把现在或未来不同时点的资本按照一定的折现率折算成未来某一时点的资本，即为资本未来值。FV 函数的作用是基于固定利率计算一笔投资的未来值，它的语法及参数含义在第 5 章曾作过介绍。如果在投资期间利率并不是固定的，那么就可以使用 FVSCHEDULE 函数来计算可变利率下的投资的未来值，它的语法、参数及参数含义见下表。

函数	表达式	参数含义
FVSCHEDULE()	FVSCHEDULE (principal,schedule)	参数 principal 为现值，即本金；schedule 为数组，表示利率数组

已知企业计划开展新项目 A，先期已投入资金 20 万元存入银行特定账户，假设现固定利率为 6.15%，每月存入金额 10000 元，存款期限暂定为 3 年，现需要计算项目 A 未来可用资金数额。在计

算时又分为两种情况，一种是基于固定利率 6.15% 的情况下 3 年后存款的金额，另一种情况是基于可变利率下的项目资金可用金额。

步骤01 计算固定利率下的未来值。打开原始文件，❶切换至"未来值计算"工作表，❷选中 C7 单元格，在编辑栏中输入公式"=FV(C4/12,C6*12,-C5,-C3)"，按下【Enter】键后，单元格中显示了3年后的存款总额，如下图所示。

步骤02 计算月利率。❶选中 D11 单元格，在编辑栏中输入公式"=C11/12"，❷按下【Enter】键后，向下复制公式计算各个月的月利率，如下图所示。

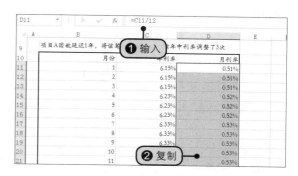

步骤03 计算可变利率下的未来值。选中 C24 单元格，在编辑栏中输入公式"=FVSCHEDULE(C7,D11:D22)"，按下【Enter】键，得到该笔款项在变动的利率情况下，续存一年后的资金总额，如右图所示。

11.1.2 使用PV、NPV、XNPV函数计算现值和净现值

现值是指一笔资金按规定的折现率折算成现在或指定起始日期的数值，净现值是指投资方案所产生的现金净流量按照一定的折现率折现之后与原始投资额现值的差额。在 Excel 中，PV 函数的功能是返回某项投资的现值；NPV 函数的功能是通过使用贴现率以及一系列未来支出和收入，返回一项投资的净现值；XNPV 函数的功能是返回一组不定期发生的现金流的净现值。

PV、NPV、XNPV 函数的语法、参数及参数含义见下表。

函数	表达式	参数含义
PV()	PV(rate,nper,pmt,fv,type)	参数 rate 为各期利率；nper 为总投资期；pmt 为各期所应支付的金额；fv 表示最后一次支付后希望得到的现金余额；type 用以指定各期的付款时间是期初还是在期末
NPV()	NPV(rate,value1,value2,value3,…)	参数 rate 为某一期间的贴现率，相当于竞争投资的利率；另外还有 1 ～ 29 个可选参数 value1，value2，……代表支出和收入
XNPV()	XNPV(rate,values,dates)	参数 rate 表示现金流的贴现率；values 表示与 dates 中的支付时间相对应的一系列现金流；dates 表示与现金流支付相对应的支付日期表

159

假设企业同时也开展了项目B，但项目B的资金需要向银行贷款，接下来，根据原始文件中的计算模型，计算企业能获得的贷款金额，以及根据预计回报与现金流量计算该项投资的净现值，从而判断该项投资是否值得。

步骤01 计算最高贷款金额。继续上小节中的工作簿，❶切换至"现值计算"工作表，❷选中C7单元格，在编辑栏中输入公式"=PV(C4,C6,-C5*12)"，按下【Enter】键，计算出企业目前可贷的最高金额，如下图所示。

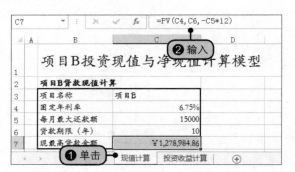

步骤03 判断投资是否值得。选中C19单元格，在编辑栏中输入公式"=IF(C18>B11,"值得","不值得")"，按下【Enter】键，判断此项投资是否值得，如下图所示。

步骤05 判断投资是否值得。选中C32单元格，在编辑栏中输入公式"=IF(C31>0,"值得投资","不值得投资")"，按下【Enter】键，判断此项投资是否值得，如右图所示。

步骤02 计算净现值。选中C18单元格，在编辑栏中输入公式"=NPV(C11,E11:E17)"，按下【Enter】键，根据表格中的已知数据计算出项目B产生的净现值，如下图所示。

步骤04 计算净现值。选中C31单元格，在编辑栏中输入公式"=XNPV(C23,E23:E30,D23:D30)"，按下【Enter】键，计算该项目产生的净现值，如下图所示。

11.1.3 使用IRR函数计算现金流的内部收益率

内部收益率是在考虑了时间价值的情况下，使一项投资在未来产生的现金流量现值刚好等于投资成本时的收益率。它是进行盈利能力分析时采用的主要方法之一，内部收益率越高，说明企业投入的成本相对较少，但获得的收益却相对较多。

Excel 中使用函数 IRR 来计算现金流的内部收益率，与 IRR 函数类似的还有 XIRR 和 MIRR，XIRR 函数用来返回不定期发生现金流的内部收益率，而 MIRR 函数则用来返回现金流的修正内部收益率。它们的函数语法、参数及参数含义见下表。

函数	表达式	参数含义
MIRR()	MIRR(values,finance_rate, reinvest_rate)	参数 values 为数组类型，表示用来计算返回的内部收益率的数字；finance_rate 表示现金流中使用的资金支付的利率；reinvest_rate 表示将现金流再投资的收益率
XIRR()	XIRR(values,dates,guess)	values 表示与 dates 中的支付时间相对应的一系列现金流；dates 表示与现金流支付相对应的支付日期表；guess 为对函数 XIRR 计算结果的估计值，如果省略，则默认为 0.1

假定已知企业的某项新项目投资总额和投资前几年的预计收入，现需要计算不同投资期的内部收益率、修正内部收益率和不定期现金流的内部收益率。

步骤01 计算投资1年后的内部收益率。继续上小节中的工作簿，❶切换至"投资收益计算"工作表，❷选中 E6 单元格，在编辑栏中输入公式"=IRR(C3:C4)"，按下【Enter】键，计算投资1年后的内部收益率，计算结果为负，说明该项目1年后还处于亏损状态，如下图所示。

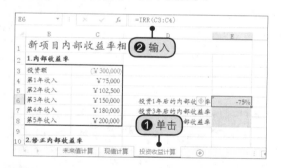

步骤02 计算投资3年后的内部收益率。选中 E7 单元格，在编辑栏中输入公式"=IRR(C3:C6)"，按下【Enter】键，计算投资3年后的内部收益率，计算结果为正数，说明3年后开始盈利，如下图所示。

步骤03 计算投资5年后的内部收益率。选中 E8 单元格，在编辑栏中输入公式"=IRR(C3:C8)"，按下【Enter】键，计算投资5年后的内部收益率，计算结果为31%，说明在投资5年后已有31%的盈利，如下图所示。

步骤04 计算3年后的修正内部收益率。选中 E11单元格，在编辑栏中输入公式"=MIRR(C3:C6,C11,C12)"，按下【Enter】键，计算投资3年后的修正内部收益率，计算结果为5%，说明现金再投资后收益率为5%，如下图所示。

步骤05 计算5年后的修正内部收益率。选中E12单元格，在编辑栏中输入公式"=MIRR(C3:C8,C11,C12)"，按下【Enter】键，计算投资5年后的修正内部收益率，计算结果为21%，说明在投资5年后，现金流的再投资收益率为21%，如下图所示。

步骤06 计算内部收益率。选中E22单元格，在编辑栏中输入公式"=XIRR(C17:C24,B17:B24)"，按下【Enter】键，计算结果为11%，说明该不定期现金流的内部收益率为11%，如下图所示。

E12	fx	=MIRR(C3:C8,C11,C12)

	B	C		E
2	**1.内部收益率**		输入	
3	投资额	(¥300,000)		
4	第1年收入	¥75,000		
5	第2年收入	¥102,500		
6	第3年收入	¥150,000	投资1年后的内部收益率	-75%
7	第4年收入	¥180,000	投资3年后的内部收益率	4%
8	第5年收入	¥200,000	投资5年后的内部收益率	31%
9				
10	**修正内部收益率**			
11	贷款年利率	8.55%	投资3年后的修正内部收益率	5%
12	再投资收益率	6.85%	投资5年后的修正内部收益率	21%

E22	fx	=XIRR(C17:C24,B17:B24)

	B	C		E
14	**3.不定期现金流的内部收益率**		输入	
15	投资额	(¥300,000)		
16	日期	现金流		
17	2014/1/18	(¥300,000)		
18	2014/5/18	0		
19	2014/9/18	5000		
20	2015/1/18	12000		
21	2015/6/20	28000		
22	2015/10/26	92000	内部收益率	11%
23	2015/7/29	102000	定期存款利率	
24	2016/2/5	118920	该项目是否值得投资	

步骤07 判断投资是否值得。选中E24单元格，在编辑栏中输入公式"=IF(E22>E23,"值得投资","不值得投资")"，按下【Enter】键，判断此项投资是否值得，如右图所示。

E24	fx	=IF(E22>E23,"值得投资","不值得投资")

	B	C		E
14	**3.不定期现金流的内部收益率**		输入	
15	投资额	(¥300,000)		
16	日期	现金流		
17	2014/1/18	(¥300,000)		
18	2014/5/18	0		
19	2014/9/18	5000		
20	2015/1/18	12000		
21	2015/6/20	28000		
22	2015/10/26	92000	内部收益率	11%
23	2015/7/29	102000	定期存款利率	6.25%
24	2016/2/5	118920	该项目是否值得投资	值得投资

知识补充

在计算内部收益率时应注意，企业的投资为一种支出，应使用负数的形式输入，而收入则使用正数表示。计算结果得到的内部收益率，负数则表示亏损，还未完全收回成本，正数则表示企业的盈利。

11.2 企业贷款与偿还相关计算

在现代社会，企业要发展，只靠自有资金通常是不行的，还需要利用向银行贷款等方式筹备资金。如果企业要向银行贷款，在贷款金额和利率固定的情况下，可以根据自身的还款能力来选择最优的贷款方案。

原始文件：下载资源\实例文件\第11章\原始文件\企业贷款与偿还相关计算.xlsx
最终文件：下载资源\实例文件\第11章\最终文件\企业贷款与偿还相关计算.xlsx

11.2.1 使用PMT函数计算每期偿还额

PMT函数的功能是基于固定利率及等额分期付款方式，在已知企业贷款总额、利率和贷款期限的情况下，返回贷款的每期付款额。

PMT函数的语法、参数及参数含义见下表。

函数	表达式	参数含义
PMT()	PMT(rate,nper,pv,fv,type)	参数 rate 指贷款利率；nper 指该项贷款的付款总期数；pv 指现值，或一系列未来付款的当前值的累积和，也称为本金；fv 为未来值，或在最后一次付款后希望得到的现金余额，如果省略 fv，则假设其值为零，也就是一笔贷款的未来值为零；type 为数字 0 或 1，用以指定各期的付款时间是在期初还是期末

已知企业欲贷款 20 万元，每年的偿还能力在 5 万～5.5 万之间，现需要计算企业在固定利率和固定年限下每期的还款金额。然后使用双变量模拟运算表，在可变的利率和贷款年限下选择最佳的贷款方案。

步骤01 设置公式计算每期贷款金额。打开原始文件，选中 B5 单元格，在编辑栏中输入公式"=PMT(B4,B3,B2)"，按下【Enter】键，计算每年需偿还的金额，如下图所示。

步骤02 为模拟运算表设置及公式。选中 C9 单元格，在编辑栏中输入公式"=PMT($B$4,$B$3,$B$2)"，按下【Enter】键，为模拟运算表设置好计算模型，如下图所示。

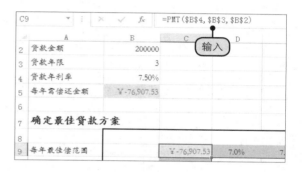

步骤03 单击"模拟运算表"选项。❶选中 C9:H16 单元格区域，❷切换到"数据"选项卡，在"数据工具"组中单击"模拟分析>模拟运算表"选项，如下图所示。

步骤04 设置模拟运算表参数。在弹出的"模拟运算表"对话框中，❶设置"输入引用行的单元格"为 B4 单元格，设置"输入引用列的单元格"为 B3 单元格，❷然后单击"确定"按钮，如下图所示。

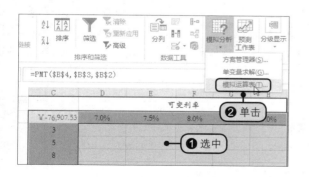

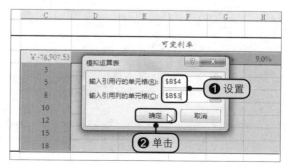

步骤05 显示模拟运算结果。随后表格中会显示双变量模拟运算结果，然后可以根据企业的具体情况选择最佳的贷款方案，首先选中D10:H16单元格区域，如下图所示。

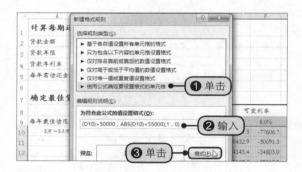

步骤07 设置条件格式规则。❶在"新建格式规则"对话框中选择"使用公式确定要设置格式的单元格"，❷在"为符合此公式的值设置格式"框中输入公式"=IF(AND(ABS(D10)>50000,ABS(D10)<55000),1,0)"，❸然后单击"格式"按钮，如下图所示。

步骤09 突出符合条件的区域。返回工作表中，此时在模拟运算结果区域会使用黄色填充色突出显示月还款金额在5万～5.5万元的单元格区域，企业可以选择的贷款年限为5年，贷款利率为8%、8.5%或9%，如右图所示。

知识补充

模拟运算表结果为数组，如果试图单独对其中的某个值进行编辑，屏幕上会显示错误提示。

步骤06 新建规则。❶切换到"开始"选项卡，单击"样式"组的"条件格式"按钮，❷在展开的下拉列表中单击"新建规则"选项，如下图所示。

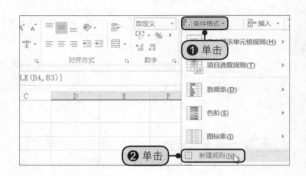

步骤08 设置填充颜色。弹出"设置单元格格式"对话框，❶切换到"填充"选项卡，❷设置填充色为"黄色"，如下图所示，然后单击"确定"按钮，返回"新建格式规则"对话框，继续单击"确定"按钮。

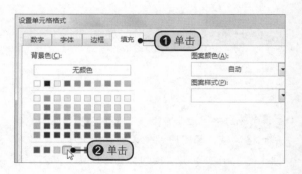

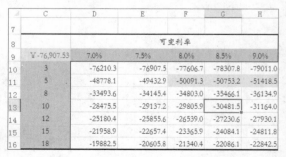

11.2.2　使用PPMT和IPMT函数计算还款本金和利息

PPMT 和 IPMT 函数的功能是基于固定利率及等额分期付款方式下，返回给定期数内对投资的本金偿还额和利息偿还额。PPMT 和 IPMT 函数的语法、参数及参数含义见下表。

函数	表达式	参数含义
PPMT()	PPMT(rate,per,nper,pv,fv,type)	参数 rate 指贷款利率；per 用于计算其利息或本金数的期数；nper 指该项贷款的付款总期数；pv 指现值，或一系列未来付款的当前值的累积和，也称为本金；fv 为未来值，或在最后一次付款后希望得到的现金余额，如果省略 fv，则假设其值为零，也就是一笔贷款的未来值为零；type 为数字 0 或 1，用以指定各期的付款时间是在期初还是期末
IPMT()	IPMT(rate,per,nper,pv,fv,type)	

接下来使用 PPMT 和 IPMT 函数按企业选择的贷款方案计算每期还款本金和利息。

步骤01 选择贷款方案。根据上一节的条件格式设置结果，假设企业最终选择的贷款金额为 20 万元、贷款年限为 5 年，贷款利率为 8%。在 B21:B23 单元格区域中输入相关单元格的引用，如下图所示。

步骤02 设置公式计算各期应付本金。❶选中 C26 单元格，在编辑栏中输入公式 "=PPMT($B$23/12, $B26,$B$22*12,$B$21)"，按下【Enter】键，❷然后向下复制公式至 C37 单元格，计算 "第1月" 至 "第12月" 各月应付的本金，如下图所示。

步骤03 设置公式计算应付利息。❶选中 C38 单元格，在编辑栏中输入公式 "=PPMT($B$23, $B38,$B$22,$B$21)"，❷按下【Enter】键，然后复制公式至 C39，计算第1年和第2年应付本金数额，如下图所示。

步骤04 设置公式计算各月应付利息。❶选中 D26 单元格，在编辑栏中输入公式 "=IPMT($B$23/12, $B26,$B$22*12,$B$21)"，❷按下【Enter】键，然后向下复制公式至 D37 单元格，计算各月应付利息数，如下图所示。

步骤05 以年为单位计算应付利息。❶选中 D38 单元格，在编辑栏中输入公式 "=IPMT($B$23,$B38, $B$22,$B$21)"，❷按下【Enter】键，然后复制公式至 D39 单元格，计算第1年和第2年应付的利息数，如右图所示。

步骤06 计算本利和。❶选中E26单元格，在编辑栏中输入公式"=C26+D26"，❷按下【Enter】键，然后向下复制公式，计算各期的本利和，如右图所示。

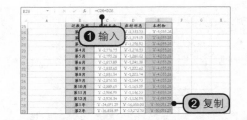

 知识补充

在使用PPMT和IPMT函数时，注意时间应统一使用"年"或"月"。本例中还应注意，"还款期数"列中的数据实际上为数值，使用了自定义格式显示文本内容。

 知识补充

仔细观察会发现，在本例中，使用PPMT计算的第1年的本金偿还额并不等于第1月至第12月的合计数，同样的，使用IPMT计算的第1年的利息金额也不等于第1月至第12月的利息合计数，这是为什么呢？难道公式出了错误吗？

其实公式本身并没有错误，造成这种现象的原因是使用月利率计算各月还款本金和利息时，需要先将年利率除以12换算为月利率，小数位数的精确度可能会导致运算结果出现一些差异，因此12个月的合计和直接计算出的第1年的数据会存在一些差异。但是，如果将整个贷款期间所有的月份合计数和所有的年份合计数进行比较就会发现，无论是本金还是利息，它们的合计都是一致的。

11.2.3 使用CUMPRINC、CUMIPMT函数计算阶段本金和利息

在实际工作中，某些时候并不需要准确知道每一期的付款利息和本金，而是想要知道在某一段时间内企业应付的利息数和本金数，即阶段利息和阶段本金。Excel中有专门用来计算阶段本金和阶段利息的函数，分别是CUMPRINC和CUMIPMT函数。这两个函数的语法、参数及参数含义见下表。

函数	表达式	参数含义
CUMPRINC()	CUMPRINC(rate,nper,pv,start_period,end_period,type)	参数rate指贷款利率；nper指该项贷款的付款总期数；pv为现值；start_period和end_period分别表示计算期间的首期和末期；type用来指定还款的时间是在期初还是期末，为0表示在期末，为1则表示在期初
CUMIPMT()	CUMIPMT(rate,nper,pv,start_period,end_period,type)	

如果想知道还款的第8个月至第16个月总共应付的本金和利息，可以不必详细知道各期的数据，只需要这一阶段的数据就可以使用CUMPRINC和CUMIPMT函数来计算。

步骤01 计算连续几个月内应付本金数。继续上小节中的工作表，选中B43单元格，在编辑栏中输入公式"=CUMPRINC (B23/12,B22*12, B21,8,16,0)"，按下【Enter】键，计算第8月至16月间8个月内应付本金数，如右图所示。

步骤02 计算连续的几年间应付本金。选中B44单元格，在编辑栏中输入公式"=CUMPRINC(B23,B22,B21,3,5,0)"，按下【Enter】键，计算第3～5年期间内应付的本金数额，如下图所示。

步骤03 计算连续几个月内应付利息数。选中C43单元格，在编辑栏中输入公式"=CUMIPMT(B23/12,B22*12,B21,8,16,0)"，按下【Enter】键，计算连续几个月内应付的利息数，如下图所示。

步骤04 计算连续几年内应付利息数。选中C44单元格，在编辑栏中输入公式"=CUMIPMT(B23,B22,B21,3,5,0)"，按下【Enter】键，计算第3～5年应付利息数，如下图所示。

步骤05 计算本利和。❶选中D43单元格，在编辑栏中输入公式"=B43+C43"，❷按下【Enter】键，然后复制公式至D44单元格，得到不同阶段的本利和，如下图所示。

11.3 企业固定资产折旧计算

固定资产折旧是常见的财务问题，是计算固定资产在使用过程中因损耗而转移至产品中去的那部分价值。常见的折旧方法有平均年限法、固定余额递减法、年限总和法、双倍余额递减法等。Excel 中每种折旧方法都对应专门的函数，只需掌握这些函数的应用即可用不同方法计算折旧值。

原始文件：	下载资源\实例文件\第11章\原始文件\企业固定资产折旧计算.xlsx
最终文件：	下载资源\实例文件\第11章\最终文件\企业固定资产折旧计算.xlsx

11.3.1 使用SLN函数计算固定资产折旧额

SLN 函数是按平均年限法对固定资产进行折旧。平均年限法又称直线法，是指将固定资产的应计折旧额均衡地分摊到固定资产预计使用寿命内的一种方法，采用这种方法计算的每期折旧额均相等。SLN 函数的语法、参数及参数含义见下表。

函数	表达式	参数含义
SLN()	SLN(cost,salvage,life)	参数 cost 为资产原值，salvage 为资产残值，life 为折旧年限，可以以"月"或"年"为度量单位

在原始文件中，已创建好固定资产折旧表格并且输入了固定资产各项数据，接下来根据平均年限法计算固定资产折旧额。

步骤01 计算已计提月份。打开原始文件，❶切换至"固定资产折旧计算1"工作表，❷选中J6单元格，在编辑栏中输入公式"=IF(G6="报废",E6*12,IF(G6="当月新增",0,(YEAR($B$2)-YEAR(D6))*12+MONTH($B$2)-MONTH(D6)-1)))"，❸按下【Enter】键，然后向下复制公式，计算出各项资产已计提折旧月份数，如下图所示。

步骤02 计算月折旧额。❶选中K6单元格，在编辑栏中输入公式"=IF(OR(G6="报废",G6="当月新增"),0,SLN(C6,I6,E6*12))"，❷按下【Enter】键，然后向下复制公式，即可计算出各项资产的月折旧额，如下图所示。

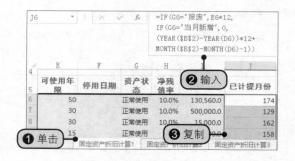

步骤03 计算本年应折旧月数。❶选中L6单元格，在编辑栏中输入公式"=IF(G6="报废",0,IF(AND(YEAR(D6)<YEAR($B$2),(YEAR($B$2)<YEAR(D6)+E6)),12,12-MONTH(D6)))"，❷按下【Enter】键，然后向下复制公式，计算各项固定资产本年应计提折旧的月份数，如下图所示。

步骤04 计算本年应折旧金额。❶选中M6单元格，在编辑栏中输入公式"=IF(L6=0,0,L6*SLN(C6,I6,E6*12))"，❷按下【Enter】键，向下复制公式，即可计算出各项资产本年应折旧金额，如下图所示。

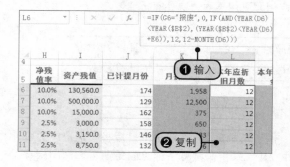

11.3.2 使用DB函数计算固定资产折旧额

固定余额递减折旧法是一种加速折旧法，即在预计使用年限内，将后期折旧的一部分移到前期，使前期折旧额大于后期折旧额。固定余额递减法折旧的计算公式为：

年折旧额＝（资产原值－前期折旧总值）× 固定的年折旧率

在 Excel 中，固定余额法折旧对应的函数为 DB 函数，该函数的语法在第 5 章已介绍过，下面直接讲解计算的步骤。

步骤01 计算月折旧额。继续上小节的工作簿，❶切换至"固定资产折旧计算2"工作表，❷选中K6单元格，在编辑栏中输入公式"=IF(OR(G6="报废",G6="当月新增"),0,DB(C6,I6, E6*12,(YEAR($B$2)-YEAR(D6))*12+MONTH($B$2)-MONTH(D6),12-MONTH(D6)+1))"，❸按下【Enter】键，然后向下复制公式，计算各项资产的月折旧额，如下图所示。

步骤02 计算年折旧额。❶选中M6单元格，在编辑栏中输入公式"=IF(G6="报废",0,DB(C6,I6,E6,YEAR($B$2)-YEAR(D6)+1,12-MONTH(D6)+1))"，❷按下【Enter】键，然后向下复制公式，计算出各项固定资产本年度应计提的折旧金额，如下图所示。

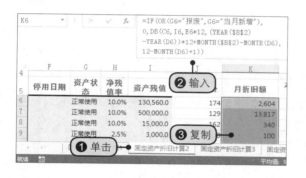

知识补充

在计算"已计提月份"和"本年应折旧月数"时与具体采用哪一种折旧方法无关，主要是 Excel 中日期函数的综合运用，公式与 11.3.1 小节相同，不再重复介绍。但是，在设置 DB 及后面介绍的其他折旧函数时，要先参照前面的公式计算出"已计提月份"和"本年应折旧月数"。

11.3.3 使用DDB函数计算固定资产折旧额

双倍余额递减法也是一种加速折旧法，即为双倍直线折旧率的余额递减法。双倍余额递减法以加速的比率计算折旧。折旧在第一阶段是最高的，在后继阶段中会减小。年折旧额的计算公式为：

年折旧额＝（固定资产原值－累计折旧额）×（余额递减速率 / 预计使用年限）

在 Excel 中，双倍余额递减法折旧对应的函数为 DDB 函数，它的语法、参数及参数含义见下表。

函数	表达式	参数含义
DDB()	DDB(cost,salvage,life,period,factor)	cost 指资产原值；salvage 指资产残值；life 指使用年限；period 为需要计算折旧值的期间；factor 为余额递减速率，如果省略，则默认为 2，此时采用双倍余额递减法

接下来使用 DDB 函数计算实例文件中的固定资产月折旧额和年折旧额。

步骤01 计算月折旧额。继续上小节打开的工作簿。❶切换至"固定资产折旧计算3"工作表，❷选中K6单元格，在编辑栏中输入公式"=IF(OR(G6="报废",G6="当月新增"),0,DDB(C6,I6,E6*12,(YEAR($B$2)-YEAR(D6))*12+MONTH($B$2)-MONTH(D6)))"，❸按下【Enter】键，然后向下复制公式，按双倍余额折旧法计算月折旧额，如下图所示。

步骤02 计算年折旧额。❶选中M6单元格，在编辑栏中输入公式"=IF(G6="报废",0,DDB(C6,I6,E6,YEAR($B$2)-YEAR(D6)+1))"，❷按下【Enter】键，然后向下复制公式，得到各项固定资产的年折旧额，如下图所示。

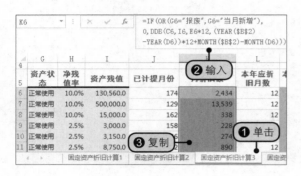

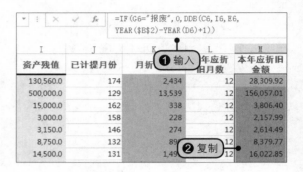

11.3.4 使用SYD函数计算固定资产折旧额

年限总和折旧法也是一种加速折旧法，它以固定资产的原始价值减去预计净残值后的余额乘以一个逐年递减的分数作为该期的折旧额。年折旧额的计算公式为：

年折旧额＝（固定资产原值－预计残值）×（尚可使用年数 / 年次数字的总和）

其中，年次数字的总和＝ life+(life-1)+(life-2)+···+1=(life×(life+1))/2。

在 Excel 中，年限总和折旧法对应的函数为 SYD 函数，它的语法、参数及参数含义见下表。

函数	表达式	参数含义
SYD()	SYD(cost,salvage,life,per)	cost 指资产原值，salvage 指资产残值，life 指使用年限，per 为需要计算折旧值的期间

接下来使用 SYD 函数计算实例文件中的固定资产月折旧额和年折旧额。

步骤01 计算月折旧额。继续上小节打开的工作簿，❶切换至"固定资产折旧计算4"工作表，❷选中K6单元格，在编辑栏中输入公式"=IF(OR(G6="报废",G6="当月新增"),0,SYD(C6,I6,E6*12,(YEAR($B$2)-YEAR(D6))*12+MONTH($B$2)-MONTH(D6)))"，❸按下【Enter】键，然后向下复制公式，得到按年限总和法计算的固定资产折旧的月折旧额，如右图所示。

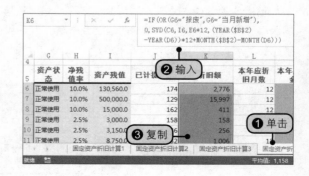

步骤02 计算年折旧额。❶选中M6单元格，在编辑栏中输入公式"=IF(G6="报废",0,SYD(C6,I6,E6,YEAR ($B$2)-YEAR(D6)+1))"，❷按下【Enter】键，然后向下复制公式，得到按年限总和法计算的各项固定资产的年折旧额，如右图所示。

11.3.5 使用VDB函数计算固定资产折旧额

与固定余额递减法对应的还有可变余额递减法。可变余额递减法是指以不同倍率的余额递减速率，计算一段时期内资产折旧额的方法，双倍余额递减法是其中的一个特例，相当于将余额递减速度设置为2。

在 Excel 中，可变余额递减折旧法对应的函数为 VDB 函数，它的语法、参数及参数含义见下表。

函数	表达式	参数含义
VDB()	VDB(cost,salvage,life,start_period,end_period,factor,no_switch)	该函数一共7个参数：cost 指资产原值；salvage 为资产残值；life 为使用年限；start_period 为进行折旧计算的起始期间，必须与 life 的单位相同；end_period 为进行折旧计算的截止期间，其单位也必须与 life 的单位相同；factor 为余额递减速率，也可称为折旧因子，如果省略该参数，则默认为2；no_switch 为一逻辑值，指定当折旧值大于余额递减计算值时，是否转用直线折旧法，该值如果为 TRUE，表示即使折旧值大于余额递减计算值，也不转用直线折旧法，如果为 FALSE 或省略，且折旧值大于余额递减计算值时，Excel 将转用线性折旧法

接下来使用 VDB 函数计算实例文件中的固定资产月折旧额和年折旧额。

步骤01 计算月折旧额。继续上小节中打开的工作簿，❶切换至"固定资产折旧计算5"工作表，❷选中K6单元格，在编辑栏中输入公式"=IF(OR(G6="报废",G6="当月新增"),0,VDB(C6,I6,E6*12,J6,(YEAR($B$2)-YEAR (D6))*12+MONTH($B$2)-MONTH(D6)))"，❸按下【Enter】键，然后向下复制公式，计算可变余额法折旧的月折旧额，如下图所示。

步骤02 计算年折旧额。❶选中M6单元格，在编辑栏中输入公式"=IF(G6="报废",0,VDB(C6,I6,E6,YEAR($B$2)-YEAR(D6),YEAR($B$2)-YEAR(D6)+1))"，❷按下【Enter】键，然后向下复制公式，得到可变余额折旧法计算的各项固定资产的年折旧额，如下图所示。

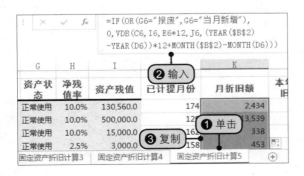

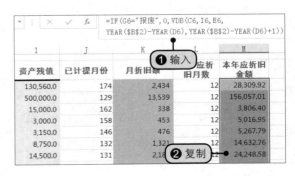

函数在生产管理中的应用

第12章

　　没有生产就没有销售，也就没有一切的商业活动，所以生产是商业活动的源头。通常，生产中的数据量都很庞大，运用 Excel 中的函数对生产过程中的库存、生产排程、生产订单等进行管理，有助于企业实现科学化的管理，提高生产效率，节省生产时间。

本章知识点

- AVERAGE函数
- PERCENTRANK.INC函数
- 数组公式
- 在条件格式中使用公式
- TODAY、VLOOKUP函数
- LARGE、SMALL函数
- IF、NOW 函数

12.1 生产库存管理中的相关计算

　　生产库存是指直接消耗性物资的库存，它是为了保证企业、事业单位能够不间断地供应而储存的物资。随着互联网、ERP、电子商务等信息技术在企业中的应用，单个企业之间的竞争演变为供应链之间的竞争，如何设置和维持一个合理的库存水平，以平衡存货不足带来的短缺风险和损失以及库存过多所增加的仓储成本和资金成本，成为所有企业必须解决的问题。

| 原始文件： | 下载资源\实例文件\第12章\原始文件\生产库存管理中的相关计算.xlsx |
| 最终文件： | 下载资源\实例文件\第12章\最终文件\生产库存管理中的相关计算.xlsx |

12.1.1　使用AVERAGE等函数计算安全库存量

　　安全库存量是指除了预计将要使用的库存量，还留在库里的适当库存。当库存量低于安全库存量时，企业应及时订货，否则就可能库存不足，引发生产材料短缺问题。在 Excel 中并没有专门的安全库存量计算函数，因为它的算法并不复杂，使用数学计算等函数就可以计算出来，如 AVERAGE 函数。

　　AVERAGE 函数的作用是计算所有包含数值数据的单元格的平均值，而 AVERAGEA 函数则可计算所有非空单元格的平均值。同样的，MIN 函数可计算所有数值数据单元格的最小值，而 MAX 函数则可计算所有数值数据单元格的最大值。它们的语法、参数及参数含义见下表。

函数	表达式	参数含义
AVERAGE()	AVERAGE(number1,number2,…)	它的参数个数可选，在 1 ~ 255 个之间
AVERAGEA()	AVERAGEA(value1,value2,…)	它的参数个数可选，在 1 ~ 255 个之间
MIN()	MIN(number1,number2,…)	它的参数个数可选，在 1 ~ 255 个之间

函数	表达式	参数含义
MAX()	MAX(number1,number2,…)	它的参数个数可选，在 1 ～ 255 个之间

已知某企业生产过程中要使用到的 5 种原材料在某年 1 月—12 月之间的用量，现需要根据该年度的统计数据计算出每种材料的日安全库存量。日安全库存量的计算公式为：

$$日安全库存量 = 平均日用量 \times 采购前置期（天数）$$

计算日安全库存量的具体操作步骤如下。

步骤01 计算最小月用量。打开原始文件，❶单击"安全库存表"工作表标签，❷选中F12单元格，在编辑栏中输入公式"=MIN(B3:M3)"，❸再向下复制公式，计算最小月用量，如下图所示。

步骤02 计算月平均用量。❶选中G12单元格，在编辑栏中输入公式"=AVERAGE(B3:M3)"，❷然后向下复制公式，计算出月平均用量，如下图所示。

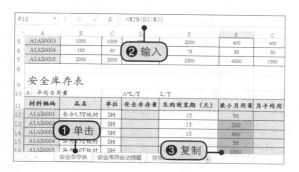

步骤03 计算最大月用量。选中H12单元格，在编辑栏中输入公式"=MAX(B3:M3)"，❷然后向下复制公式，计算最大月用量，如下图所示。

步骤04 计算安全库存量。❶选中D12单元格，在编辑栏中输入公式"=G12/30*E12"，❷然后向下复制公式，计算日安全库存量，如下图所示。

步骤05 设置数字格式后的表格效果。为计算过的数据设置"数值"格式，不保留小数位数，即可得到如右图所示的表格效果。

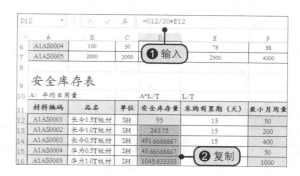

12.1.2 使用条件格式设置安全库存提醒

在 Excel 中计算出安全库存量后，可以使用条件格式规则设置安全库存自动提醒，当实际库存数等于或小于安全库存数时，突出显示单元格，以提醒工作人员。

步骤01 引用安全库存数据。继续上小节打开的工作簿，①切换至"安全库存自动提醒"工作表，②选中E3单元格，在编辑栏中输入公式"=VLOOKUP(A3,安全库存表!A11:H16,4,FALSE)"，③然后向下复制公式，引用安全库存量，如下图所示。

步骤02 新建规则。①选中D3:D7单元格区域，②切换到"开始"选项卡，单击"样式"组中的"条件格式"按钮，③在展开的列表中单击"新建规则"选项，如下图所示。

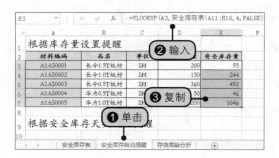

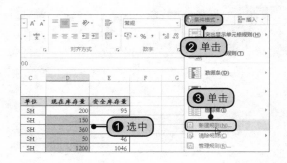

步骤03 设置公式。①在弹出的"新建格式规则"对话框中选择"使用公式确定要设置格式的单元格"选项，②在文本框中输入公式"=IF(D3<=E3,1,0)"，③单击"格式"按钮，如下图所示。

步骤04 设置填充色。单击"设置单元格格式"对话框中"填充"选项卡下的"红色"选项，如下图所示，然后返回"新建格式规则"对话框，单击"确定"按钮。

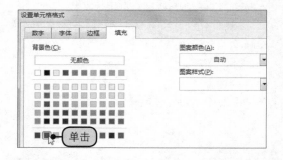

步骤05 显示条件格式运算结果。返回工作表，此时库存量小于或等于安全库存量的单元格显示为红填充色，如下图所示。

步骤06 选择条件格式。①选中C16:G16单元格区域，②单击"条件格式"按钮，③在展开的列表中单击"突出显示单元格规则>大于"选项，如下图所示。

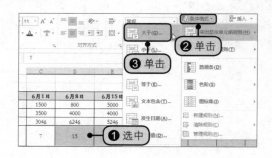

步骤07 设置条件格式规则。❶在"大于"对话框中的文本框中输入"20"，❷在"设置为"下拉列表中选择"黄填充色深黄色文本"，❸然后单击"确定"按钮，如下图所示。

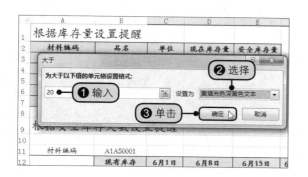

步骤08 选择条件格式。❶再次在"样式"组单击"条件格式"按钮，❷在展开的列表中单击"突出显示单元格规则>小于"选项，如下图所示。

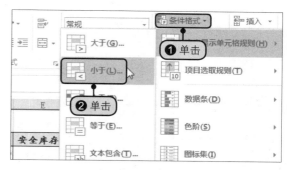

步骤09 设置条件格式规则。❶在"小于"对话框中的文本框中输入"10"，❷在"设置为"下拉列表中选择"浅红填充色深红色文本"，❸然后单击"确定"按钮，如下图所示。

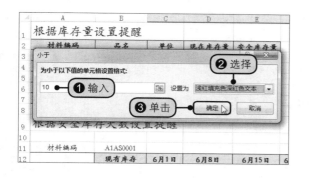

步骤10 选择条件格式。❶再次在"样式"组单击"条件格式"按钮，❷在展开的列表中单击"突出显示单元格规则>介于"选项，如下图所示。

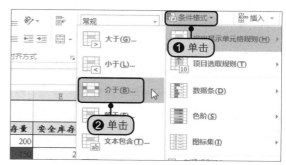

步骤11 设置条件格式规则。❶在"介于"对话框中分别输入"10"和"20"，❷在"设置为"下拉列表中选择"自定义格式"选项，如下图所示。

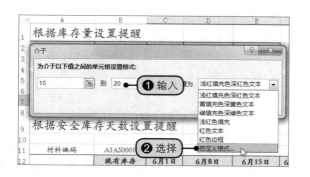

步骤12 自定义格式。❶在弹出的"设置单元格格式"对话框中切换到"填充"选项卡，❷然后单击"浅绿色"选项，如下图所示，单击"确定"按钮后返回"介于"对话框，继续单击"确定"按钮。

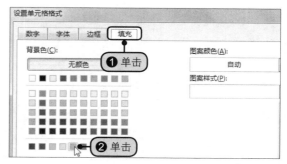

步骤13 条件格式运算结果。最后可在表格下方空白处设置各个区间对应的填充色，以便于区分，即可看到库存天数小于10天的单元格会填充为浅红色，介于10～20天之间的会填充为浅绿色，而大于20天以上的则填充为黄色，如右图所示。

根据安全库存天数设置提醒					
材料编码	A1AS0001				
	现有库存	6月1日	6月8日	6月15日	6月22日
需求		1500	800	5000	3000
供应		3500	4000	4000	200
结余		3046	6246	5246	2446
安全库存天数(DSI)		7	15	22	18
正常库存天数：10~20天					
低库存：小于10天			设置		
高库存：大于20天					

高效实用技巧：清除条件格式

在对单元格或单元格区域设置好条件格式规则后，如果不再需要按条件格式规则显示单元格分析时，可以将单元格或单元格区域中的条件格式清除。

单击"条件格式"按钮，在展开的下拉列表中单击"清除规则"选项，如果要清除所选单元格的规则，在级联菜单中单击"清除所选单元格的规则"选项；如果要清除工作表中所有的条件格式规则，单击"清除整个工作表的规则"选项，如右图所示。

12.1.3 使用TODAY、VLOOKUP函数进行库龄分析

库龄可理解为对现有库存物料从入库日起到所指定日期之间的时间间隔。通过库龄分析可以查看每一批物品的库龄、失效日期、保质期，有效地对存货信息进行结构分析，及时准确掌握库存构成，防止某些存货积压或断料的情况发生。

假设企业将库存按天数分为几个区间：小于15天，15～30天，30～60天，60～90天，90～180天，180～360天，360天以上，接下来对库龄进行分析，操作步骤如下。

步骤01 创建库存区间表格。继续上小节中打开的工作簿，❶切换至"存货库龄分析"工作表，❷在F2:G9单元格区域中创建库龄区间表，输入日期下限值和对应的区间，如下图所示。

步骤02 计算库龄。❶选中C3单元格，在编辑栏中输入公式"=TODAY()-B3"，❷按下【Enter】键后向下复制公式，计算出库龄天数，如下图所示。

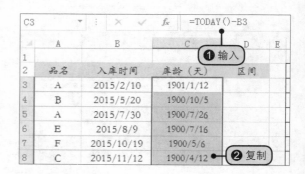

步骤03 设置数字格式。选中步骤02中计算出的库龄单元格区域，打开"设置单元格格式"对话框，❶单击"数字"选项卡下"分类"列表框中的"数值"选项，❷然后设置"小数位数"为"0"，如下图所示。

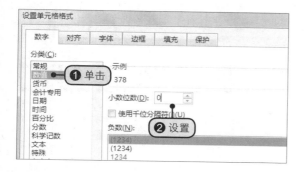

步骤05 插入数据透视表。切换到"插入"选项卡，单击"表格"组中的"数据透视表"按钮，如下图所示。

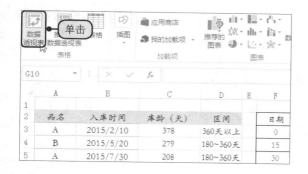

步骤07 添加字段。此时工作表中插入了一个空白的数据透视表，❶在右侧弹出的"数据透视表字段"窗格中勾选"区间"和"品名"字段，❷然后右击"品名"字段，❸在弹出的快捷菜单中单击"添加到值"命令，如下图所示。

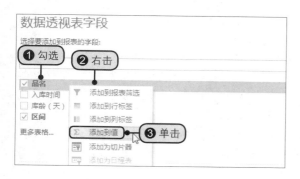

步骤04 设置公式划分区间。单击"确定"按钮，返回工作表中，❶选中D3单元格，在编辑栏中输入公式"=VLOOKUP(C3,$F$3:$G$9,2,TRUE)"，❷然后向下复制公式，根据库龄天数计算出对应的区间，如下图所示。

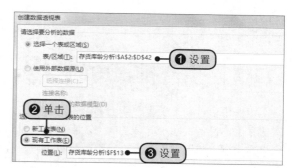

步骤06 选择数据源和位置。❶在"创建数据透视表"对话框中设置"表/区域"为"存货库龄分析!$A$2:$D$42"，❷单击"现有工作表"单选按钮，❸设置"位置"为"存货库龄分析!$F$13"，如下图所示，单击"确定"按钮。

步骤08 显示添加后的字段位置。即可看到"区间"和"品名"字段被添加到"行标签"区域，且"品名"字段也被添加到了"值"区域，此时Excel会自动使用计数方式对"品名"字段进行汇总，如下图所示。

Excel 2016公式、函数与图表从入门到精通

步骤09 隐藏明细数据。如果只是想显示每一种库龄区间对应的品名数量，可以单击行标签字段中区间前面的减号按钮，使之变为加号，可以隐藏明细数据，只显示汇总行，如下图所示。

	B	C	D	E	F	G
10	2015/11/18	97	90~180天			
11	2015/11/21	94	90~180天			
12	2015/11/24	91	90~180天			
13	2015/11/27	88	60~90天		行标签	计数项:品名
14	2015/11/30	85			⊞15~30天	5
15	2015/12/3	82	60~90天		⊞180~360天	3
16	2015/12/6	79	60~90天		⊞30~60天	10
17	2015/12/9	76	60~90天		⊞360天以上	1
18	2015/12/12	73	60~90天		⊞60~90天	10
19	2015/12/15	70	60~90天		⊞90~180天	6
20	2015/12/18	67	60~90天		⊞小于15天	5
21	2015/12/21	64	60~90天		总计	40
22	2015/12/24	61	60~90天			

步骤11 数据透视表的最终效果。得到最终的数据透视表效果，使用黑色填充色突出显示透视表首行和总计行，如右图所示。

步骤10 选择数据透视表样式。单击"数据透视表工具 - 设计"选项卡下的"数据透视表样式"快翻按钮，在展开的库中的"中等深浅"分组中选择一种数据透视表样式，如下图所示。

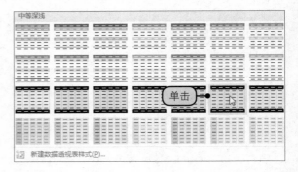

	B	C	D	E	F	G
10	2015/11/18	97	90~180天			
11	2015/11/21	94	90~180天			
12	2015/11/24	91	90~180天			
13	2015/11/27	88	60~90天		行标签	计数项:品名
14	2015/11/30	85			⊞15~30天	5
15	2015/12/3	82			⊞180~360天	3
16	2015/12/6	79			⊞30~60天	10
17	2015/12/9	76			⊞360天以上	1
18	2015/12/12	73			⊞60~90天	10
19	2015/12/15	70			⊞90~180天	6
20	2015/12/18	67			⊞小于15天	5
21	2015/12/21	64			总计	40
22	2015/12/24	61				

12.2 生产排程中的相关计算问题

生产排程是在考虑生产能力和设备的前提下，在物料数量一定的情况下，安排和优化生产顺序，合理选择生产设备，减少等待的时间，平衡各机器和工人的生产负荷，从而优化产能，提高生产效率，缩短生产周期。简而言之，生产排程就是将生产任务分配至生产资源的过程。

原始文件：下载资源\实例文件\第12章\原始文件\生产排程中的相关计算问题.xlsx
最终文件：下载资源\实例文件\第12章\最终文件\生产排程中的相关计算问题.xlsx

12.2.1 使用PERCENTRANK.INC函数对库存商品进行ABC分类

ABC分类法又称重点管理法，是根据事物在技术经济方面的主要特征进行分类排队，分清重点和一般，从而有区别地确定管理方式的一种分析方法。它把被分析的对象分成A、B、C三类，所以称为ABC分类法。

ABC库存分类法的组织方法和依据是：按一定的标准，如储备占用资金的多少，将库存物资顺序排列，计算出每种物资的资金占全部库存物资的比率，并逐项进行累积，相应地求出累积项数占总数的百分比，然后将全部库存物资分为A、B、C三类，A类物资项数约为10%，所占资金约为70%；C类物资项数约为70%，所占资金约为10%；其余为B类物资，其项数与所占资金均为20%。

PERCENTRANK.INC函数的功能是返回特定数值在一个数据集中的百分比排位，此处百分比值的范围为0～1。此函数可用于计算特定数据在数据集中所处的位置，例如计算某个特定的能力测试得分

在所有的能力测试得分中的位置。与之类似，Excel 还有另一个函数 PERCENTRANK.EXE，它用来返回数值在一个数据集中的百分比排位，它们的语法、参数及参数含义见下表。

函数	表达式	参数含义
PERCENTRANK.INC()	PERCENTRANK.INC (array,x,[significance])	参数 array 是必需的，用来定义相对位置的数值数组或数值数据区域；x 也是必需的，用来指定想要知道其排位的值；significance 为可选参数，用来确定返回的百分比值的有效位数，省略则使用 3 位小数。如果数组为空或 significance<1，函数返回错误值 #NUM!
PERCENTRANK.EXE()	PERCENTRANK.EXE (array,x,[significance])	

在本例中还会使用到 Excel 中的函数 RANK，它的作用是返回一个数字在数字列表中的排位，它的语法、参数及参数含义见下表。

函数	表达式	参数含义
RANK()	RANK(number,ref,order)	参数 number 表示需要排位的数字；ref 表示数字列表数组或对数字列表的引用；order 表示排序方式，为 0 或省略代表降序，不为 0 则代表升序

步骤01 设置公式排序。打开原始文件，❶切换至"ABC分类法"工作表中，❷选中D3单元格，在编辑栏中输入公式"=RANK(C3,$C$3:$C$39)"，❸然后向下复制公式，如下图所示。

步骤02 输入公式进行分类。❶选中E3单元格，在编辑栏中输入公式"=HLOOKUP(PERCENTRANK.INC($C$3:$C$39,C3,2),{0,0.4,0.8;"C","B","A"},2)"，❷拖动E3单元格右下角的填充柄，向下复制公式，完成对其余材料的ABC分类，如下图所示。

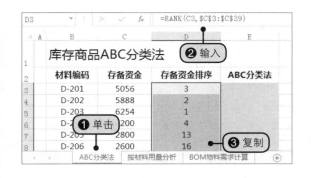

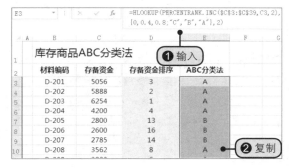

知识补充

　　本节在介绍 ABC 分类时使用了 HLOOKUP 函数，公式"=HLOOKUP(PERCENTRANK.INC ($C$3:$C$39,C3,2),{0,0.4,0.8;"C","B","A"},2)"中使用了数组常量给出分类的标准，在输入该公式时，就需要手动输入花括号"{ }"。但是如果需要生成数组公式，数组公式两端的花括号则不需要手动输入，只需要按下【Ctrl+ Shift + Enter】组合键，系统会自动在公式首尾添加花括号。

12.2.2 使用LARGE和SMALL函数计算物料用量

LARGE 函数和 SMALL 函数分别按照条件返回最大值和最小值。它们的语法、参数及参数含义见下表。

函数	表达式	参数含义
LARGE()	LARGE(array,k)	参数 array 表示需要进行选择的数组或数组区域，k 表示返回值在数组或数据单元格区域中的位置
SMALL()	SMALL(array,k)	

已知某生产单位一些材料的月平均用量，如果需要分别按月平均用量来对材料进行升序排序和降序排序，同时又希望不影响排序之前的表格，可以使用 LARGE 函数和 SMALL 函数来实现，具体操作方法如下。

步骤01 切换工作表。继续上小节打开的工作簿，切换至"按材料用量分析"工作表，可以看到该工作表中已经创建好了用量降序排序和用量升序排序两个需要计算数据的表格，如下图所示。

步骤02 设置公式按用量排序降序。❶选中F3单元格，在编辑栏中输入公式"=LARGE($D$3:$D$20,ROW(A1))"，❷按下【Enter】键后向下复制公式，按降序对月平均用量进行排序，如下图所示。

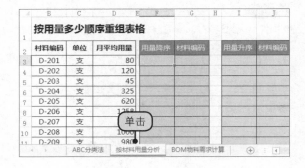

步骤03 引用材料编码。❶选中G3单元格，在编辑栏中输入公式"=INDEX($B$3:$B$20,MATCH(F3,$D$3:$D$20,0))"，❷按下【Enter】键后向下复制公式，根据用量顺序引用材料编码，如下图所示。

步骤04 按用量升序排序。❶选中I3单元格，在编辑栏中输入公式"=SMALL($D$3:$D$20,ROW(A1))"，❷按下【Enter】键后向下复制公式，按升序对月平均用量进行排序，如下图所示。

步骤05 引用材料编码。❶选中J3单元格，在编辑栏中输入公式"=INDEX($B$3:$B$20,MATCH(I3,$D$3:$D$20,0))"，❷按下【Enter】键后向下复制公式，根据用量顺序引用材料编码，如右图所示。

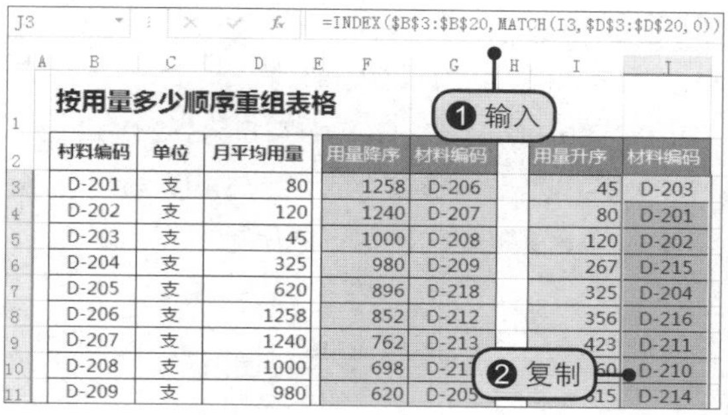

按用量多少顺序重组表格

材料编码	单位	月平均用量	用量降序	材料编码	用量升序	材料编码
D-201	支	80	1258	D-206	45	D-203
D-202	支	120	1240	D-207	80	D-201
D-203	支	45	1000	D-208	120	D-202
D-204	支	325	980	D-209	267	D-215
D-205	支	620	896	D-218	325	D-204
D-206	支	1258	852	D-212	356	D-216
D-207	支	1240	762	D-213	423	D-211
D-208	支	1000	698	D-218		D-210
D-209	支	980	620	D-205		D-214

12.2.3 使用数组公式完成单阶BOM物料需求计算

物料清单（Bill of Materials，BOM）是描述企业产品组成的技术文件。在加工资本类行业，它表明了产品的总装件、分装件、组年、部件、零件直至原材料之间的结构关系，以及所需的数量。对于制造型企业来说，物料清单是一个核心文件，企业的各个部门可能都需要用到它。在 Excel 中，通过数组公式的计算可以完成 BOM 物料需求计算，具体操作步骤如下。

步骤01 选择单元格区域。继续上小节打开的工作簿，❶切换至"BOM物料需求计算"工作表，❷选中E10:I13单元格区域，如下图所示。

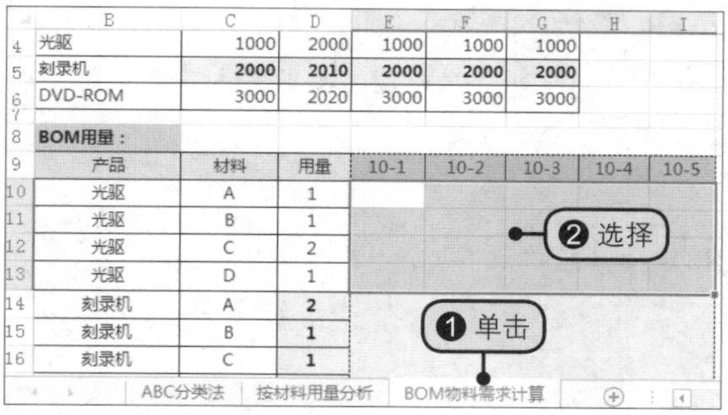

步骤02 输入公式计算光驱用量。在编辑栏中输入公式"=C4:G4*D10:D13"，然后按下【Ctrl+Shift+Enter】组合键，如下图所示。

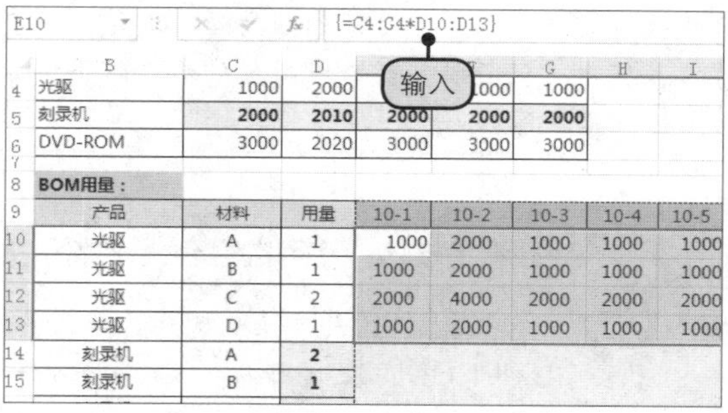

步骤03 输入公式计算刻录机用量。❶选中E14:I17单元格区域，❷在编辑栏中输入公式"=C5:G5*D14:D17"，然后按下【Ctrl+Shift+Enter】组合键，如下图所示。

步骤04 输入公式计算DVD用量。❶选中E18:I20单元格区域，❷输入公式"=C6:G6*D18:D20"，然后按下【Ctrl+Shift+Enter】组合键，如下图所示。

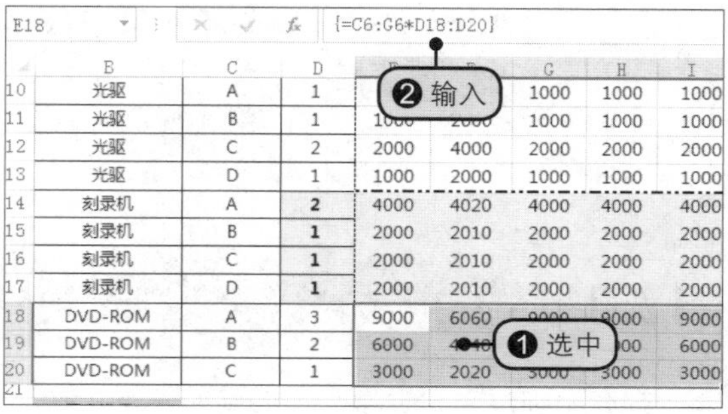

步骤05 提取不重复材料名称。❶选中B24单元格，在编辑栏中输入数组公式"=INDEX($C$10:$C$20,MATCH(,COUNTIF($B$23:B23,$C$10:$C$20),))"，❷按下【Ctrl+Shift+Enter】组合键后向下复制公式，如下图所示。

步骤06 统计各种材料每天的用量。❶选中C24单元格，在编辑栏中输入公式"=SUMPRODUCT(($C$10:$C$20=$B24)*($E$9:$I$9=C$23)*($E$10:$I$20))"，❷按下【Enter】键后，先向右复制公式至G24单元格，然后向下复制公式至G27单元格，如下图所示。

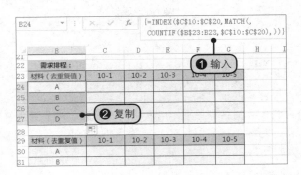

💬 **知识补充**

　　数组就是单元格的集合或是一组处理的值的集合。可以写一个以数组为参数的公式，即数组公式，就能通过这个单一的公式执行多个输入的操作并产生多个结果，每个结果显示在一个单元格中。在使用工作表函数不能直接得到结果时，数组公式显得特别重要。

　　数组公式的特点就是所引用的参数是数组参数，包括区域数组和常量数组，输出结果可能是一个，也可能是多个。

📁 **高效实用技巧：使用数组公式计算需求排程中的材料用量**

　　在步骤06中计算每种材料每天的用量时，使用了SUMPRODUCT函数进行多条件求和，实际上，在进行多条件求和时，还可以使用数组公式。

　　在C30单元格中输入数组公式"=SUM(($C$10:$C$20=$B24)*($E$9:$I$9=C$23)*($E$10:$I$20))"，然后向右向下复制公式，得到与SUMPRODUCT函数运算相同的计算结果。

　　在C36单元格中输入数组公式"=SUM(IF(($C$10:$C$20=$B24)*($E$9:$I$9=C$23),($E$10:$I$20)))"，然后向右向下复制公式，也得到相同的计算结果，如右图所示。

12.3 生产订单交期管理

　　现代企业竞争非常激烈，时间对于企业来说就是金钱。同时，企业为了在行业中提高自身的商业信誉，必须要保证按时按量完成订单的生产，以保证客户满意度。

当企业同时安排多个订单时，需要加强订单的管理，以免发生混乱。在 Excel 中可以设置简单的公式，来实时跟进订单的完成情况、剩余天数，并使用条件格式规则显示订单当前的状态，实现科学的生产订单交期管理。

| 原始文件：下载资源\实例文件\第12章\原始文件\生产订单交期管理.xlsx |
| 最终文件：下载资源\实例文件\第12章\最终文件\生产订单交期管理.xlsx |

12.3.1　使用IF、NOW函数计算完工剩余天数

在 Excel 中可以使用函数设置公式来管理生产订单，合理安排生产排程和进度，以保证企业能按时按量完成订单。

步骤01 获取当前时间。打开原始文件，选中B2单元格，在编辑栏中输入公式"=NOW()"，返回系统当前时间，如下图所示。

步骤02 计算已交数量。❶选中L4单元格，在编辑栏中输入公式"=SUM(O4:AA4)"，❷按下【Enter】键后向下复制公式，计算已交产品数量，如下图所示。

步骤03 计算未交数量。❶选中G4单元格，在编辑栏中输入公式"=F4-L4"，❷按下【Enter】键后向下复制公式，计算未交产品数量，如下图所示。

步骤04 计算剩余天数。❶选中M4单元格，在编辑栏中输入公式"=IF((K4-NOW())<0,0,K4-NOW())"，❷按下【Enter】键后向下复制公式，计算剩余天数，如下图所示。

12.3.2　使用条件格式分析生产订单状况

为了使人能够一目了然地掌握订单的完成情况，可以使用条件格式来分析生产订单。可以将已经结案的订单记录填充为灰色，将延迟的订单记录填充为红色，将正处于排产 2 天内的订单记录显示为黄色背景。

步骤01 设置格式标注。继续上小节打开的工作簿，在C2:E2单元格区域中分别输入"结案订单""延迟订单"和"排产2天提醒"，并分别将单元格填充为绿色、红色和黄色，如下图所示。

步骤02 新建规则。❶选中B4:M22单元格区域，❷切换到"开始"选项卡，单击"样式"组中的"条件格式"按钮，❸在展开的下拉列表中单击"新建规则"选项，如下图所示。

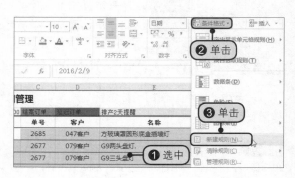

步骤03 设置公式。❶在"新建格式规则"对话框中选择"使用公式确定要设置格式的单元格"选项，❷在"为符合此公式的值设置格式"框中输入公式"=$G4=0"，❸然后单击"格式"按钮，如下图所示。

步骤04 设置填充色。❶在"设置单元格格式"对话框中切换到"填充"选项卡，❷选择"绿色"选项，如下图所示，单击"确定"按钮，返回"新建格式规则"对话框，继续单击"确定"按钮。

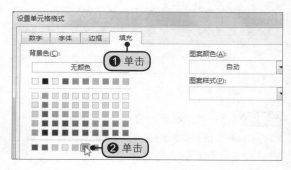

步骤05 显示突出效果。返回工作表，此时已结案的订单整行会显示为绿色，如下图所示。

步骤06 设置公式。再次打开"新建格式规则"对话框，❶选择"使用公式确定要设置格式的单元格"选项，❷输入公式"=AND($L4<$F4,$M4=0)"，❸单击"格式"按钮，如下图所示。

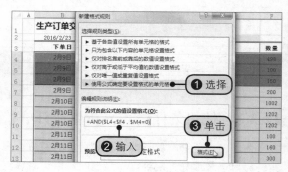

步骤07 设置填充色。❶在"设置单元格格式"对话框中切换到"填充"选项卡，❷选择"红色"选项，如下图所示。

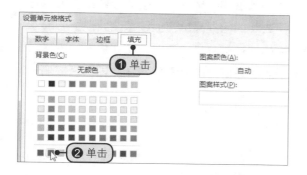

步骤09 设置公式。再次打开"新建格式规则"对话框，❶选择"使用公式确定要设置格式的单元格"选项，❷输入公式"=AND($J4<NOW(),$K4>NOW())"，❸单击"格式"按钮。

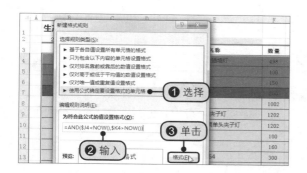

步骤11 显示最终的设置效果。返回工作表，可以看到表格中将正处于排产状态的生产订单行显示为黄色的填充色，如右图所示。

步骤08 显示设置效果。单击"确定"按钮，返回"新建格式规则"对话框，继续单击"确定"按钮，返回工作表中，即可看到设置后的效果，如下图所示。

步骤10 设置填充色。❶在"设置单元格格式"对话框中切换到"填充"选项卡，❷选择"黄色"填充色，如下图所示，然后单击"确定"按钮，返回"新建格式规则"对话框，继续单击"确定"按钮。

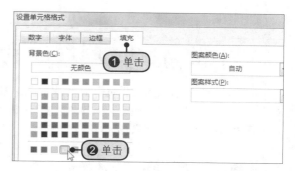

知识补充

条件格式实际上有点类似于进行真假判断的IF函数，只有条件为真（成立）时，按用户设置的格式显示，条件不成立，格式设置即失效。因此，在条件格式中设置公式时，公式的结果必须返回逻辑值，即真或假，如果要用条件格式显示，则需要使公式返回值为真。

函数在市场销售中的应用

第13章

销售是产品流通环节中最关键的一环，没有销售也就不可能有利润，企业也就不能存活下去。如何提高销售业绩是企业最关心的问题之一，因此，销售数据的统计与分析也是市场和销售部门工作的重要内容。使用 Excel 中的函数可以帮助你快速完成销售数据的汇总与分析。

本章知识点

- SUMIF函数
- RANK、SUBTOTAL函数
- SUMIFS函数
- SLOPE、INTERCEPT 函数
- GROWTH 函数
- ROUND函数
- CHOOSE函数
- TREND、LINEST函数
- FORECAST函数
- LOGEST、POWER函数

13.1 销售额的统计与分析

销售额数据的统计与分析是市场和销售工作中最为常见的数据分析，通过对销售额设置公式进行计算，可以从不同的角度对销售环节的数据进行比较和汇总，从而得出对市场分析有用的结论，有利于企业更好地调整销售策略，取得最好的销售成绩。

原始文件：下载资源\实例文件\第13章\原始文件\销售额的统计与分析.xlsx
最终文件：下载资源\实例文件\第13章\最终文件\销售额的统计与分析.xlsx

13.1.1 使用SUMIF函数按地区计算销量和销售额

SUMIF 函数的功能是根据指定条件对若干单元格求和，它的语法及参数含义在第4章已经做了介绍，这里就不再重复了。

SUMIF 函数在实际工作中应用非常普遍，接下来看具体的实例操作。

步骤01 选择工作表。打开原始文件，单击"按地区分析"工作表标签，该工作表中已经创建好了销量、销售额数据分析统计表格，如右图所示。

步骤02 按区域统计销量。❶选中C3单元格，在编辑栏中输入公式"=SUMIF(销售记录!$B:$B，B3,销售记录!$D:$D)"，❷按下【Enter】键后向下复制公式，统计出各地区的销量数据，如下图所示。

步骤03 按区域统计销售额。❶选中D3单元格，在编辑栏中输入公式"=SUMIF(销售记录!$B:$B,B3,销售记录!$E:$E)"，❷按下【Enter】键后向下复制公式，统计出各地区的销售额数据，如下图所示。

13.1.2　使用ROUND等函数四舍五入销售额

在实际工作中，处理数据时经常需要将数据四舍五入，在 Excel 中有专门对数据进行四舍五入的函数，这些函数有 ROUND、ROUNDDOWN、ROUNDUP，它们可以根据用户需要的方式进行舍入。它们的区别在于 ROUNDDOWN 函数是向下舍入数字，即向绝对值减小的方向舍入数字，而 ROUNDUP 函数是向上舍入数字，即向绝对值增大的方向舍入数字，并且它们都是无条件进位和退位的。它们的语法、参数及参数含义见下表。

函数	表达式	参数含义
ROUND()	ROUND(number, num_digits)	参数 number 为需要进行四舍五入的数字，num_digits 表示即定的位数，即按此位数进行四舍五入。如果 num_digits 为 0，表示舍入到最接近的整数；如果 num_digits 大于 0，则舍入到指定的小数位；如果 num_digits 小于 0，则舍入到指定的整数位
ROUNDDOWN()	ROUNDDOWN(number, num_digits)	
ROUNDUP()	ROUNDUP(number, num_digits)	

步骤01 将销售额舍入到整位数。继续上小节打开的工作簿，❶选中F3单元格，在编辑栏中输入公式"=ROUND(D3,0)"，❷按下【Enter】键后向下复制公式，将销售额四舍五入到最接近的整数位，如下图所示。

步骤02 将销售额向上舍入。❶选中G3单元格，在编辑栏中输入公式"=ROUNDUP(D3:D28,0)"，❷按下【Enter】键后向下复制公式，将销售额向上舍入到整数位，如下图所示。

步骤03 将销售额向下舍入。❶选中H3单元格，在编辑栏中输入公式"=ROUNDDOWN(D3:D28, 0)"，❷按下【Enter】键后向下复制公式，将销售额向下舍入到整数位，如右图所示。

知识补充

　　ROUND 函数可按指定的位数取整，它可以取整到指定的整数位或小数位，而且它是进行四舍五入的舍入。而 INT 函数只能向下取整到最接近的整数，它并不进行四舍五入，而是统一向下取整。

13.1.3　使用RANK函数计算销售额排名

　　RANK 函数的功能是返回一个数字在数字列表中的排位，该函数常用来计算某个字段数据的排名，它的语法及参数含义在第 12 章 12.2.1 节介绍过了，不再赘述。

步骤01 对数据进行降序排序。继续上小节打开的工作簿，❶选中D3单元格，❷切换到"数据"选项卡，单击"排序与筛选"组中的"降序"按钮，对销售额降序排序，如下图所示。

步骤02 设置公式排名。❶选中J3单元格，在编辑栏中输入公式"=RANK(D3,$D$3:$D$28)"，❷然后向下复制公式，如下图所示。

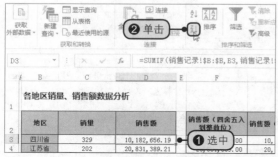

13.1.4　使用SUBTOTAL函数按多种方式分类汇总销售额

　　SUBTOTAL 函数的功能是返回列表或数据库中的分类汇总，可以按求和、平均值、最大值、最小值、方差、标准差等多种方式对数据列表中的数据进行分类汇总。SUBTOTAL 函数的语法、参数及参数含义见下表。

函数	表达式	参数含义
SUBTOTAL()	SUBTOTAL(function_num, ref1,[ref2],…)	参数 function_num 为必需的，它的值在 1 ～ 11（包含隐藏值）或 101 ～ 111（忽略隐藏值）之间，用于指定使用何种函数在列表中进行分类汇总计算；ref1 也是必需的，是指要对其进行分类汇总的第一个命名区域或引用，ref2 为可选，指用于分类汇总的第 2 至第 254 个区域或引用

为了使用户在使用 SUBTOTAL 函数时能掌握 function_num 参数对应的分类汇总，在下表中特别列出数值标号及其对应的分类汇总方式。

function_num（包含隐藏值）	function_num（忽略隐藏值）	对应汇总函数
1	101	AVERAGE
2	102	COUNT
3	103	COUNTA
4	104	MAX
5	105	MIN
6	106	PRODUCT
7	107	STDEV
8	108	STDEVP
9	109	SUM
10	110	VAR
11	111	VARP

步骤01 选择第一个参数。继续上小节打开的工作簿，❶在M3单元格中输入"=SUBTOTAL("，此时会自动弹出一个列表，❷然后双击数字9对应的参数列，即可选中该函数的第一个参数，如下图所示。

步骤02 计算合计值。在M3单元格中完成公式的输入，得到完整的公式为"=SUBTOTAL(9, F3:F28)"，按下【Enter】键，即可计算销售额合计值，如下图所示。

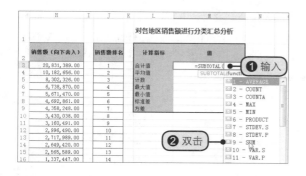

知识补充

单击"文件 > 选项"选项，弹出"Excel 选项"对话框，切换到"公式"选项卡，在"使用公式"区域中勾选"公式记忆式键入"复选框，即可开启公式记忆功能。开启了公式记忆功能后，在单元格中输入公式时，屏幕会显示公式可能的参数列表，在列表中选择好需要的关键字后，按下【Tab】键可将在编辑的公式中完成该关键字的设置。

步骤03 计算平均值。选中M4单元格，在编辑栏中输入公式"=SUBTOTAL(1,F3:F28)"，按下【Enter】键，计算平均值，如下图所示。

步骤04 返回计数值。选中M5单元格，在编辑栏中输入公式"=SUBTOTAL(2,F3:F28)"，按下【Enter】键，返回数据个数，如下图所示。

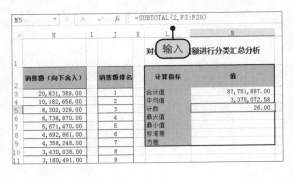

步骤05 返回最大值。选中M6单元格，在编辑栏中输入公式"=SUBTOTAL(4,F3:F28)"，按下【Enter】键，返回最大值，如下图所示。

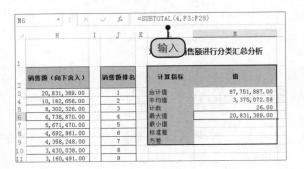

步骤06 返回最小值。选中M7单元格，在编辑栏中输入公式"=SUBTOTAL(5,F3:F28)"，按下【Enter】键，返回销售额的最小值，如下图所示。

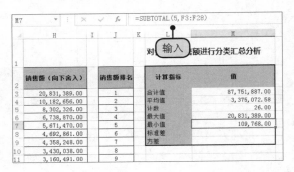

步骤07 计算标准差。选中M8单元格，在编辑栏中输入公式"=SUBTOTAL(7,F3:F28)"，按下【Enter】键，返回各地区销售的标准差，如下图所示。

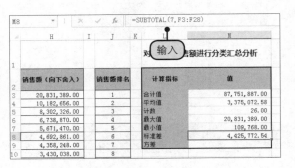

步骤08 计算标准差。选中M9单元格，在编辑栏中输入公式"=SUBTOTAL(10,F3:F28)"，按下【Enter】键，计算各地区销售额的方差，如下图所示。

13.2 销售业绩提成核算

　　销售业绩是衡量销售员工作能力的重要指标，也是用来为销售员计算销售报酬的依据。企业通常会根据自身的实际情况制定不同等级的销售业绩和提成比例，然后根据销售员实际完成的销售额计算出相应的业绩等级和提成金额。在 Excel 中，可以使用 CHOOSE、VLOOKUP、SUMIFS 等函数来完成相关计算。

原始文件：	下载资源\实例文件\第13章\原始文件\销售业绩提成核算.xlsx
最终文件：	下载资源\实例文件\第13章\最终文件\销售业绩提成核算.xlsx

13.2.1 使用CHOOSE函数划分销售额等级

CHOOSE 函数的功能是返回数值参数列表中的数值，它的语法及参数含义在前面第 5 章中已有介绍，这里就不再重复了。

假设某公司按销售额划分业务等级：销售额在 10 万元以下的业务等级为 E，销售额在 10 万元至 50 万元的业务等级为 D，销售额在 50 万元～ 100 万元的业务等级为 C，销售额在 100 万元～ 300 万元的业务等级为 B，销售额大于 300 万元的业务等级为 A。

步骤01 创建等级划分表。打开原始文件，在"销售记录"工作表的J1:K7单元格区域中创建"销售额等级划分表"，如下图所示。

步骤02 设置公式。❶选中G2单元格，在编辑栏中输入公式"=CHOOSE(IF(E2>3000000,1,IF(E2>1000000,2,IF(E2>500000,3,IF(E2>1000000,4,5)))),"A","B","C","D","E")"，❷按下【Enter】键后向下复制公式，根据销售额划分等级，如下图所示。

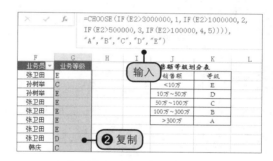

知识补充

IF 函数是条件判断函数，最多允许出现 7 层嵌套。使用 IF 函数可以进行多重条件判断，而且 IF 函数的嵌套既可以出现在条件值为真的部分，也可以出现在条件值为假的部分。

13.2.2 使用VLOOKUP函数计算提成金额

假定公司规定根据业务等级设置不同的销售业绩提成系数，业务等级为 A，提成系数为 15%；业务等级为 B，提成系数为 12%；业务等级为 C，提成系数为 10%；业务等级为 D，提成系数为 8%；业务等级为 E，提成系数为 5%。

步骤01 创建提成系数表。继续上小节打开的工作表，在J11:K16单元格区域中创建提成系数表，输入业务等级与各等级对应的提成系数，如右图所示。

步骤02 计算业务提成。❶选中H2单元格，在编辑栏中输入公式"=VLOOKUP(G2,$J$12:$K$16, 2,FALSE)*E2"，❷按下【Enter】键后向下复制公式，计算各订单对应的业务提成，如右图所示。

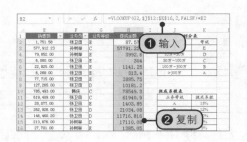

13.2.3　使用SUMIFS函数进行多条件求和

SUMIFS 函数的功能是对区域中满足多个条件的单元格求和，它的语法、参数及参数含义见下表。

函数	表达式	参数含义
SUMIFS()	SUMIFS(sum_range,criteria_range1,criteria1,[criteria_range2, criteria2],…)	参数 sum_range 为必需的，它代表需要求和的单元格区域；criteria_range1 也是必需的，代表条件的第一个区域；criteria1 也是必需的，代表对第一个区域求和的条件，输入形式可以是数字、表达式、单元格引用或文本，如果为文本需添加引号；criteria_range2,criteria2,……为可选参数，最多可允许 127 个区域 / 条件对

接下来使用 SUMIFS 函数来分别统计各销售员各个产品所得到的销售提成，具体操作步骤如下。

步骤01 创建统计表格。继续上小节打开的工作簿，❶在工作簿中插入"按销售员汇总提成"工作表，❷在该工作表中创建一个行标志为销售员、列标志为产品类别的二维表格，如下图所示。

步骤02 计算销售员各产品销售提成。❶选中C3单元格，在编辑栏中输入公式"=SUMIFS(销售记录!$H$2:$H$470,销售记录!$F$2:$F$470,$B3,销售记录!$C$2:$C$470,C$2)"，❷按下【Enter】键后向右复制公式，如下图所示。

知识补充

SUMIF 函数和 SUMIFS 函数存在一些不同之处：首先，SUMIF 函数只能根据单个条件对单元格区域求和，而 SUMIFS 可对根据多个条件对单元格求和；其次，SUMIFS 和 SUMIF 函数的参数顺序不同，sum_range 参数在 SUMIFS 函数中是第一个参数，而在 SUMIF 函数中则是第三个参数；最后，SUMIFS 函数与 SUMIF 函数的区域和条件参数不同，SUMIFS 函数中的每个 criteria_range 参数的行数和列数必须与 sum_range 参数相同。

步骤03 向下复制公式。向下拖动I3单元格右下角的填充柄至I17单元格，计算其余销售员的销售提成，如下图所示。

步骤04 计算合计值。❶选中C18单元格，在编辑栏中输入公式"=SUM(C3:C17)"，❷然后向右复制公式，如下图所示。

知识补充

在实际工作中，条件求和是经常会遇到的计算问题，在 Excel 中有多种实现多条件求和的函数和公式，现归纳如下：如果是对单个条件进行求和，通常可使用 SUMIF 函数，或者是直接使用 IF 函数写公式代码。如果是对多个条件求和，可以使用 SUM 函数的数组公式形式；也可以使用 SUMPRODUCT 函数对条件进行乘积运算，从而实现多条件求和；在本例中又介绍了新的多条件求和函数 SUMIFS。

在实际应用时，用户可根据自己对函数的熟悉程度选择最适当的函数来完成多条件求和的运算。

13.3　预测下半年产品销量

销量或者是销售额的预测也是实际销售工作中常见的工作内容。在已知一组销售数据的前提下，在 Excel 中可以使用多种函数和公式对未来某个范围内的销量或者销售额进行预测。

从预测方法上来讲，常见的有线性预测法和指数预测法，要完成这些预测，只需要使用对应的 Excel 函数即可。

原始文件：无

最终文件：下载资源\实例文件\第13章\最终文件\预测下半年产品销量.xlsx

13.3.1　使用TREND函数预测下半年销量

TREND 函数的功能是使用最小二乘法找到适合已知数组 known_y's 和 known_x's 的直线，并返回指定数组 new_x's 在直线上对应的 y 值。它的语法、参数及参数含义见下表。

函数	表达式	参数含义
TREND()	TREND(known_y's,[known_x's],[new_x's],[const])	参数 known_y's 是必需的，代表关系表达式 y=mx+b 中已知的 y 值集合；known_x's 代表关系表达式 y=mx+b 中已知的可选 x 的集合；new_x's 也是必需的，代表函数需要返回的 y 值对应的新 x 值；const 为可选参数，用于指定是否将常量 b 强制为 0，若为 TRUE 或省略，b 按正常计算，若为 FALSE 则将 b 设置为 0

步骤01 创建表格。❶新建一个工作簿，将工作表Sheet1的标签更改为"销量预测"，❷在工作表中创建一个表格，表格中包含已知的上半年各月的销量，如下图所示。

步骤02 输入公式。❶选中E3:E8单元格区域，❷在编辑栏中输入公式"=TREND(C3:C8,B3:B8,D3:D8)"，如下图所示。

步骤03 生成数组公式。按下【Ctrl + Shift + Enter】组合键，生成数组公式，此时Excel会自动在编辑栏中的公式两端添加花括号，如右图所示。

知识补充

数组 known_x's 可以包含一组或多组变量。如果仅使用一个变量，那么只要 known_x's 和 known_y's 具有相同的维数，则它们可以是任何形状的区域。如果用到多个变量，则 known_y's 必须为向量（即必须为一行或一列），如果省略 known_x's，则假设该数组为 {1,2,3,…}，其大小与 known_y's 相同。当为参数（如 known_x's）输入数组常量时，应当使用逗号分隔同一行中的数据，用分号分隔不同行中的数据。

13.3.2 使用LINEST函数进行线性预测

LINEST 函数可通过使用最小二乘法计算与现有数据最佳拟合的直线，来计算某直线的统计值，然后返回描述此直线的数组。LINEST 函数的语法、参数及参数含义见下表。

函数	表达式	参数含义
LINEST()	LINEST(known_y's,[known_x's],[const],[stats])	参数 known_y's 代表关系表达式 y=mx+b 中已知的 y 值集合；known_x's 代表关系表达式 y=mx+b 中已知的可选 x 的集合；new_x's 代表函数需要返回的 y 值对应的新 x 值；const 用于指定是否将常量 b 强制为 0；stats 用于指定是否返回附加回归统计值

接下来使用 LINEST 函数预测下半年销量，公式设置方法如下。

步骤01 建立预测表格。继续上小节创建的工作表，在表格下方的空白处创建一个销量预测表格，并更改相关单元格中的数据内容，在G12:H17单元格区域创建LINEST函数统计回归值表格，如下图所示。

步骤02 设置数组公式。❶选中G13: H17单元格区域，❷在编辑栏中输入公式"=LINEST(C13: C18, B13:B18,TRUE,TRUE)"，按下【Ctrl + Shift + Enter】组合键，生成数组公式，如下图所示。

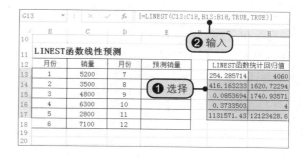

步骤03 计算预测值。❶选中E13单元格，在编辑栏中输入公式"=D13*$G$13+$H$13"，❷按下【Enter】键后向下复制公式，计算下半年各月的预测销量值，如右图所示。

知识补充

当只有一个自变量x时，可以使用 INDEX 函数和 LINEST 函数直接返回斜率和截距，得到变量对应的 y 值。斜率的计算公式为：=INDEX(LINEST(known_y's,known_x's),1)，截距的计算公式为：=INDEX(LINEST(known_y's,known_x's),2)。

13.3.3　使用SLOPE和INTERCEPT函数进行线性预测

SLOPE 函数用于返回线性回归线的斜率，斜率是指直线上任意两点的垂直距离与水平距离的比值，也就是回归直线的变化率。而 INTERCEPT 函数则利用现有的 x 值与 y 值计算直线与 Y 轴的截距，截距为穿过已知的 known_x's 和 known_y's 数据点的线性回归线与 Y 轴的交点，当自变量为 0 时，使用 INTERCEPT 函数可以决定因变量的值。

使用 SLOPE 和 INTERCEPT 函数也可以完成线性预测。它们的语法、参数及参数含义见下表。

函数	表达式	参数含义
SLOPE()	SLOPE(known_y's,known_x's)	参数 known_y's 是必需的，代表数字型因变量数据点数组或单元格区域；known_x's 也是必需的，代表自变量数据点的集合或单元格区域
INTERCEPT()	INTERCEPT(known_y's,known_x's)	

接下来使用 SLOPE 和 INTERCEPT 函数预测下半年销量，公式设置方法如下。

步骤01 创建表格。继续上小节中的工作表，在单元格下方的空白处创建一个销量预测表格，然后在G21:H22单元格区域中创建斜率和截距计算表格，如下图所示。

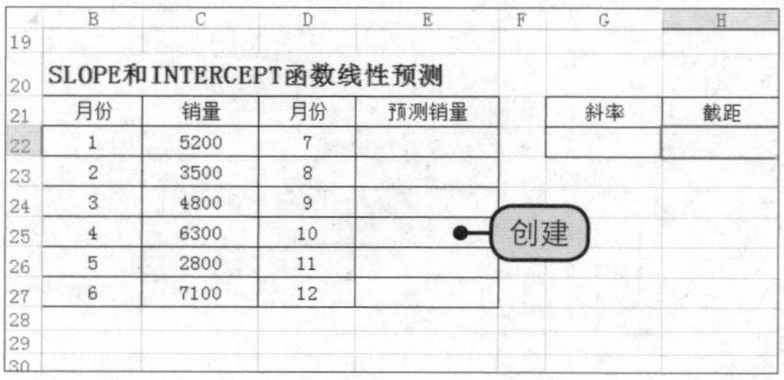

步骤02 计算斜率。选中G22单元格，在编辑栏中输入公式"=SLOPE(C22:C27,B22:B27)"，按下【Enter】键，计算斜率，如下图所示。

步骤03 计算截距。选中H22单元格，在编辑栏中输入公式"=INTERCEPT(C22:C27,B22:B27)"，按下【Enter】键，计算截距，如下图所示。

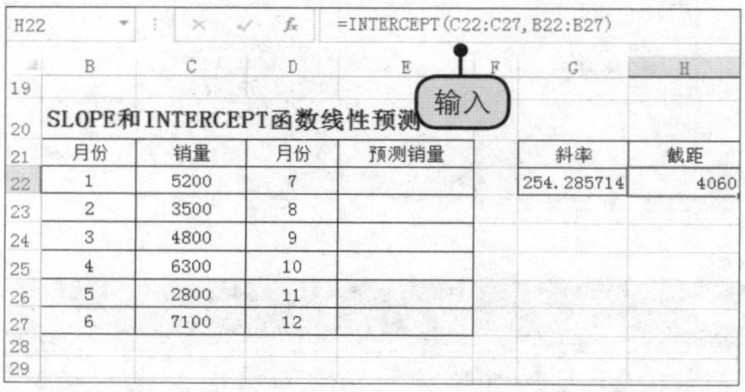

步骤04 计算预测值。❶选中E22单元格，在编辑栏中输入公式"=D22*$G$22+$H$22"，❷按下【Enter】键后向下复制公式，计算销量预测值，如下图所示。

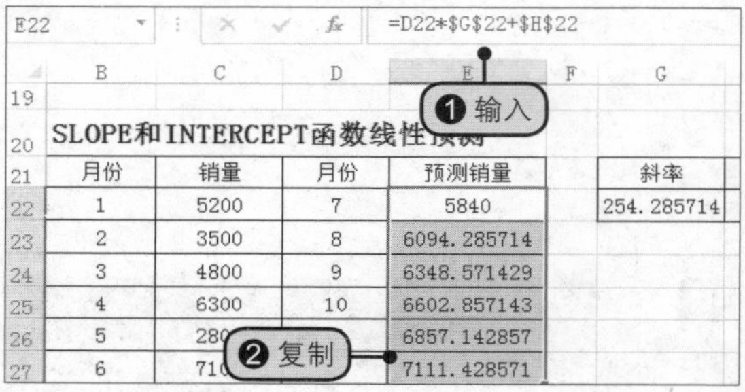

13.3.4 使用FORECAST函数进行线性预测

FORECAST 函数的功能是根据已有的数值计算或预测未来值，此预测值为基于给定的 x 值推导出的 y 值。已知的数值为已有的 x 值和 y 值，再利用线性回归对新值进行预测。可以使用该函数对未来销售额、库存需求或消费趋势进行预测，它的语法、参数及参数含义见下表。

函数	表达式	参数含义
FORECAST()	FORECAST(x,known_y's,known_x's)	参数 x 是必需的，表示需要进行值预测的数据点；known_y's 也是必需的，代表因变量数组或数据区域；known_x's 也是必需的，代表自变量数组或数据区域

步骤01 创建表格。继续上小节中的工作表，在表格的下方创建销量预测表，如右图所示。

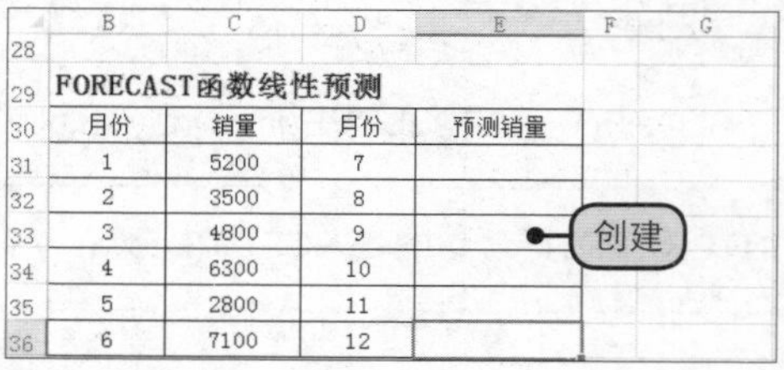

步骤02 计算预测值。❶选中E31:E36单元格区域，❷在编辑栏中输入公式"=FORECAST (D31:D36,C31:C36,B31:B36)"，按下【Ctrl + Shift + Enter】组合键，得到预测销量结果，如右图所示。

月份	销量	月份	预测销量
1	5200	7	5840
2	3500	8	6094.285714
3	4800	9	6348.571429
4	6300	10	6602.857143
5	2800	11	6857.142857
6	7100	12	7111.428571

FORECAST函数线性预测

13.3.5 使用GROWTH函数进行指数预测

GROWTH 函数是根据现有的数据预测指数增长值。根据现有的 x 和 y 值，GROWTH 函数返回一组新的 x 值对应的 y 值，可以使用 GROWTH 函数来拟合满足现有的 x 值和 y 值的指数曲线。GROWTH 函数的语法、参数及参数含义见下表。

函数	表达式	参数含义
GROWTH()	GROWTH(known_y's,[known_x's], [new_x's],[const])	参数 known_y's 是必需的，代表满足指数回归拟合曲线 y=b*m^x 的一组已知 y 值；known_x's 是可选的，代表满足指数回归拟合曲线 y=b*m^x 的一组已知的可选 x 值；new_x's 是可选的，代表需要通过 GROWTH 函数为其返回对应 y 值的一组新 x 值；const 是可选的，该参数为一逻辑值，用于指定是否将常量 b 强制设为 1

步骤01 创建表格。继续上小节中的工作表，创建一个销量预测表格，并将C列的销量值更改为一组呈曲线变动趋势的数据，删除预测销量值单元格区域中的数据，如下图所示。

月份	销量	月份	预测销量
1	5000	7	
2	6000	8	
3	6500	9	
4	6300	10	
5	6000	11	
6	5500	12	

GROWTH函数线性预测

步骤02 计算预测值。❶选中E40: E45单元格区域，❷在编辑栏中输入公式"=GROWTH($C$40:$C$45,$B$40:$B$45,D40:D45,TRUE)"，按下【Ctrl + Shift + Enter】组合键，得到预测销量结果，如下图所示。

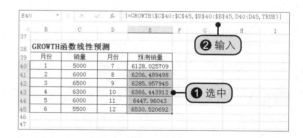

月份	销量	月份	预测销量
1	5000	7	6128.025709
2	6000	8	6206.489498
3	6500	9	6285.957945
4	6300	10	6366.443913
5	6000	11	6447.96043
6	5500	12	6530.520692

GROWTH函数线性预测

💬 **知识补充**

如果 known_y's 中的任何数为零或为负数，GROWTH 函数将返回错误值 #NUM!。

13.3.6 使用LOGEST和POWER函数进行指数预测

LOGEST 函数的作用是在回归分析中，计算最符合数据的指数回归拟合曲线，并返回描述该曲线的数值数组。因为此函数返回数值数组，所以必须以数组公式的形式输入。

POWER 函数的功能是计算给定数值的幂，如果要计算以 e 为底数的幂，则可以使用函数 EXP。

它们的语法、参数及参数含义见下表。

函数	表达式	参数含义
LOGEST()	LOGEST(known_y's, [known_x's], [const],[stats])	参数 known_y's 代表关系表达 y = b*m^x 中已知的 y 值集合。known_x's 代表关系表已知的可选 x 的集合。const 用于指定是否将常量 b 强制为 1，如果 const 为 TRUE 或省略，b 将按正常计算，如果 const 为 FALSE，则常量 b 将设为 1，而 m 的值满足公式 y=m^x。stats 用于指定是否返回附加回归统计值，如果 stats 为 TRUE，函数 LOGEST 将返回附加的回归统计值，如果 stats 为 FALSE 或省略，则函数 LOGEST 只返回系数 m 和常量 b
POWER()	POWER(number,power)	参数 number 表示幂运算的底数；power 代表幂运算的指数
EXP()	EXP(number)	只有一个参数number，表示计算幂时e的指数

接下来使用 LOGEST 函数和 POWER 预测下半年销量，公式设置方法如下。

步骤01 创建表格。继续上小节打开的工作表，在表中的B48:E54单元格区域创建销量预测表，在G48:H53单元格区域创建LOGEST函数统计回归值表格，如下图所示。

步骤02 计算回归统计值。❶选中G48:H53单元格区域，❷在编辑栏中输入公式"=LOGEST(C49:C54,B49:B54,TRUE,TRUE)"，按下【Ctrl + Shift + Enter】组合键，得到LOGEST函数的回归值，如下图所示。

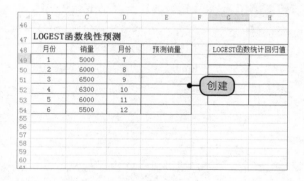

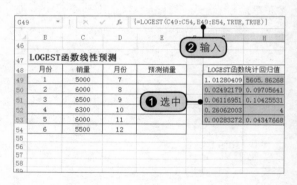

步骤03 计算预测销量。❶选中E49单元格，在编辑栏中输入公式"=POWER($G$49,D49)* $H$49"，按下【Enter】键，计算销量预测值，❷然后拖动E49单元格的填充柄向下复制公式，计算出其余月份的销量预测值，如右图所示。

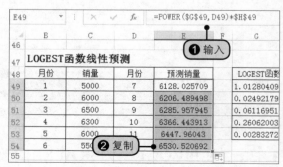

第14章

当你在管理员工信息时，是否经常需要分析员工信息中的某一部分？如解读员工年龄结构、比较学历结构以及男女构成情况等，此时就可以为这些信息创建适用的图表，以更直观和生动的形式来表述它们。

本章知识点

- 创建饼图
- 复制图表
- 设置图表标题格式
- 应用图表布局
- 更改图表源数据
- 设置数据系列格式
- 应用图表样式
- 更改图表类型

14.1 使用饼图解读员工的年龄结构

员工的年龄结构看似不重要，但很多企业会根据自己企业的经营特点来规划员工的年龄结构。故此，企业员工的年龄结构就成为企业人力资源规划的一部分，而人力资源规划中的年龄结构规划又与公司的经营和发展战略密切相关，所以必须随时监测现有员工的年龄结构情况，保证员工的年龄结构与人力资源规划相匹配，才能保持和保障公司的战略发展，也为公司未来的招聘与配置工作提供有力的依据。

原始文件：下载资源\实例文件\第14章\原始文件\使用饼图解读员工的年龄结构.xlsx
最终文件：下载资源\实例文件\第14章\最终文件\使用饼图解读员工的年龄结构.xlsx

14.1.1 创建饼图

饼图常用于显示每个值占总值的大小，它包含二维饼图、三维饼图和复合饼图等类型。其中二维饼图又包含有饼图和分离型饼图两种子图表，它们用于显示每个数值占总数值大小的同时强调单个数值。复合饼图包含有复合饼图和复合条形图两种子图表，它们是从主饼图中提取部分数值，然后将其组合到另一个饼图或条形图中，也叫第二绘图区。三维饼图包含三维饼图和三维分离型饼图两种子图表，与二维饼图表述含义相同，用于显示每个值占总值的大小，三维饼图只是以三维透视效果的形式显示数据，而不会使用第三条数据轴（竖坐标轴）来显示数据。

如果要解读企业的员工档案表中的年龄结构情况，应先将员工的年龄进行分段，再统计各年龄段的人员数量，然后再根据统计出来的各年龄段的数量来创建饼图，在创建好的饼图中可以清楚地看到各年龄段人员在公司员工总数量中的占比情况。

在本例的原始文件中，包含一张员工档案表和年龄结构统计表，在员工档案表中，已经利用相关函数计算出了各员工的实际年龄，而在年龄结构统计表中对年龄段做了分段，并利用相关函数统计出了各年龄分段的人员数量。现在我们就根据该工作表中的年龄分段数据来创建饼图，具体操作步骤如下。

步骤01 查看数据。打开原始文件，可看到工作簿中包含"员工档案表"和"年龄结构统计"2个工作表，切换到"员工档案表"工作表，可以看到该表中的数据内容，如下图所示。

步骤02 选择数据区域。❶单击"年龄结构统计"工作表标签，❷选中A2:B6单元格为图表数据区域，如下图所示。

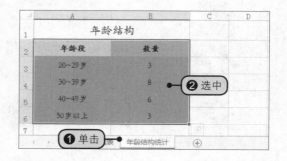

步骤03 选择图表类型。❶切换到"插入"选项卡，单击"图表"组中的"插入饼图或圆环图"下三角按钮，❷在展开的下拉列表中单击"饼图"选项，如下图所示。

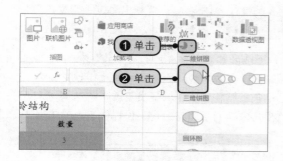

步骤04 创建饼图。此时，工作表中显示了创建的默认饼图效果，如下图所示。

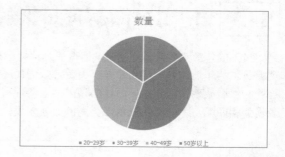

14.1.2　应用图表布局

上一小节创建好的默认饼图中并不美观，也并不能很好地解读数据，需要再做进一步的美化和完善。

美化图表的方法有很多，如利用图表布局来对图表的外观进行统一的设置，可以避免手动进行大量的格式设置，从而大大地提高创建图表的效率。下面就利用 Excel 提供的图表布局来对图表进行修饰，通过图表布局设置图表外观为包含数据标签，并删除标题和图例，具体操作步骤如下。

步骤01 选择图表布局格式。继续上小节中打开的工作簿，❶选中上小节创建的图表，❷切换到"图表工具-设计"选项卡，单击"图表元素"组中的"快速布局"按钮，❸从展开的库中选择"布局4"样式，如下图所示。

步骤02 显示应用布局效果。此时，饼图已显示为不包含标题和图例但已添加数据标签的效果，如下图所示。

Excel 提供的布局有时并不能满足需要，用户也可以自行设置自己常用的图表布局，方法是手动对图表布局的格式进行设置，然后将设置完成后的图表存储为图表模板，以后就可以直接调用这个模板作为图表布局。

14.1.3 应用图表样式

通过上面的图表布局设置后，饼图的图表区看上去还是很单调，我们可对饼图进行进一步的美化，如利用 Excel 提供的图表样式一步完成对图表的样式设置。

图表样式是指图表的图表区、绘图区以及数据系列的显示样式，如图表区和绘图区的颜色填充、各数据系列的颜色填充等。在 Excel 提供的图表样式中，包含只对针对数据系列的样式，也有同时设置数据系列和图表区及绘图区的样式，用户可根据需要直接单击相应的图表样式。现在我们就通过图表样式来为创建好的饼图设置样式，具体操作步骤如下。

步骤01 选择图表样式。继续上小节中打开的工作表，选中工作表中的图表，在"图表工具 - 设计"选项卡下"图表样式"组中单击快翻按钮，从展开的样式库中选择合适的样式，如下图所示。

步骤02 应用图表样式效果。此时，显示出应用图表样式后的饼图效果，如下图所示。

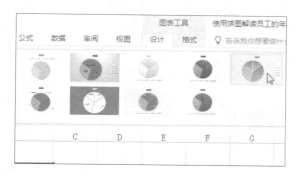

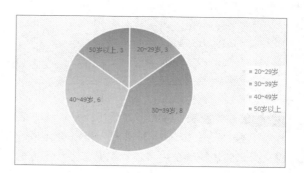

14.2 使用柱形图比较学历结构

在员工基本信息的管理中，学历结构是很重要的信息。企业通常会对现有员工的学历结构进行关注，通过对现有员工学历结构的比较，监测员工的学历结构是否符合公司的发展，为以后的公司经营及发展战略提供保障，并在将来的人力资源规划中做出相应的调整。

原始文件：下载资源\实例文件\第14章\原始文件\使用柱形图比较学历结构.xlsx
最终文件：下载资源\实例文件\第14章\最终文件\使用柱形图比较学历结构.xlsx

14.2.1 复制图表

柱形图用于比较多个类别的值，也是包含子图表类型最多的图表之一，它有簇柱状形图、堆积柱形图、百分比堆积柱形图以及三维柱形图几大类共计 114 种子图表类型。堆积柱形图显示单个项目与总体的关系，并跨类别比较每个值占总体的百分比。百分比堆积柱形图跨类别比较每个值占总体的百分比。堆积柱形图使用二维垂直堆积矩形显示值，三维堆积柱形图仅使用三维透视效果显示值。而三维柱形图使用三个可以修改的坐标轴（横坐标轴、纵坐标轴和竖坐标轴），并沿横坐标轴和竖坐标轴比较数据点。

如果要对现有员工的学历结构进行比较，可选用柱形图表类型来表述。创建图表的方法很多，比如上一节中学习的通过选择数据区域后直接单击相应图表来创建，还可以通过复制已有图表来创建新的图表。

在原始文件中，已将员工学历统计在了"学历统计"工作表中，而在"年龄结构统计"工作表中已创建了饼图，我们现在可以通过复制该饼图，更改其数据源和图表类型来创建柱形图。

步骤01 查看工作表中的图表。打开原始文件，看到该工作簿中包含"员工档案表""年龄结构统计"和"学历统计"3个工作表，单击"年龄结构统计"工作表标签，可看到表格数据和创建的饼图，如下图所示。

步骤02 复制图表。❶右击图表的图表区，❷在弹出的快捷菜单中单击"复制"命令，如下图所示。

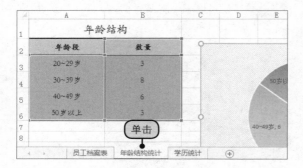

步骤03 粘贴图表。❶单击"学历统计"工作表标签，❷然后右击工作表中任一空白单元格，❸从弹出的快捷菜单中单击"粘贴选项"下方的"保留源格式"命令，如下图所示。

步骤04 显示粘贴的图表效果。此时，在"学历统计"工作表中显示出复制完成的图表，如下图所示。

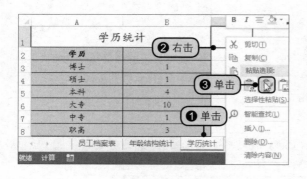
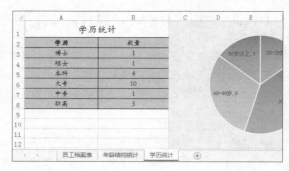

知识补充

用户还可以通过单击功能区的"复制"按钮来复制图表，先选中图表，单击"开始"选项卡下"剪贴板"组中的"复制"按钮，然后在目标工作表中单击"粘贴"按钮即可。

14.2.2 更改图表源数据

更改图表源数据只有在已经创建了图表时才能使用，它的作用是将图表中现有的数据区域根据需要做相应更改，如当图表中表述的数据区域发生变化时，就需要通过更改图表源数据来重新为图表选择数据。

在该实例中，复制的饼图中的源数据是"年龄结构统计"工作表中的数据，现在我们通过更改图表源数据，将图表中的源数据区域更改为"学历统计"工作表的数据，具体操作步骤如下。

步骤01 选择数据。继续上小节打开的工作簿，❶选中饼图，❷切换到"图表工具 - 设计"选项卡，单击"数据"组中的"选择数据"按钮，如下图所示。

步骤02 更改数据源。此时弹出"更改数据源"对话框，然后单击"图表数据区域"后的单元格引用按钮，如下图所示。

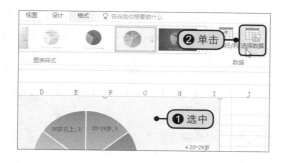

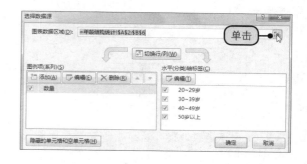

步骤03 选择数据区域。单击"学历统计"工作表标签，在该工作表中选中A2:B8单元格为图表数据区域，如下图所示。

步骤04 单击"确定"按钮。然后再次单击单元格引用按钮，返回"选择数据源"对话框，在该对话框中显示出已更改的源数据，然后单击"确定"按钮，如下图所示。

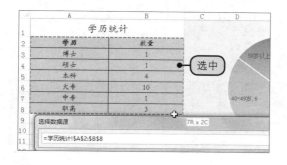

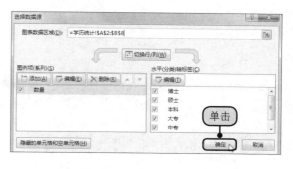

步骤05 显示更改数据区域后的效果。此时饼图中显示已更改的源数据，如右图所示。

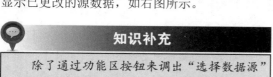

知识补充

除了通过功能区按钮来调出"选择数据源"对话框外，用户还可以直接在图表区中右击，在弹出的快捷菜单中单击"选择数据"命令来调出"选择数据源"对话框。

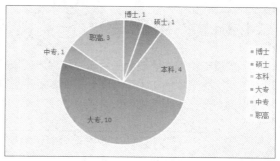

14.2.3 更改图表类型

对图表进行数据源的更改后，接下来就来更改图表的类型。更改图表类型的方法也有两种，一种是利用功能区的按钮，另一种是利用快捷菜单命令。这里介绍利用快捷菜单命令，将现有的饼图更改为柱形图。具体操作步骤如下。

步骤01 更改图表类型。继续上小节中打开的工作簿，❶右击"学历统计"工作表中图表的图表区，❷在弹出的快捷菜单中单击"更改图表类型"命令，如下图所示。

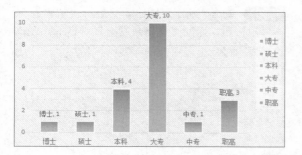

步骤02 选择图表类型。❶在弹出的"更改图表类型"对话框中单击"柱形图"选项，❷在右侧选择合适的柱形图，如下图所示，单击"确定"按钮。

步骤03 显示更改效果。返回工作表中，此时图表已由饼图更改为簇状柱形图，如下图所示。

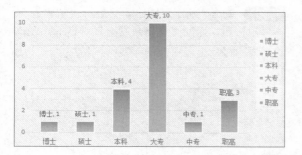

步骤04 进一步完善图表。随后对图表进一步完善，完成柱形图的绘制，如下图所示。

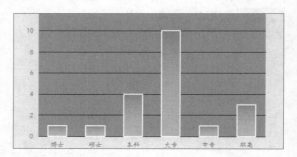

知识补充

"更改图表类型"按钮位于"图表工具-设计"选项卡下"类型"组中，用户选中图表后，直接单击该按钮，即可调出"更改图表类型"对话框。

14.3 使用面积图表现员工男女构成比

当需要用图表来表现数据时，应根据所要表述的数据的特点来选择适合的图表类型。如要用图表表现员工男女构成比时，由于所要表述的数据系列只有两个，则应选用适合表述数据系列少的图表，如面积图中的百分比堆积面积图。

原始文件：下载资源\实例文件\第14章\原始文件\使用面积图表现员工男女构成比.xlsx

最终文件：下载资源\实例文件\第14章\最终文件\使用面积图表现员工男女构成比.xlsx

14.3.1　创建百分比堆积面积图

百分比堆积面积图是面积图下的子图表，它的特点是纵坐标轴始终以百分比值显示，并且所有数据系列的总和为100%。它包含百分比堆积面积图和三维百分比堆积面积图2种类型，它们均用于显示每个数值所占百分比随时间或其他类别数据变化的趋势。三维百分比堆积面积图使用三维透视效果显示数值，但不使用第三个轴。

在员工的性别统计中，只会包含"男"和"女"两个数据系列，而面积图也适用于表述较少的数据系列，且选用百分比堆积面积图来表现男女构成比，不仅表现了男女员工的构成比，还能直观地看到各性别员工数量近年来的变化趋势。

在本实例的原始文件的"公司近年员工性别统计"表中，显示出近三年来公司的男女员工数量，现在我们就来为该工作表创建百分比堆积面积图，具体操作步骤如下。

步骤01 选中数据区域。打开原始文件，在工作表中有近几年的员工性别的统计数据，然后选中A2:C7单元格数据区域，如下图所示。

步骤02 创建百分比堆积面积图。❶切换到"插入"选项卡，单击"图表"组中的"插入折线图或面积图"下三角按钮，❷在展开的下拉列表中选择"百分比堆积面积图"，如下图所示。

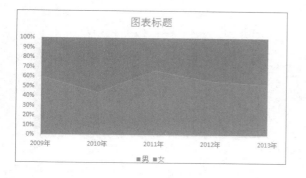

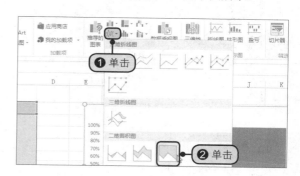

步骤03 显示创建的百分比堆积面积图。此时，工作表中显示出创建好的百分比堆积面积图效果，如下图所示。

步骤04 更改图表标题名称。单击图表中的"图表标题"文本框，并输入"近年员工性别构成比"为图表标题，完成后的效果如下图所示。

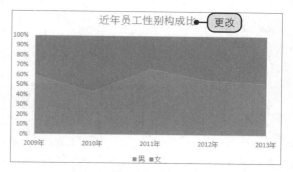

14.3.2　设置图表标题格式

对图表标题格式进行设置可以让图表更加醒目，让图表标题与整个图表更加协调，使图表更加美观。图表标题格式的设置主要是对标题框的相关设置，如标题框的颜色填充设置，边框颜色、边框样式设置，以及阴影、三维格式设置等，对文字部分的设置为文字版式的设置，如文字的排列方向、角度等。用户可根据需要对其中的某些格式进行设置，而不必对每一个格式选项都进行设置。

如给"近年员工性别构成比"面积图标题进行填充、边框颜色、边框样式以及三维格式的设置，其具体操作步骤如下。

步骤01 选择图表元素。继续上小节中打开的工作表，选中图表，❶切换到"图表工具 - 格式"选项卡，在"当前所选内容"组中的图表元素框中，选择"图表标题"的图表元素，❷然后单击"设置所选内容格式"按钮，如下图所示。

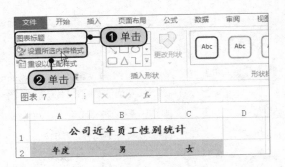

步骤03 设置边框效果。❶单击"边框"左侧的三角按钮，❷然后单击"实线"单选按钮，❸设置好边框的"颜色"和"宽度"，如下图所示。

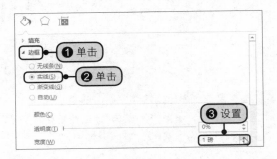

步骤02 设置填充颜色。在工作表的右侧弹出了"设置图表标题格式"窗格，❶单击"填充与线条"下"填充"组中的"纯色填充"单选按钮，❷然后单击"颜色"下三角按钮，❸在展开的列表中选择合适的填充颜色，如下图所示。

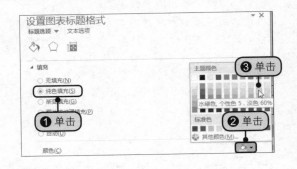

步骤04 设置三维格式。❶单击"效果"标签，❷单击"三维格式"左侧的三角按钮，❸设置"顶部棱台"为"圆"，如下图所示。

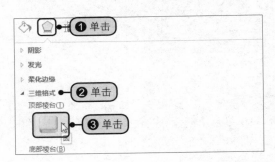

步骤05 显示设置格式后的图表标题效果。然后单击"关闭"按钮，完成图表标题格式的设置，如右图所示。

知识补充

用户还可以用"应用形状样式"和"应用艺术字样式"来对图表各区域设置格式，它们分别位于"图表工具-格式"选项卡下的"形状样式"和"艺术字样式"组中。

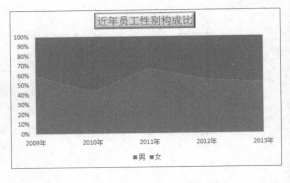

14.3.3　设置数据系列格式

数据系列是在图表中绘制的相关数据点，这些数据源自数据表中的行或列。图表中的每个数据系列具有唯一的颜色或图案，并且在图表的图例中表示。根据图表类型的不同，可以在图表中绘制一个或多个数据系列。

数据系列的格式设置一般包括系列选项、颜色填充、边框颜色、边框样式、阴影及三维格式等。例如要对"近年员工性别构成比"面积图的"系列'女'"和"系列'男'"数据系列分别进行填充、边框颜色、阴影以及三维格式的设置，具体操作步骤如下。

步骤01 选中要设置的系列。继续上小节中的工作表，选中图表，❶在"图表工具 - 格式"选项卡下的"当前所选内容"组中的图表元素框中选择"系列'女'"为图表元素，❷然后单击"设置所选内容格式"按钮，如下图所示。

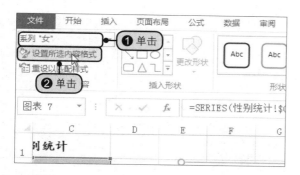

步骤02 设置填充。❶在弹出的"设置数据系列格式"窗格中的"填充与线条"标签下方单击"填充"组中的"渐变填充"单选按钮，❷然后设置好"预设渐变"的填充颜色，如下图所示。

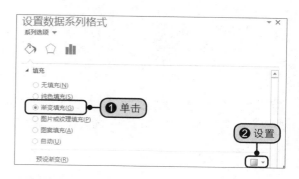

步骤03 设置边框颜色。❶单击"边框"组中的"实线"单选按钮，❷然后设置好边框颜色，如下图所示。

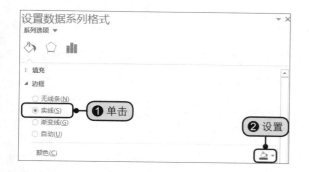

步骤04 设置阴影。❶单击"效果"标签，❷然后单击"阴影"左侧的三角按钮，❸设置好"预设"效果和"颜色"，如下图所示。

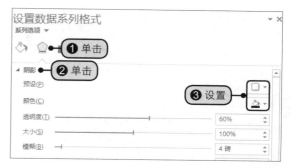

步骤05 选择其他系列元素。❶在"图表工具 - 格式"选项卡下"当前所选内容"组中单击图表元素框下三角按钮，❷从下拉列表中选择"系列'男'"图表元素，如下图所示。

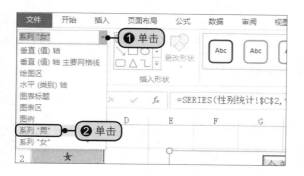

步骤06 设置填充。此时，"设置数据系列格式"窗格自动跳转为该数据系列的格式设置，❶单击"填充与线条"标签，❷单击"图片或纹理填充"单选按钮，如下图所示。

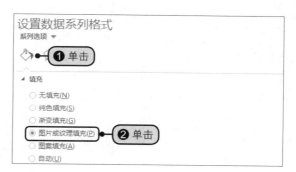

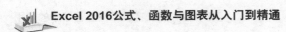

步骤07 选择纹理填充效果。❶单击"纹理"右侧的下三角按钮，❷在展开的库中选择"羊皮纸"选项，如下图所示。

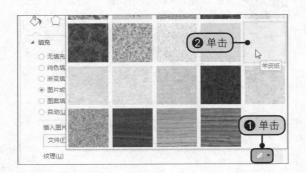

步骤08 设置边框颜色。❶单击"边框"下的"实线"单选按钮，❷然后设置好边框"颜色"和"宽度"，以及"复合类型"和"短划线类型"，如下图所示。

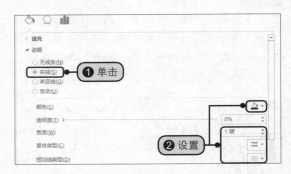

步骤09 完成格式设置后的效果。单击"关闭"按钮后，即可完成数据系列的格式设置，如右图所示。

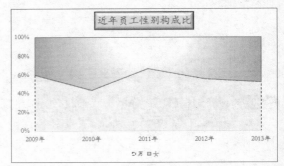

图表在财务管理中的应用

第15章

在进行财务管理时，你是否在烦恼如何将工作表中那些繁杂而枯燥的数字用比较简单和直观的方式表述出来？如何能让别人一看就明白？请选择用图表来表述吧，它能解决你的这些烦恼。

本章知识点

- 控制第二绘图区数据点个数
- 设置数据点标记类型及大小
- 使用趋势线辅助分析数据
- 隐藏散点图标记
- 调整图例位置
- 隐藏网格线
- 添加X、Y误差线并设置误差线格式

15.1 使用复合饼图分析资金结构

资金结构是指企业各种资金的构成及比例关系，它是对企业预期收益、资金成本、筹资风险以及产权分布等加以系统的、综合的、概括的结果。对企业资金结构分析，是企业在财务决策和规划中对筹资效益结构、筹资成本结构、筹资空间结构等各种结构的综合反映。

原始文件：	下载资源\实例文件\第15章\原始文件\使用复合饼图分析资金结构.xlsx
最终文件：	下载资源\实例文件\第15章\最终文件\使用复合饼图分析资金结构.xlsx

15.1.1 创建复合饼图

复合饼图是饼图下的子图表类型，是由包含两个饼图绘图区组成的一种饼图，它的第二绘图区用于表述第一绘图区的某一数据。要将工作表中的数据绘制到复合饼图中，应将要绘制到第二绘图区的数据放在数据工作表的末端，然后在绘制好的复合饼图中对第二绘图区的数据点个数进行设置，即可完成复合饼图的绘制。

在本实例中，我们将使用复合饼图中的第二绘图区来分析"负债资金"的构成情况，而在本例原始文件中还包含"自有资金"构成，我们可以利用选取部分数据的方法来为数据创建图表，具体操作步骤如下。

步骤01 选取数据区域。打开原始文件，按住【Ctrl】键的同时选中A4:B4单元格区域和A9:B12单元格区域为图表数据区域，如右图所示。

	A	B	C	D
1	企业资金结构表			
2	公司名称:天大技术有限公司			
3	资金项目	金额(万元)	资金占有率	
4	自有资金	1685	52.82%	
5	实物资产	150	8.90%	
6	无形资产	135	8.01%	
7	现金投资	600	35.61%	
8	普通股	800	47.48%	
9	负债资金		47.18%	
10	长期贷款	560		
11	公司债券	320	选中	
12	短期贷款	625	41.53%	

209

步骤02 选择图表类型。❶切换到"插入"选项卡，单击"图表"组中的"插入饼图或圆环图"按钮，❷在展开的下拉列表中选择"复合饼图"选项，如下图所示。

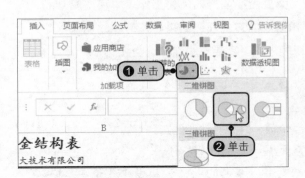

步骤03 显示创建的图表效果。此时工作表中显示了创建好的复合饼图，但该饼图的第二绘图区中的数据点个数只有2个，而原始文件中是3个数据点，如下图所示。

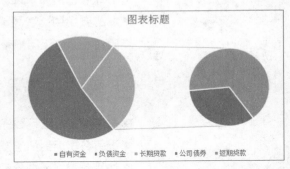

15.1.2　控制第二绘图区数据点个数

在默认状态下，复合饼图第二绘图区的数据点个数为3个，当数据点个数与默认个数不相符时，可通过"设置数据系列格式"对话框下的"系列选项"来控制第二绘图区的数据点个数。

步骤01 选择图表元素。继续上小节中的工作表，选中图表，❶在"图表工具 - 格式"选项卡下的"当前所选内容"组中，设置图表元素为"系列1"，❷然后单击"设置所选内容格式"按钮，如下图所示。

步骤02 设置"系列选项"参数。弹出"设置数据系列格式"窗格，单击"系列选项"下方"第二绘图区中的值"右侧的数字调节按钮，使该框中的数值为"3"，如下图所示。

步骤03 更改数据点后的图表效果。单击"关闭"按钮后，可以看到复合饼图中的第二绘图区数据点个数由原来的2个变为3个，如右图所示。

知识补充

在设置复合饼图第二绘图区数据点个数时，其系列的分割依据包含"位置""值""百分比值""自定义"。默认情况下其分割依据为"位置"。

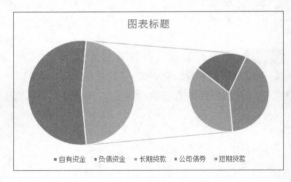

15.1.3 更改图表布局

通过上面的操作，复合饼图还不够完善，如还没有数据标签和图表标题，接下来我们就通过为图表应用图表布局，一步完成添加数据标签和图表标题的操作，具体步骤如下。

步骤01 设置布局样式。继续上小节中的工作表，选中图表，❶在"图表工具 - 设计"选项卡下的"图表布局"组中单击"快速布局"按钮，❷然后在展开的布局库中选择"布局2"，如下图所示。

步骤02 显示设置效果。此时图表中已添加了数据标签，在图表标题框中输入"企业资金结构分析图"，如下图所示。

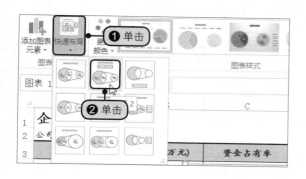

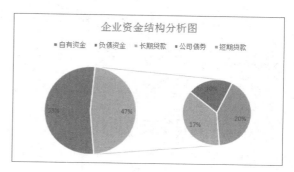

15.1.4 调整图例位置

在默认状态下，创建图表时都会包含图例，并且默认在图表的右侧显示，它的作用是标示图表中的数据系列或分类指定的图案或颜色。在 Excel 中内置了多种图例的显示位置，用户可根据绘制图表时的实际需要，为图例设置一个恰当的位置，让图表看上去更协调、美观。

要对图例的位置进行调整，可直接通过功能区中的相关命令来实现，也可以通过"设置图例格式"对话框来实现。在本例中，通过对图表应用图表布局后，图例位于图表的顶部，接下来我们就通过功能区中的命令来调整图例位置，将其调整到图表下方，具体操作步骤如下。

步骤01 设置图例位置。继续上小节中的工作簿，选中图表，❶切换至"图表工具 - 设计"选项卡，单击"图表布局"组中的"添加图表元素"下三角按钮，❷然后从展开的下拉列表中单击"图例>底部"选项，如下图所示。

步骤02 显示调整图例后的图表效果。此时可看到复合饼图中的图例在图表底部显示，如下图所示。

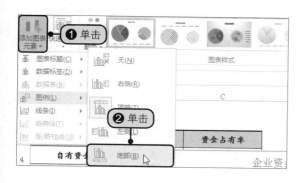

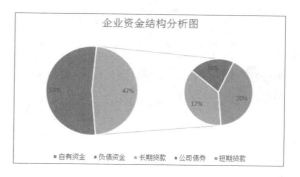

知识补充

　　无论是通过功能区还是"设置图例格式"对话框来调整图例位置，都只是调整图例的显示方位，如图表左侧、图表下方等。如要真正让图例与图表之间相互协调，可以在选中图例后直接拖动鼠标来调整图例的位置。此方法是以上两种方法的补充，它只能调整图例与图表之间的距离，而不能调整图例的显示方位。

15.2　使用折线图分析日常费用情况

　　日常费用是企业在经营过程中必然会产生的一系列费用，财务部门需要将这些日常费用进行管理并统计，以确保账目清晰，然后再对其进行分析，从而为后期的财务预算等提供准确的依据。

> **原始文件：** 下载资源\实例文件\第15章\原始文件\使用折线图分析日常费用情况.xlsx
> **最终文件：** 下载资源\实例文件\第15章\最终文件\使用折线图分析日常费用情况.xlsx

15.2.1　创建日常费用折线图

　　折线图分为带数据标记和不带数据标记的折线图等15个子图表类型，用于显示随时间而变化的连续数据，因此非常适用于显示在相等时间间隔下数据的趋势。如果分类标签是文本并且表示均匀分布的数值，则应使用折线图。当有多个系列时，尤其适合使用折线图。在折线图中，类别数据沿水平轴均匀分布，所有的数值数据沿垂直轴均匀分布。

　　在本实例原始文件中，统计了各项日常费用在一季度和二季度的使用金额，此时我们可以为此工作表创建折线图，以分析各项费用的使用情况。

步骤01 选择数据区域。打开原始文件，选中A3:C10单元格为图表数据区域，如下图所示。

步骤02 选择图表类型。❶切换到"插入"选项卡，单击"图表"组中的"插入折线图或面积图"按钮，❷在展开的下拉列表中单击"带数据标记的折线图"，如下图所示。

步骤03 显示插入效果。即可看到插入的折线图效果，如右图所示。

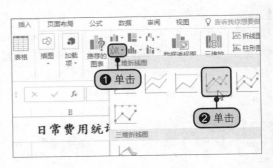

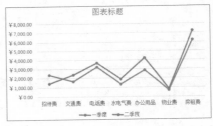

15.2.2　设置数据点标记类型及大小

在绘制的带数据折线图中，每个数据点会自动生成数据标记来显示该数据点的位置，而且每一个数据系列的数据标记不相同。通过对各数据系列标记的类型以及大小的设置，能让各数据的标记更加明显，从而更好地表述数据。

在本实例的带数据标记折线图中，共包含两个数据系列，每个数据系列的数据标记自动生成，如要更改各数据系列数据点标记的类型及大小，可通过"设置数据系列格式"对话框下的"数据标记选项"来实现，具体操作步骤如下。

步骤01 选择图表元素。继续上小节中的工作表，选中图表，❶在"图表工具 - 格式"选项卡下的"当前所选内容"组中设置图表元素为"系列'一季度'"，❷然后单击"设置所选内容格式"按钮，如下图所示。

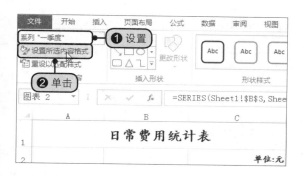

步骤02 设置数据标记。❶在弹出的"设置数据系列格式"窗格中单击"数据标记选项"左侧的三角按钮，然后单击"内置"单选按钮，❷从"类型"中选择合适的内置类型，调整"大小"为"9"，如下图所示。

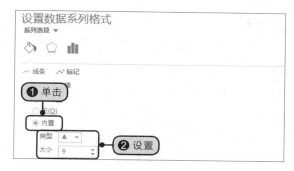

步骤03 显示设置标记效果。单击"关闭"按钮后，图表中"一季度"数据系列的数据点标记变为了三角形，如下图所示。

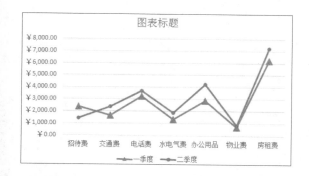

步骤04 选择图表元素。❶在"图表工具 - 设计"选项卡下"当前所选内容"组设置图表元素为"系列'二季度'"，❷然后单击"设置所选内容格式"按钮，如下图所示。

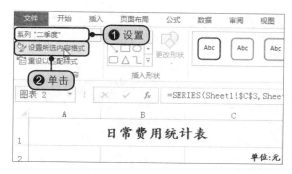

步骤05 设置数据标记。❶在弹出的"设置数据系列格式"窗格中单击"数据标记选项"下的"内置"单选按钮，❷从"类型"下拉列表中选择合适的类型，调整"大小"为"11"，如右图所示。

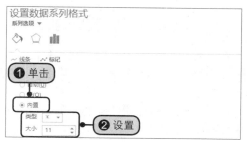

213

步骤06 显示设置效果。单击"关闭"按钮后，图表中"二季度"数据系列的数据点标记更改为米字形，如右图所示。

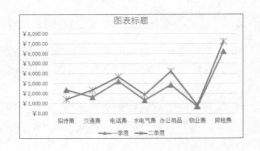

15.2.3 隐藏网格线

网格线位于图表的绘图区中，由横向和纵向的线条组成。大多数图表中都包含网格线，它的作用是更好、更准确地读懂图表数据。网格线包含主网格线和次网格线，用户可根据实际需要只设置某一种网格线，就能达到图表的阅读效果了。

但在某些数据图表中，网格线的存在也会影响图表的阅读，就需要隐藏网格线。在本实例中自动生成了主要横网格线，下面隐藏该网格线，具体操作步骤如下。

步骤01 设置网格线格式。继续上小节中的工作表，选中图表，❶右击图表中的网格线，❷在弹出的快捷菜单中单击"设置网格线格式"命令，如下图所示。

步骤02 设置无线条的网格线。在弹出的"设置主要网格线格式"窗格中，单击"线条"下方的"无线条"单选按钮，如下图所示。

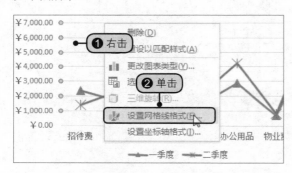

步骤03 显示设置效果。单击"关闭"按钮后，可看到图表中的网格线已经隐藏起来，如右图所示。

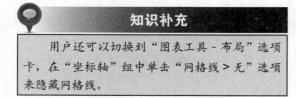

知识补充

用户还可以切换到"图表工具 - 布局"选项卡，在"坐标轴"组中单击"网格线 > 无"选项来隐藏网格线。

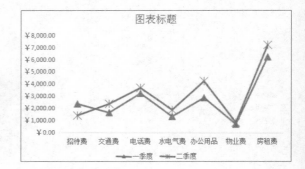

15.2.4 使用趋势线辅助分析数据

趋势线主要是以图形的方式显示数据的趋势并帮助分析预测问题，这种分析也称为回归分析。用户通过回归分析，可以在图表中将趋势线延伸至实际数据以外来预测未来值。但堆积图、三维图、雷达图、饼图、曲面图以及圆环图中的数据系列不能添加趋势线。

用户可以为图表中的各数据系列分别添加线性趋势线来分析数据，例如为本实例中的折线图中的"二季度"添加"线性"趋势线，它能够预测未来数据的变化情况。

步骤01 添加趋势线。继续上小节中的工作表，❶单击图表右侧的"图表元素"按钮，❷在展开的列表中单击"趋势线>线性"选项，如下图所示。

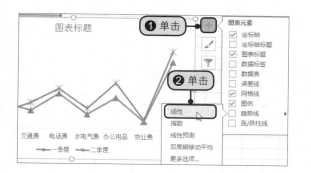

步骤02 选择要添加的趋势线。❶在弹出的"添加趋势线"对话框中单击"二季度"，❷然后单击"确定"按钮，如下图所示。

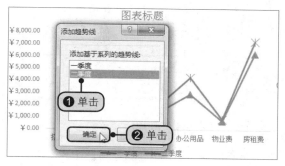

步骤03 显示添加效果。此时，图表中显示出添加的趋势线效果，如下图所示。

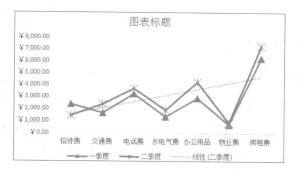

步骤04 显示设置的最终效果。为图表更改标题信息并对其进一步美化后，完成日常费用折线图的绘制，如下图所示。

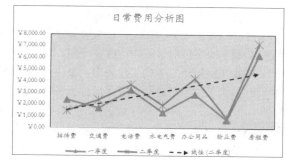

知识补充

在 Excel 中包含 6 种趋势线，各趋势线的用途如下。

线性趋势线：通常表示事物是以恒定速率增加或减少。它适用于简单线性数据集的最佳拟合直线。当数据点构成的图案类似于一条直线时，则表明数据是线性的。

对数趋势线：它是数据变化率快速增加或降低，然后达到稳定的情况下使用的最佳拟合曲线。对数趋势线还可以同时使用负值和正值。

多项式趋势线：它是一种数据波动的情况下使用的曲线。如通过一个较大的数据集分析盈亏。多项式的次数可由数据的波动次数或曲线中出现弯曲的数目来确定。

乘幂趋势线：它是一种曲线，用于对以特定速率增加的测量值进行比较的数据集，当数据中含有零值或负值时，不能创建乘幂趋势线。

指数趋势线：它是一种数据值以不断增加的速率上升或下降的情况下使用的曲线。当数据中含有零值或负值时，不能创建指数趋势线。

移动平均趋势线：它可平滑处理数据的波动，以更清楚地显示图案或趋势。它使用特定数目的数据点取其平均值，然后将该平均值用做趋势线中的一个点。

用户还可以为趋势线添加 R 平方值，来确认趋势线的估计值与对应的实际数据之间的拟合程度。当趋势线的 R 平方值等于 1 或接近 1 时，其可靠性最高。

15.3　建立阶梯图表现账户资金变化情况

　　企业在经营过程中，资金的往来都是通过银行之间的转账来进行收款以及支付等，通常情况下企业至少包含一个银行账户，也叫做基本户，而资金往来较多的企业则包含两个以上的银行账户，除一个基本户以外，其他的银行账户均为一般户。

原始文件：	下载资源\实例文件\第15章\原始文件\建立阶梯图表现账户资金变化情况.xlsx
最终文件：	下载资源\实例文件\第15章\最终文件\建立阶梯图表现账户资金变化情况.xlsx

15.3.1　创建散点图

　　散点图用于显示若干数据系列中各数值之间的关系，它将两组数值绘制为 xy 坐标的一个系列，所以也叫 XY 散点图。散点图有两个数值轴，沿横坐标轴（X 轴）方向显示一组数值数据，沿纵坐标轴（Y 轴）方向显示另一组数值数据。散点图将这些数值合并到单一数据点并按不均匀的间隔或簇来显示它们。散点图的最大特点是 X 轴和 Y 轴均显示为数值，而非文本。

　　而阶梯图顾名思义就是绘制完成的图表像台阶，或上或下，层次分明。要建立阶梯图应先创建散点图，然后再为创建好的散点图添加误差线，并对误差线的格式进行相关的设置后即可创建阶梯图。

　　在公司账户管理中，各账户的资金因为资金往来随时在发生变化，随时关注公司的账户，也就是随时关注公司资金的流向情况，如应收款是否按时到账、应付款是否已经划出等，然后根据各账户的资金余额情况来决定以后该账户的收支分配。

　　在本实例原始文件的工作表中，是一份关于企业的两个账户在各月的资金变化情况统计表，接下来我们就为该工作表创建散点图，以分析各账户资金的变化情况。具体操作步骤如下。

步骤01 选中数据区域。打开原始文件，选中 A3:M5单元格为图表数据区域，如下图所示。

步骤02 选择图表类型。❶切换到"插入"选项卡，单击"图表"组中的"插入散点图或气泡图"按钮，❷在展开的下拉列表中单击"散点图"选项，如下图所示。

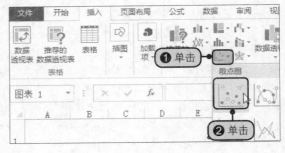

步骤03 显示创建的图表效果。此时，工作表中显示了创建的散点图效果，如右图所示。

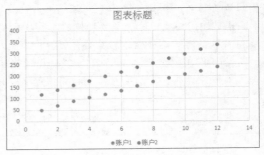

15.3.2　添加X、Y误差线

误差线也是图表辅助分析的一种，用于表示图形上相对于数据系列中每个数据点或数据标记的潜在误差量。误差线包含标准误差线、百分比误差线和标准偏差误差线3种类型，只能对二维区域、栏、列、线条、XY 散点图和气泡图中的数据系列添加误差线。对于 XY 散点图和气泡图，既可以显示 X 值或 Y 值的误差线，也可以同时显示这两者的误差线。

接下来我们将分别为创建好的散点图中的两个数据系列添加标准误差线。具体操作步骤如下。

步骤01 为散点图添加误差线。继续上小节中的工作表，选中图表，❶单击图表右侧的"图表元素"按钮，❷在展开的列表中单击"误差线>标准误差"选项，如下图所示。

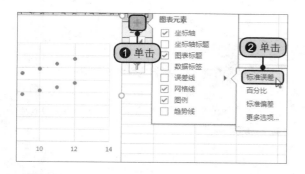

步骤02 显示添加的误差线。此时，散点图中显示了添加的误差线效果，如下图所示。

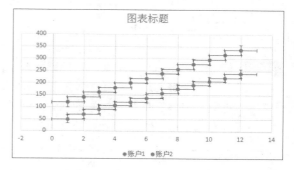

步骤03 选择图表的元素。选中图表，❶在"图表工具 - 格式"选项卡下的"当前所选内容"组中设置图表元素为"系列'账户1'X 误差线"，❷然后单击"设置所选内容格式"按钮，如下图所示。

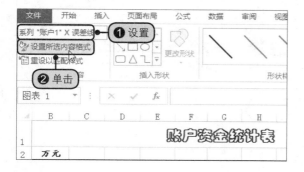

步骤04 设置账户1的水平误差线。弹出"设置误差线格式"窗格，❶在"水平误差线"下方的"方向"组中单击"负偏差"单选按钮，❷然后在"末端样式"组中单击"无线端"单选按钮，如下图所示。

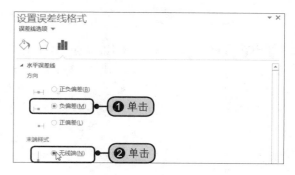

步骤05 更改图表元素。❶直接单击"图表工具 - 格式"选项卡下的"当前所选内容"组中"图表元素"下三角按钮，❷在展开的下拉列表中单击"系列'账户1'Y 误差线"选项，如右图所示。

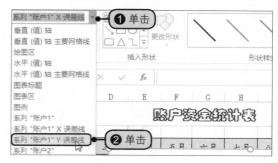

217

步骤06 设置账户1的垂直误差线。此时，"设置误差线格式"窗格自动转换为"垂直误差线"的格式设置。①然后单击"方向"组中的"正偏差"单选按钮，②在"末端样式"组中单击"无线端"单选按钮，如下图所示。

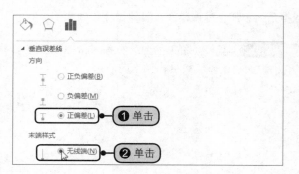

步骤07 更改图表元素。在"图表工具-格式"选项卡下，①设置"当前所选内容"组中的"图表元素"为"系列'账户2'X误差线"，②然后单击"设置所选内容格式"按钮，如下图所示。

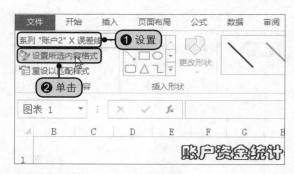

步骤08 设置账户2的水平误差线。在"设置误差线格式"窗格中，①单击"方向"组中的"负偏差"单选按钮，②然后在"末端样式"组中单击"无线端"单选按钮，如下图所示。

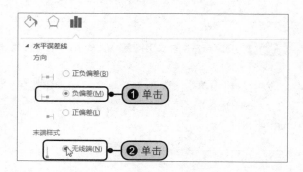

步骤09 设置水平误差线线条颜色。①单击"填充与线条"标签，②单击"实线"单选按钮，③然后单击"颜色"下三角按钮，④从展开的列表中选择合适的填充颜色，如下图所示。

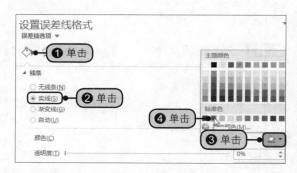

步骤10 设置账户2的垂直误差线。应用相同的方法选中"系列'账户2'Y误差线"，①然后单击"方向"组中的"正偏差"单选按钮，②在"末端样式"组中单击"无线端"单选按钮，如下图所示。

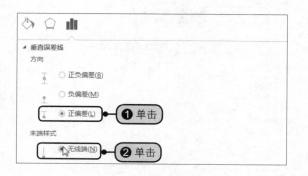

步骤11 显示设置误差线后的效果。单击"关闭"按钮后，显示出设置误差线格式后的效果，如下图所示。

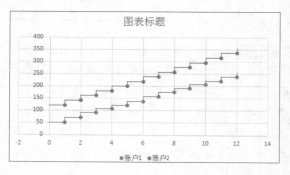

步骤12 设置坐标轴格式。❶右击图表中的网格线，❷在弹出的快捷菜单中单击"设置坐标轴格式"命令，如下图所示。

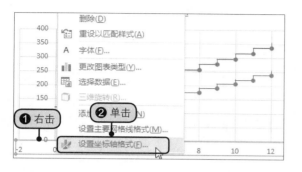

步骤13 设置坐标轴的最小值。在右侧弹出的"设置坐标轴格式"窗格中设置"最小值"为"0"，如下图所示。

步骤14 显示最终的设置效果。单击"关闭"按钮后，显示设置的误差线的最终效果，如右图所示。

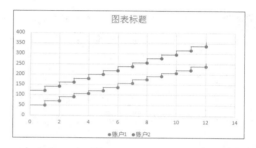

知识补充

当要对多个图表元素逐个进行格式设置时，在调出了第一个格式设置窗格并对当前图表元素进行格式设置后，可不用关闭该窗格，直接在图表元素框中选择下一个要进行格式设置的图表元素，或在图表中单击要进行格式设置的图表元素，此时的窗格将自动跳转为当前所选中的图表元素格式设置窗格。

15.3.3　隐藏散点图标记

散点图的标记用于显示各数据点在图表中对应的位置，在利用散点图绘制阶梯图时，还需要将散点图的标记隐藏起来，从而使图表看起来更美观。

步骤01 选择图表元素。继续上小节中的工作表，❶选中图表中的账户1数据系列，然后右击，❷在弹出的快捷菜单中单击"设置数据系列格式"命令，如下图所示。

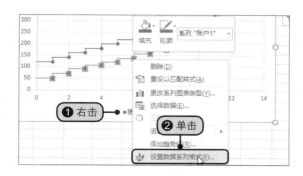

步骤02 设置账户标记格式。在弹出的"设置数据系列格式"窗格中单击"数据标记选项"下方的"无"单选按钮，如下图所示。

步骤03 选中其他系列。选中图表中的账户2数据系列，如下图所示，此时将设置账户2的系列格式。

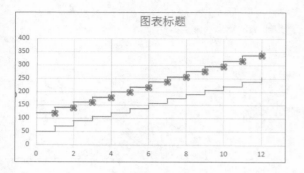

步骤05 显示设置后的效果。单击"关闭"按钮后，图表中的数据标记已经隐藏起来，如下图所示。

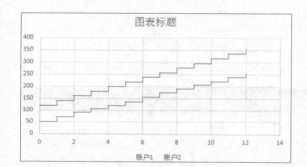

步骤04 设置系列效果。在"设置数据系列格式"窗格中单击"数据标记选项"下方的"无"单选按钮，如下图所示。

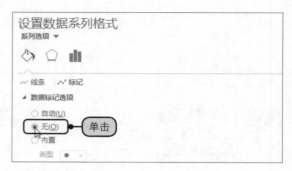

步骤06 完善图表。为阶梯图更改标题信息，并对各区域进一步美化后，完成阶梯图的绘制，如下图所示。

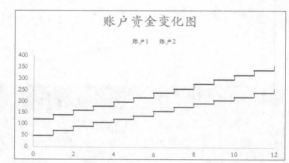

知识补充

在绘制阶梯图时，重点是设置误差线的格式，其实主要是将数据系列中误差线的水平误差线和垂直误差线的显示方向设置为相反的方向即可，当水平误差线的显示方向为"负偏差"时，那么垂直误差线的显示方向则必须设置为"正偏差"。

第 16 章

图表在市场调查中的应用

要想做出得到市场和消费者认可的产品，取得好的销售成绩，市场调查是非常关键的一环。但是光有市场调查的统计数据还是不够，还需要对这些数据进行整理分析。在 Excel 中，可以使用不同的图表将市场调查的结果以更直观的方式进行展现。

📖 本章知识点

- 创建百分比堆积柱形图
- 设置绘图区和图表区格式
- 设置坐标轴格式
- 为数据标签设置引用公式
- 旋转第一扇区起始角度
- 设置数据系列格式
- 单元格参与作图
- 添加数据系列
- 显示百分比数据标签
- 手动分离扇区

16.1 不同年龄段消费者使用手机品牌分析

品牌调研是市场调查中常见的一个课题，通过对同类产品不同品牌的调查研究，可以掌握消费者选择品牌的规律，明白品牌之间的差异，为企业品牌能够有更好的市场和消费群体定位提供必要的数据分析依据。本例将根据不同年龄段的消费者选择手机品牌的数据，使用图表对不同的品牌进行比较分析。

> 原始文件：下载资源\实例文件\第16章\原始文件\不同年龄段消费者使用手机品牌分析.xlsx
> 最终文件：下载资源\实例文件\第16章\最终文件\不同年龄段消费者使用手机品牌分析.xlsx

16.1.1 创建百分比堆积柱形图分析不同年龄段手机用户

百分比堆积柱形图用来跨类别比较每个值占总体的百分比，在该类图表中，每个柱形图的柱形都延伸到图表顶部，它的垂直轴上显示百分比值，水平轴上显示类别，柱形图的色块代表一个系列在总类别中所占的百分比。

当需要在图表中反映两个或两个以上的数据系列，并且要强调每个值占整体的百分比，尤其是当各类别的总数相同时，可使用百分比堆积柱形图。

 步骤01 **选择数据区域。** 打开原始文件，选中Sheet1中的数据区域A2:E7，如右图所示。

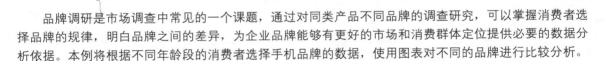

年龄段	三兴	爱诺	创美时	五彩	样本数合计
不同年龄段手机品牌选择调查					
小于20岁	14	3	2	1	20
20-25	8	10	1	1	20
26-30	1	15	3	1	选中
31-40	1	6	9	4	20
40岁以上	1	3	6	10	20

步骤02 选择图表类型。❶切换到"插入"选项卡，单击"图表"组中的"插入柱形图或条形图"选项，❷从展开的子图表类型中选择"百分比堆积柱形图"子类型，如下图所示。

步骤03 创建默认的图表效果。此时，Excel会自动根据选择的数据区域创建百分比堆积柱形图，如下图所示。

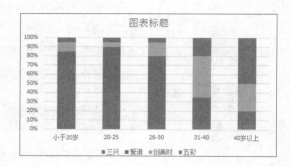

16.1.2 设置图表数据系列格式

在默认的百分比堆积柱形图中，Excel会自动使用默认的颜色填充图表的数据系列，我们可以根据需要重新设置数据系列的格式，具体操作步骤如下。

步骤01 选择数据系列。继续上小节中的工作表，在图表中单击"爱诺"数据系列，如下图所示。

步骤02 设置填充颜色。❶切换到"图表工具 - 格式"选项卡，单击"形状样式"组中的"形状填充"按钮，❷在展开的颜色库中选择合适的填充颜色，如下图所示。

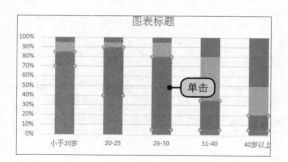

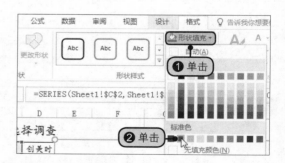

步骤03 显示填充效果。然后将其余的数据系列进行弱化，填充为深浅不同的灰色，如下图所示。

步骤04 添加数据标签。选中"爱诺"系列，❶切换到"图表工具 - 设计"选项卡，单击"图表布局"组中的"添加图表元素"按钮，❷在展开的列表中单击"数据标签>居中"选项，如下图所示。

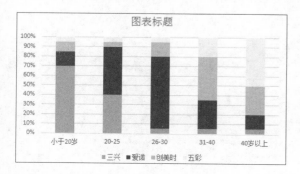

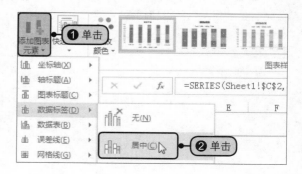

步骤05 显示数据标签后的图表效果。此时图表中会显示"爱诺"数据系列的数据标签，如右图所示。可以看到默认的数据标签字体颜色极不显眼，下一小节中将对其进行重新设置。

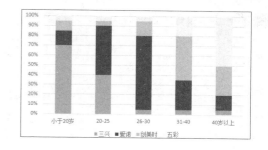

16.1.3　设置绘图区和图表区格式

为了使图表更加美观和专业，接下来为图表设置图表区和绘图区的格式，具体操作步骤如下。

步骤01 设置图表区格式。继续上小节中的工作表，①右击图表区，②在弹出的快捷菜单中单击"设置图表区域格式"命令，如下图所示。

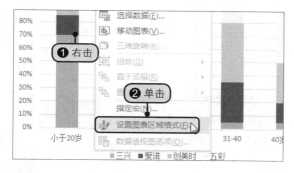

步骤02 设置图表区颜色。①在弹出的"设置图表区格式"窗格中单击"纯色填充"单选按钮，②从"颜色"下拉列表中选择合适的填充颜色，如下图所示。

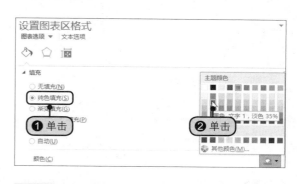

步骤03 选中绘图区。选中图表中的绘图区，如下图所示。

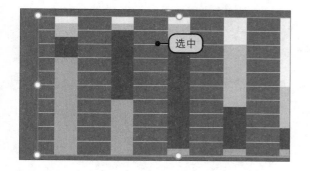

步骤04 设置绘图区格式。①在"设置绘图区格式"窗格中单击"纯色填充"单选按钮，②然后选择合适的填充颜色，如下图所示。

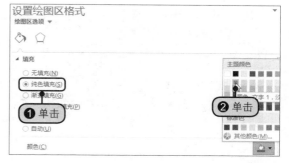

步骤05 设置图表字体颜色。选中图表，①切换到"图表工具 - 格式"选项卡，单击"艺术字样式"组中的"文本填充"按钮，②在展开的库中选择合适的填充颜色，如右图所示。

步骤06 显示设置的最终效果。此时得到的图表效果很自然地强调了数据系列"爱诺",如右图所示。

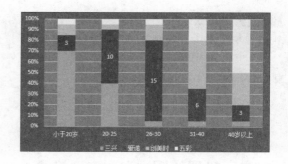

16.1.4 使用单元格内容作为图表标题

使用单元格内容作为图表标题,可以使图表具有更强的灵活性,可以在标题区中显示更多的图表信息。

步骤01 输入图表标题内容。继续上小节中的工作表,合并要合并的单元格区域,并在合并的单元格中输入图表标题以及注释,如下图所示。

步骤02 设置字体格式。将标题和注释所在的合并单元格填充为与图表区相同的颜色,然后将字体颜色设置为白色,如下图所示。

步骤03 移动图表。拖动图表,将图表显示在标题单元格和注释单元格下侧,如下图所示。

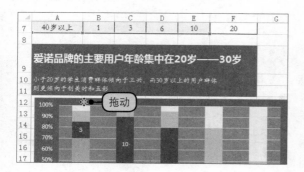

步骤04 缩小图表列宽。拖动图表右侧的调整点,使其和上面合并的单元格对齐,如下图所示。

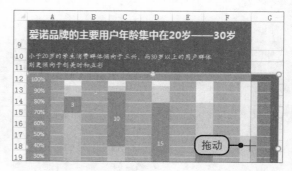

步骤05 图表列宽自动变化。此时更改单元格列宽,会发现图表会随着列宽的变化而变化,如右图所示。

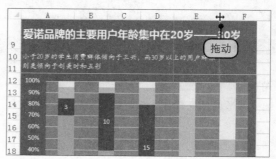

步骤06 隐藏图表边框。再次打开"设置图表区格式"窗格，单击"边框"下方的"无线条"单选按钮，如下图所示。

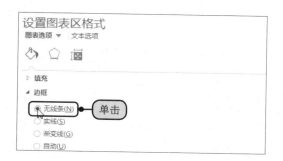

步骤07 显示最终的图表效果。最后，图表与单元格区域共同构成一个完整的图表效果，如下图所示。

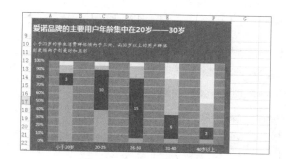

知识补充

由于 Excel 图表本身的"图表标题"元素在进行格式设置时会受到图表的一些制约，因此在现代商业图表中，许多专业级的图表使用单元格内容作为图表标题。但这时需要将图表精确地对齐至单元格。在移动或调整图表的大小时，只需要先按住【Alt】键，然后再移动或调整图表大小，图表就会自动对齐到单元格。该技巧被称为"将图表锚定到单元格"。锚定到单元格后的图表，当单元格的行高或列宽发生变化时，Excel 图表会随着行高或列宽的变化而自动变化。

16.2　使用条形图比较电子商务市场份额

随着网络技术和计算机技术的不断发展，商品的买卖打破了传统的形式，电子商务成为产品流通的新领域，由此也诞生了许多以电子商务为主的网站和企业。

本例主要通过对几个电子商务公司市场份额的比较图表的制作，来介绍如何打破条形图的默认限制，制作具有专业水准的条形图。

> 原始文件：下载资源\实例文件\第16章\原始文件\使用条形图比较电子商务市场份额.xlsx
> 最终文件：下载资源\实例文件\第16章\最终文件\使用条形图比较电子商务市场份额.xlsx

16.2.1　创建默认风格的条形图

条形图通常用来显示各个项目之间的比较情况，排列在工作表行或工作表列中的数据都可以绘制到条形图中。在条形图中，通常竖直坐标轴用于显示条形的分类，即垂直坐标轴为分类轴，而水平坐标轴用来标示数据的大小。当然，用户也可以根据需要设置坐标轴的格式，甚至设置在条形图中不显示坐标轴。

首先来根据原始文件中的数据创建默认风格的条形图，操作步骤如下。

步骤01 选择数据和图表类型。打开原始文件，❶选中C4:D8单元格区域，❷切换到"插入"选项卡，单击"图表"组中的"插入柱形图或条形图"选项，❸在展开的列表中单击"簇状条形图"图表类型，如右图所示。

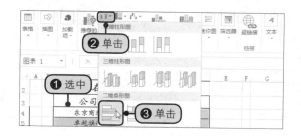

步骤02 创建默认的条形图效果。此时，Excel会根据选择的数据创建默认样式的条形图，如下图所示。

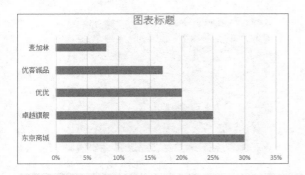

步骤03 删除网格线。❶选中图表中的网格线，然后右击，❷在弹出的快捷菜单中单击"删除"命令，如下图所示。

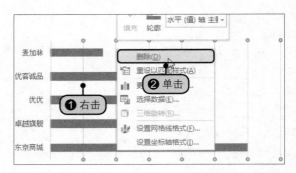

步骤04 显示图表效果。此时得到删除网格线后的图表效果，如右图所示。

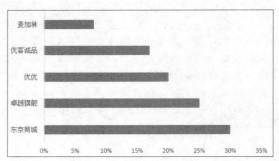

16.2.2 妙用数据标签将分类标签显示在条形上方

在默认的情况下，条形图中每个条形的类别标签都显示在条形左侧的垂直坐标轴中，但这样的图表看得太多以后，人们会产生视觉疲劳，因此会想，能不能将条形的标签显示在条形的上方呢？

如果你经常阅读商务杂志，就会发现上面有许多的商务图表，它看上去也有些像 Excel 图表，比如条形标签显示在条形上方的条形图。也许正是因为突破了 Excel 默认的限制，这些图表会给人耳目一新的感觉。

在 Excel 中能不能将条形图的标签显示在每个条形的上方呢？虽然没有直接的方法去设置，但是可以通过一些巧妙的方法来实现，操作步骤如下。

步骤01 选择数据。继续上小节中的工作表。选中图表，切换到"图表工具 - 设计"选项卡，单击"数据"组中的"选择数据"按钮，如下图所示。

步骤02 添加数据系列。在弹出的"选择数据源"对话框中单击"添加"按钮，如下图所示。

步骤03 编辑数据系列。❶在"编辑数据系列"对话框中单击"系列值"右侧的按钮，设置D4:D8单元格区域，❷单击"确定"按钮，如下图所示。

步骤05 添加数据标签。选中"系列2"，❶在"图表布局"组单击"添加图表元素"按钮，❷在展开的列表中单击"数据标签>居中"选项，如下图所示。

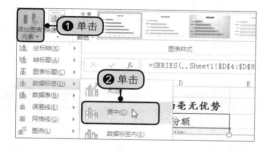

步骤07 设置数据系列填充颜色。❶选中"系列2"，然后右击，❷在弹出的快捷菜单中单击"填充"按钮，❸在展开的库中单击"无填充颜色"选项，如下图所示。

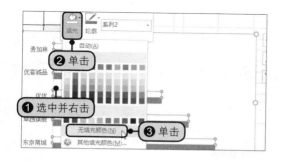

步骤09 为数据标签设置公式。❶选中图表中的"麦加林"条形上方的标签，❷在编辑栏中输入公式"=Sheet1!$C$8"，如右图所示，将该标签内容更改为C8单元格的值，即条形的类别标签。

步骤04 显示添加系列后的效果。此时得到的图表有完全相同的两个数据系列，如下图所示。

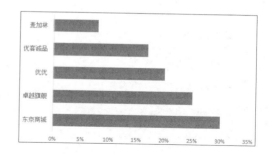

步骤06 显示添加标签后的效果。此时在"系列2"每个条形的中心位置会显示数据标签，如下图所示。

步骤08 隐藏系列。此时，由于设置了"系列2"为无填充色，图表中只显示"系列1"和"系列2"的数据标签，如下图所示。

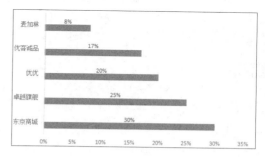

227

步骤10 更改标签效果。用类似的方法，将其余所有的条形上方的标签更改为对应的条形的类别标签对应的单元格的引用，如下图所示。

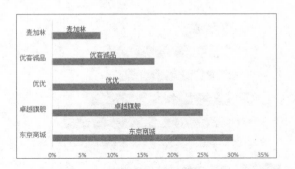

步骤11 移动标签位置。双击选中数据标签，将标签移至垂直坐标轴，并沿坐标轴对齐，如下图所示。

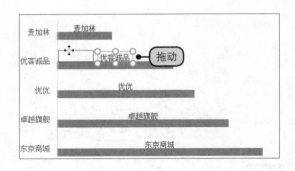

步骤12 对齐所有标签。用类似的方法将所有的标签向左侧移动，使它们沿垂直坐标轴对齐，实现将条形图的分类标签显示在条形上方的效果，如右图所示。

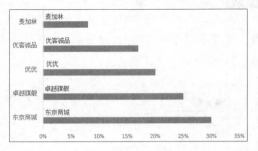

知识补充

在 Excel 图表中，允许用户将数据系列的数据标签更改为对某个单元格的引用，这就使得图表操作有了更强的灵活性，所以，我们就可以使用数据标签来显示分类标签。在更改数据标签时需要注意，一次只能选中一个数据标签进行更改，选中标签后，在编辑栏中输入引用单元格的公式即可。

16.2.3 设置坐标轴格式

通过上一节介绍的操作，我们通过向图表添加两次同样的数据系列，隐藏其中的一个数据系列而只显示其数据标签，通过更改数据标签的内容，实现将条形图的分类标签显示在条形的上方，接下来通过设置坐标轴格式隐藏原来的分类标题，具体操作步骤如下。

步骤01 删除垂直坐标轴。继续上小节中的工作表，❶右击图表中的"垂直（类别）轴"，❷在弹出的快捷菜单中单击"删除"命令，如下图所示。

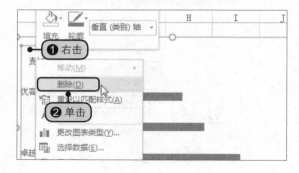

步骤02 显示删除后的效果。此时，纵坐标轴将不再显示垂直坐标轴标签和刻度，如下图所示。

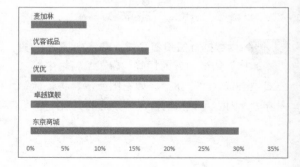

步骤03 隐藏横坐标轴。❶单击图表右侧的"图表元素"按钮，❷在展开的列表中取消勾选"坐标轴"复选框，如下图所示。

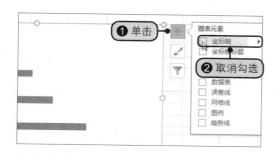

步骤04 显示隐藏效果。此时可以看到横坐标轴被隐藏了，虽然图表显得更整洁一些，但是却没有数据标记，如下图所示。

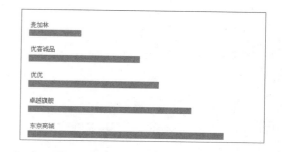

步骤05 添加数据标签。选中"系列1"，❶单击"图表元素"按钮，❷在展开的列表中单击"数据标签>数据标签外"选项，如下图所示。

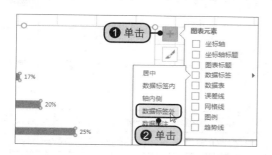

步骤06 显示图表效果。此时，数据系列1的每个条形末端会显示该条形的数值标签，如下图所示。

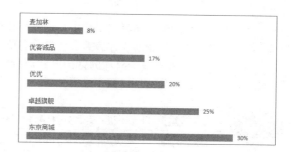

16.2.4　完善和美化条形图

要使图表具有更专业和美观的效果，还需要对图表进行进一步的完善和美化。接下来使用单元格、形状来美化和完善图表。

步骤01 选择形状样式。继续上小节中的工作表，选中图表中的"系列1"，从"形状样式"库中选择一种填充样式，如下图所示。

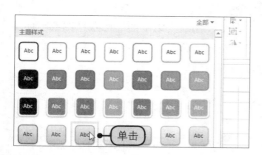

步骤02 使用突出色强调数据点。选中"麦加林"数据点，将该条形填充为"红色"，对其进行强调，效果如下图所示。

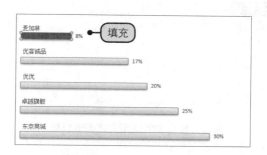

步骤03 添加图表标题。❶单击"图表元素"按钮，❷在展开的列表中单击"图表标题>图表上方"选项，如右图所示。

步骤04 移动图表标题。在添加的图表标题框中输入内容，然后拖动图表标题，移至图表的左侧，如下图所示。

步骤05 显示最终图表效果。随后为图表标题中的文字设置合适的字体和字号，如下图所示。

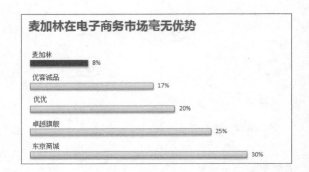

16.3 使用分离型饼图分析休闲方式调查数据

一个人如果长期处于紧张的工作中，一般不会有很好的工作效率，且思维和想法都容易被禁锢。休闲就是为了放松身心，缓解工作疲劳，让自己有更好的状态去工作。

已知对 100 个人进行最喜欢的休闲方式调查数据结果，现需要使用更直观的图表来展现这个调查结果，本节选择使用分离型饼图来进行分析。

原始文件：下载资源\实例文件\第16章\原始文件\使用分离型饼图分析休闲方式调查数据.xlsx
最终文件：下载资源\实例文件\第16章\最终文件\使用分离型饼图分析休闲方式调查数据.xlsx

16.3.1 创建饼图

饼图通常用来反映部分与整体的关系，用来表示其中的某一项占整体的比例。饼图只有一个数据系列，饼图中不同的扇区代表不同的数据点，代表不同的组成项。在实际工作中，当要显示一组数据中的各个数据项占这些数据总和的百分比时，可以使用饼图，如果需要强调其中的某一项，可以将该项从饼图中进行分离。

步骤01 选择图表数据。打开原始文件，选中 B4:C8 单元格区域，如下图所示。

步骤02 选择图表类型。❶切换到"插入"选项卡，单击"图表"组中的"插入饼图或圆环图"下三角按钮，❷在展开的列表中单击"饼图"选项，如下图所示。

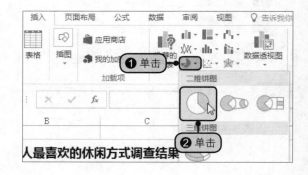

步骤03 显示创建的饼图效果。此时会创建Excel默认的饼图效果，并自动显示图例，如下图所示。

图表标题

步骤04 设置图表标题文字效果。在"图表标题"框中输入标题文字。选中标题中的"旅游"文本，将这两个汉字的字号加大一些，并且设置字体颜色为醒目的红色，如下图所示。

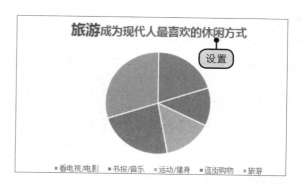

16.3.2 设置格式并美化饼图

创建好饼图后，接下来通过设置数据系列格式等操作美化饼图，操作步骤如下。

步骤01 添加数据标签。继续上小节中的工作表，❶右击饼图数据系列，❷在弹出的快捷菜单中单击"添加数据标签>添加数据标签"命令，如下图所示。

步骤02 设置数据标签格式。❶右击图表中添加的数据标签，❷在弹出的快捷菜单中单击"设置数据标签格式"命令，如下图所示。

步骤03 设置数据标签选项。在弹出的"设置数据标签格式"窗格中的"标签包括"区域勾选"类别名称"和"百分比"复选框，如下图所示。

步骤04 显示设置后的图表效果。返回图表中，删除图表中的图例，此时在各数据点的数据标签中会显示类别名称和百分比数值，如下图所示。

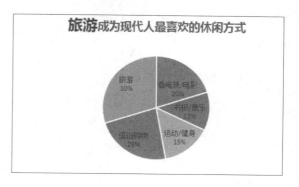

步骤05 设置数据系列填充格式。根据饼图中的数据点的大小，将数据点填充为从浅至深的灰色，将图表需要强调的数据点"旅游"填充为醒目的红色，如右图所示。

16.3.3 旋转和分离扇区

除了使用醒目的颜色填充需要强调的数据点外，还可以将它从饼图中分离出去，加强强调的效果，具体操作步骤如下。

步骤01 设置数据系列格式。继续上小节中的工作表，❶右击图表数据系列，❷在弹出的快捷菜单中单击"设置数据系列格式"命令，如下图所示。

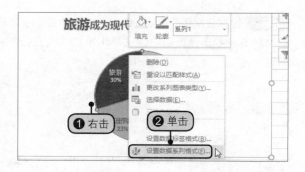

步骤02 设置旋转角度。在打开的"设置数据系列格式"窗格中拖动"第一扇区起始角度"后的滑块，直至其为"125"，也可以直接在后面的文本框中输入，如下图所示。

步骤03 手动分离数据点。双击选中"旅游"数据系列，向外拖动鼠标，从饼图中将该数据点分离出去，如下图所示。

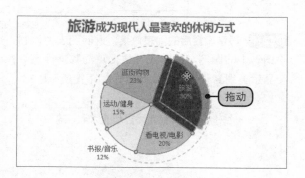

步骤04 显示图表最终效果。然后得到最终的图表效果，如下图所示。

图表在生产管理中的应用

第 17 章

在生产管理中，Excel 图表也有着举足轻重的作用，使用图表对生产管理中的数据进行分析可以使数据以更直观的方式呈现。本章以生产进度图表、产品不良率分析的柏拉图、生产成本构成分析的瀑布图为例，介绍图表在生产管理中的应用。

本章知识点

- 设置第一扇区起始角度
- 设置渐变填充效果
- 更改系列绘制坐标轴
- 创建瀑布图
- 更改系列图表类型
- 隐藏饼图数据点
- 隐藏数据系列

17.1 使用半饼图展示生产进度

生产进度管理可以对订单和生产计划的执行情况随时进行监控，做到对计划数量、已生产数量、生产完成进度等信息了如指掌。通过对生产进度进行管理和控制，可以保证企业按时按量完成生产任务，避免延期交货等现象的发生，提高企业的信誉。

原始文件：下载资源\实例文件\第17章\原始文件\使用半饼图展示生产进度.xlsx
最终文件：下载资源\实例文件\第17章\最终文件\使用半饼图展示生产进度.xlsx

17.1.1 创建辅助数据绘制饼图

Excel 中的饼图类别中，并没有半圆饼图这一子图表类型，所谓的半圆饼图实际上是通过对饼图进行一些特殊的设置，使它看起来就像是半圆饼图。因此，创建半圆进程图表的关键是在作图之前构建辅助数据。考虑到在半圆图中显示已完成的生产进度，实际上也就是将数据缩小了 50% 后进行作图，但不仅仅是"完成比例"数据要进行缩小，相应的其余两个数据也要进行相同比例的缩小。具体的操作步骤如下。

步骤01 计算完成比例。打开原始文件，选中G1单元格，在编辑栏中输入公式"=D18/C18"，并设置合适的数字格式，如右图所示。

G1		▼	:	×	✓	fx	=D18/C18

	A	B	C	D	E	F	G
1						完成比例	62.8%
2		日期	计划生产量	实际生产量			
3		7月1日	1500	1480			
4		7月2日	1500	1520			
5		7月3日	1500	1630			
6		7月4日	1500	1300			
7		7月5日	1800	1500			
8		7月6日	1800	1800			
9		7月7日	1800	2000			
10		7月8日	1800	1900			

步骤02 计算辅助数据。然后在F列输入需要的内容，选中G4单元格，在编辑栏中输入公式"=G1/2"，选中G5单元格，在编辑栏中输入公式"=50%-G4"，在G7单元格中输入"50%"，如下图所示。

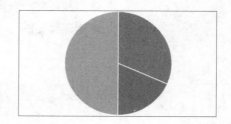

步骤03 插入图表。选中G4:G6单元格区域，切换到"插入"选项卡，❶单击"图表"组中的"插入饼图或圆环图"下三角按钮，❷在展开的图表库中单击"饼图"子类型，如下图所示。

步骤04 显示插入的图表效果。此时得到Excel默认的饼图效果，删除图表中默认的图例和图表标题，得到如右图所示的图表效果。

17.1.2 通过设置数据系列格式完成半圆形进程图

接下来通过设置数据系列格式来完成半圆形进程图，详细的操作步骤如下。

步骤01 设置数据系列格式。继续上小节中的工作表，❶右击图表中的数据系列，❷在弹出的快捷菜单中单击"设置数据系列格式"命令，如下图所示。

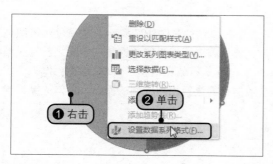

步骤02 设置第一扇区旋转角度。在工作表右侧弹出"设置数据系列格式"窗格，在"第一扇区起始角度"后的文本框中输入"270"，如下图所示。

步骤03 选中数据点。选中饼图中最大的数据点，如右图所示。

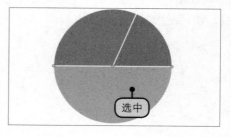

步骤04 设置无填充颜色。此时右侧的窗格切换为"设置数据点格式"，❶单击"填充与线条"标签，❷单击"填充"下方的"无填充"单选按钮，如下图所示。

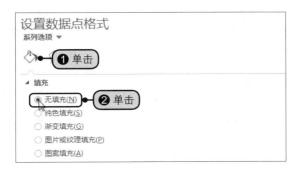

步骤05 显示半饼图效果。此时下方的数据点被隐藏，饼图只显示半圆效果，如下图所示。

步骤06 显示填充数据点后的效果。然后分别将半圆饼图中的两个数据点填充为不同的颜色，如下图所示。

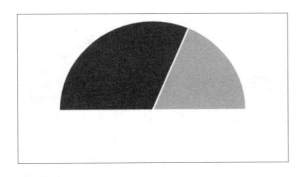

步骤07 添加图表标题。❶在"图表工具 - 设计"选项卡下单击"添加图表元素"按钮，❷从展开的列表中单击"图表标题>图表上方"选项，如下图所示。

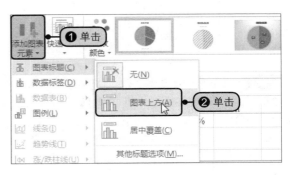

步骤08 显示图表的最终效果。在图表标题占位符处输入标题内容，将图表标题移至半圆饼图下方，为图表区设置填充效果，并设置数据系列的边框为无线条，得到半圆生产进程图的最终效果，如右图所示。

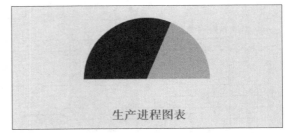

生产进程图表

17.2　创建柏拉图分析产品不良率

　　柏拉图是产品质量管理中常见的一种图表和分析方法。一般来说，影响产品质量的因素很多，但这些因素中有的起关键作用，有的只起次要作用，如何从众多因素中找出起关键作用的因素？可以通过绘制柏拉图，将这些因素用一个图表表达，从而找到关键因素，然后再分别运用不同的管理方法加以控制和解决。

　　由于该图表最初由意大利学者柏拉图发明，因此以"柏拉图"命名。

原始文件：	无
最终文件：	下载资源\实例文件\第17章\最终文件\创建柏拉图分析产品不良率.xlsx

17.2.1　创建不良产品统计表

假设影响某公司产品不良率的因素主要有 A、B、C、D、E、F 共 6 种，需要使用柏拉图对这些因素进行分析。本小节先来创建图表所需的数据表，具体操作步骤如下。

步骤01 创建统计表。新建一个工作簿，在其中一个新工作表中创建不良产品统计表，并输入已知的不良项目和对应的不良数据，如下图所示。

不良项目	不良数	不良率（%）	累积不良率（%）	X轴
A	24			
B	20			
C	4	输入		
D	4			
E	3			
F	5			
合计	60			

步骤02 计算不良率。❶选中C4单元格，在编辑栏中输入公式"=B4/$B$10"，❷按下【Enter】键后向下复制公式，计算出各项目所占的不良率，如下图所示。

C4　　=B4/$B$10

不良项目	不良数	不良率（%）	累积不良率（%）	X轴
A	24	40.00%		
B	20	33.33%		
C	4	6.67%		
D	4	6.67%		
E	3	5.00%		
F	5	8.33%	❷复制	
合计	60	100.00%		

步骤03 计算累计不良率。❶在D3单元格中输入"0"，选中D4单元格，在编辑栏中输入公式"=C4+D3"，❷按下【Enter】键，然后向下复制公式至D9单元格，计算累计不良率，如下图所示。

D4　　=C4+D3

不良项目	不良数	不良率（%）	累积不良率（%）	X轴
			0	
A	24	40.00%	40.00%	
B	20	33.33%	73.33%	
C	4	6.67%	80.00%	
D	4	6.67%	86.67%	
E	3	5.00%	91.67%	
F	5	8.33%	100.00%	❷复制
合计	60	100.00%		

步骤04 计算X轴值。❶在E3单元格中输入"0"，选择E4单元格，在编辑栏中输入公式"=COUNT($B$4:B4)/COUNT($B$4:$B$9)"，❷按下【Enter】键，然后向下复制公式至E9单元格，如下图所示。

E4　　=COUNT($B$4:B4)/COUNT($B$4:$B$9)

不良项目	不良数	不良率（%）	累积不良率（%）	X轴
				0
A	24	40.00%	40.00%	0.1667
B	20	33.33%	73.33%	0.3333
C	4	6.67%	80.00%	0.5
D	4	6.67%	86.67%	0.6667
E	3	5.00%	91.67%	0.8333
F	5	8.33%	100.00%	1
合计	60	100.00%		

步骤05 设置数字格式。打开"设置单元格格式"对话框，❶在"数字"选项卡下单击"分类"列表框中的"分数"，❷然后在右侧的"类型"列表框中选择合适的类型，单击"确定"按钮，如右图所示。

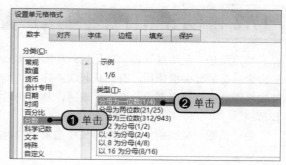

步骤06 显示最终的表格效果。返回工作表中，即可看到E列中的数据变为了分数形式，如右图所示。

	A	B	C	D	E
1	不良产品统计表				
2	不良项目	不良数	不良率（%）	累积不良率（%）	X轴
3					0
4	A	24	40.00%	40.00%	1/6
5	B	20	33.33%	73.33%	1/3
6	C	4	6.67%	80.00%	1/2
7	D	4	6.67%	86.67%	2/3
8	E	3	5.00%	91.67%	5/6
9	F	5	8.33%	100.00%	1
10	合计	60	100.00%		

17.2.2　创建不良项目不良率柱形图

柏拉图实际上就是由一个柱形图和一个折线图组合在一起的图表，首先来创建柏拉图中的柱形图部分，具体的操作步骤如下。

步骤01 选中数据区域。继续上小节中的工作表，选中A4:A9单元格区域和C4:C9单元格区域，如下图所示。

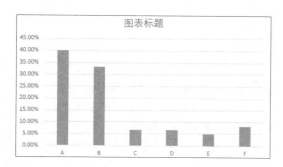

步骤02 插入图表。❶切换到"插入"选项卡，单击"图表"组中的"插入柱形图或条形图"下三角按钮，❷在展开的列表中单击"簇状柱形图"子类型，如下图所示。

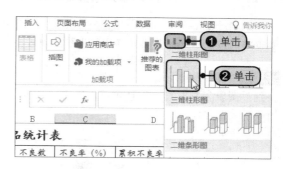

步骤03 显示默认的柱形图效果。此时得到各不良项目不良率的比较柱形图，纵坐标轴单位会自动显示为百分比数值，如下图所示。

步骤04 设置分类间距。双击图表系列，打开"设置数据系列格式"窗格，向左拖动"分类间距"右侧的滑块，直至其变为"0"，如下图所示。

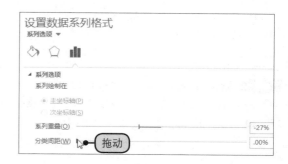

步骤05 设置填充颜色。返回图表中，可以看到每个柱形之间没有分类间距，为不同的数据点填充不同的颜色，如右图所示。

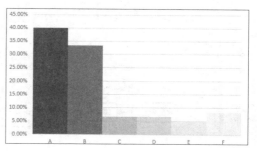

步骤06 设置数值坐标轴刻度。双击纵坐标轴，切换至"设置坐标轴格式"窗格，设置"最小值"为"0.0"，"最大值"为"1.0"，"主要"刻度单位为"0.1"，如下图所示。

步骤07 显示图表效果。更改坐标轴后，单击"关闭"按钮，图表纵坐标轴的最大刻度由原来的45%更改为100%，单击图表中的网格线，按下【Delete】键，即可删除网格线，效果如下图所示。

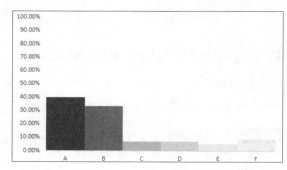

17.2.3 在柱形图中添加折线数据系列

创建好柱形图后，接下来在柱形图中添加累计不良率折线数据系列。Excel 允许在已经创建好的图表中添加数据系列，并且允许为数据系列设置不同的绘制坐标轴和图表类型，具体操作步骤如下。

步骤01 选择数据。继续上小节中的工作表，切换到"图表工具 - 设计"选项卡，单击"数据"组中的"选择数据"按钮，如下图所示。

步骤02 添加系列。在弹出的"选择数据源"对话框中单击"添加"按钮，如下图所示。

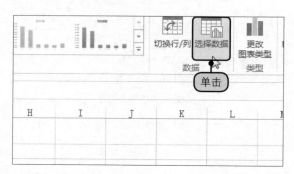

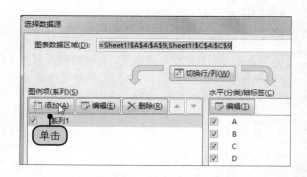

步骤03 编辑数据系列。在"编辑数据系列"对话框中，❶设置"系列值"为D3:D9单元格区域，❷然后单击"确定"按钮，如下图所示。

步骤04 更改系列图表类型。❶右击图中新增的数据系列，❷从弹出的快捷菜单中单击"更改系列图表类型"命令，如下图所示。

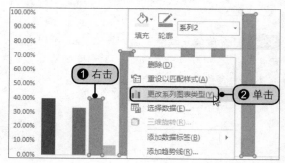

步骤05 选择数据系列。弹出"更改图表类型"对话框，❶在"组合"图表类型中单击"系列2"右侧的下三角按钮，❷在展开的列表中选择"带直线和数据标记的散点图"子类型，如下图所示。然后单击"确定"按钮。

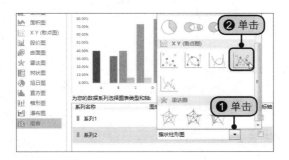

步骤06 选择数据。此时新添加的系列变为了带直线和标记的散点图，❶再右击该系列，❷在弹出的快捷菜单中单击"选择数据"命令，如下图所示。

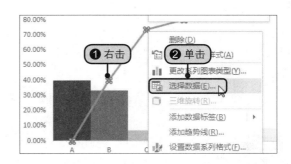

步骤07 编辑数据系列2。❶在弹出的"选择数据源"对话框中选择"系列2"，❷然后单击"编辑"按钮，如下图所示。

步骤08 编辑数据系列。❶在"编辑数据系列"对话框中设置"X轴系列值"为E3:E9单元格区域，❷然后单击"确定"按钮，如下图所示。

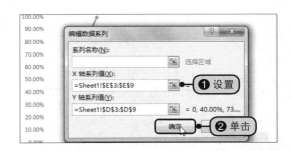

步骤09 设置数据系列格式。❶右击数据系列2，❷在弹出的快捷菜单中单击"设置数据系列格式"命令，如下图所示。

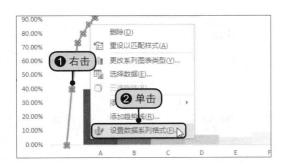

步骤10 更改系列2的系列选项。在右侧弹出的"设置数据系列格式"窗格中单击"系列选项"下方的"次坐标轴"单选按钮，如下图所示。

步骤11 添加次要横坐标轴。切换到"图表工具-设计"选项卡，❶单击"添加图表元素"按钮，❷在展开的列表中单击"坐标轴>次要横坐标轴"选项，如右图所示。

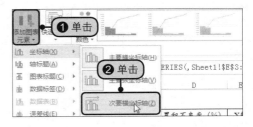

239

步骤12 显示设置后的图表效果。返回图表中，此时得到显示主要和次要横坐标及纵坐标轴的图表效果，如下图所示。

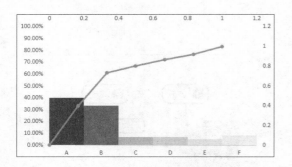

步骤14 设置次要横坐标轴的值。弹出"设置坐标轴格式"窗格，设置"最小值"为"0.0"，"最大值"为"1.0"，如下图所示。

步骤16 设置次要纵坐标轴的值。设置"最小值"为"0.0"、"最大值"为"1.0"、"主要"刻度单位为"0.1"，如下图所示。

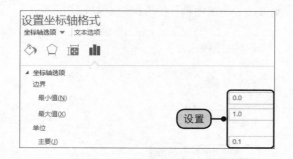

步骤18 显示设置后的图表效果。设置好次要的横纵坐标轴格式后，得到柏拉图效果如右图所示。

步骤13 设置坐标轴格式。❶右击次要横坐标轴，❷在弹出的快捷菜单中单击"设置坐标轴格式"命令，如下图所示。

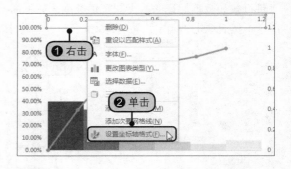

步骤15 选中次要纵坐标轴。双击图表中的次纵坐标轴，如下图所示。

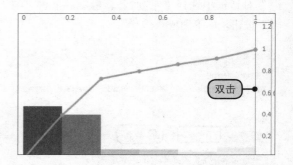

步骤17 设置次要纵坐标轴的数字类别。❶在"设置坐标轴格式"窗格单击"数字"左侧的三角按钮，❷在"类别"列表中选择"百分比"，如下图所示。

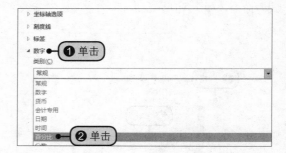

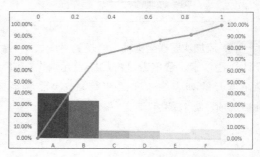

步骤19 选中次要横坐标轴。在图表中再次单击次要横坐标轴，如下图所示。

步骤20 设置标签位置。❶在右侧的窗格中单击"标签"按钮，❷然后单击"标签位置"右侧的下三角按钮，❸在展开的列表中单击"无"选项，如下图所示。

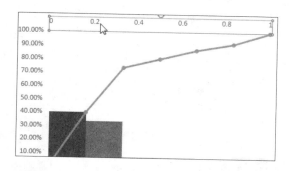

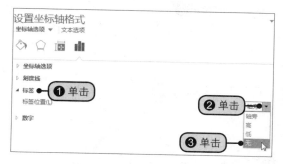

步骤21 显示最终的图表效果。单击"关闭"按钮，即可看到设置后的最终图表效果，如右图所示。

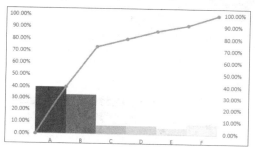

17.2.4　完善和美化条形图

接下来在单元格中为图表添加标题、副标题和数据来源说明，使柏拉图更正式、更专业。

步骤01 选中最大的系列点。继续上小节中的工作表，在图表中选中最大的数据系列点，如下图所示。

步骤02 设置形状样式。在"形状样式"列表中选择合适的样式填充图表中的每个数据点，如下图所示。

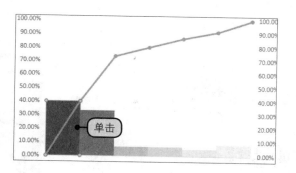

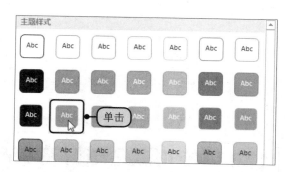

步骤03 选中数据系列。此时得到不同颜色填充数据点的柏拉图效果，然后双击数据系列1，如右图所示。

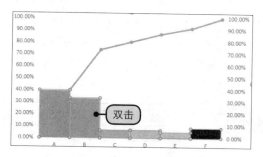

步骤04 设置系列边框。在右侧弹出的"设置数据系列格式"窗格中单击"边框"下方的"无线条"单选按钮，如下图所示。

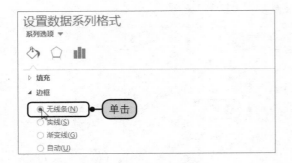

步骤05 构建图表框架。合并要合并的单元格区域，随后输入图表标题等内容，并设置边框格式和字体效果，如下图所示。

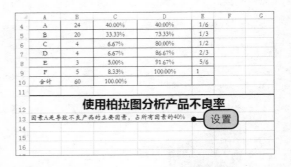

步骤06 拖动图表。将鼠标放置在图表上方，按住鼠标左键，然后将其拖动至构建的图表框架下方，如下图所示。

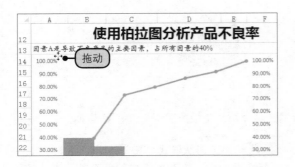

步骤07 改变图表宽度。将鼠标放置在图表的右侧中心点上，然后按住鼠标左键向右拖动，即可改变图表的宽度，如下图所示，直至其与G列的右侧对齐即可。

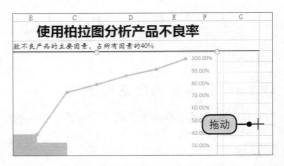

步骤08 显示图表的最终效果。此时即可看到图表的最终效果，如右图所示。

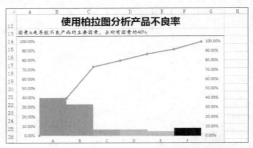

17.3 使用瀑布图解析生产成本构成

　　瀑布图是因图表中数据点的排列形状看上去像瀑布而命名，在过去的 Excel 软件中，用户无法直接创建该图表，必须由堆积柱形图通过巧妙的设置得到，但在 Excel 2016 中用户可以直接创建。瀑布图常用于反映数据多少的变化，或者某一个分类中各个子类的堆积。

　　已知企业各项生产成本的数据，可以使用瀑布图来分析生产成本的构成情况。

原始文件：下载资源\实例文件\第17章\原始文件\使用瀑布图解析生产成本构成.xlsx

最终文件：下载资源\实例文件\第17章\最终文件\使用瀑布图解析生产成本构成.xlsx

17.3.1 创建瀑布图

在创建成本结构瀑布图时，用户可直接选择数据区域来创建。

步骤01 选中数据区域。打开原始文件，在工作表中选中A3:B9单元格区域，如下图所示。

步骤02 插入图表。❶切换到"插入"选项卡，单击"图表"组中的"插入瀑布图或股价图"按钮，❷在展开的列表中单击"瀑布图"子类型，如下图所示。

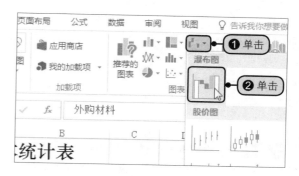

步骤03 显示创建的瀑布图效果。此时即可在工作表中看到创建的默认瀑布图效果，如右图所示。

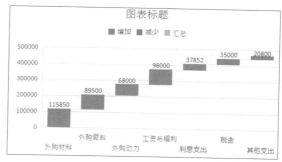

17.3.2 美化瀑布图

创建好瀑布图后，接下来通过对图表数据系列等图表元素进行格式设置，实现瀑布式的图表效果，具体操作步骤如下。

步骤01 更改图表布局。继续上小节中的工作表，❶切换至"图表工具 - 设计"选项卡，单击"图表布局"组中的"快速布局"按钮，❷在展开的列表中选择合适的布局效果，如下图所示。

步骤02 设置数据系列格式。此时可看到更改布局后的图表效果，❶然后右击图表中的数据系列，❷在弹出的快捷菜单中单击"设置数据系列格式"命令，如下图所示。

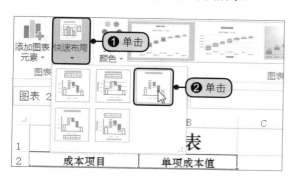

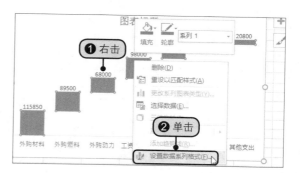

步骤03 设置分类间距。在右侧弹出的"设置数据系列格式"窗格中拖动"系列选项"下"分类间距"右侧的滑块，使分类间距变为0，如下图所示。

步骤04 设置数据系列填充颜色。❶切换至"填充与线条"标签，❷单击"填充"下方的"纯色填充"单选按钮，❸然后单击"颜色"右侧的下三角按钮，❹在展开的颜色库中选择合适的填充颜色，如下图所示。

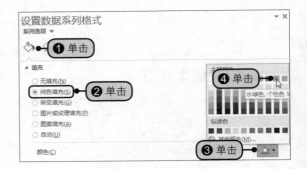

步骤05 显示最终的瀑布图效果。单击"关闭"按钮，更改图表标题内容，并重新设置图表中的字体和字号，即可得到美化后的图表效果，如右图所示。

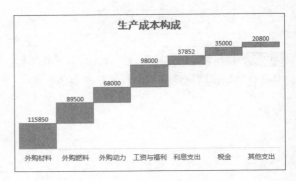

图表在营销管理中的应用

第18章

无论是销量还是销售额的分析，无论是分析数据的变化趋势还是导致某一销售结果的因素，图表都是最直观的呈现方式，使人一目了然。本章以销量的变化趋势为例，介绍如何使用迷你图来对单元格数据进行趋势分析，并以各超市费用数据为例，介绍不等宽柱形图的创建方法。

本章知识点

- 创建单个迷你图
- 构建辅助数据
- 使用迷你图样式
- 在迷你图中显示标记
- 设置数据标签格式
- 设置坐标轴格式
- 创建堆积面积图
- 编辑迷你图
- 隐藏数据系列

18.1 使用迷你图分析销量走势

迷你图是从 Excel 2010 开始添加的一个新功能，使用迷你图可显示一系列数值的趋势，也可突出显示最大值、最小值等。本节将以销量数据的分析为例，介绍迷你图的创建与编辑方法。

原始文件：下载资源\实例文件\第18章\原始文件\使用迷你图分析销量走势.xlsx
最终文件：下载资源\实例文件\第18章\最终文件\使用迷你图分析销量走势.xlsx

18.1.1 创建单个迷你图

折线迷你图用于表达一行或一列单元格数值的变动趋势，例如季节性的增加或减少，经济周期、随时间的变动趋势等，并且可以在折线中突出显示最大值和最小值。可以基于存在于一行或一列中的数据创建单个迷你图，具体操作步骤如下。

步骤01 选择数据。打开原始文件，选中C4:H4单元格区域，如下图所示。

步骤02 选择迷你图数据类型。切换到"插入"选项卡，单击"迷你图"组中的"折线图"按钮，如下图所示。

		1月	2月	3月	4月	5月	6月
				产品销量统计表			
A产品		521	630	750	1250	800	850
B产品		300	350	382	396	420	500
C产品		500	540	6	选中	752	900
D产品		1250	1052	900	880	780	800
E产品		620	720	650	480	680	780
合　计		3191	3292	3305	3688	3432	3830

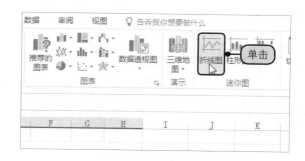

步骤03 设置迷你图位置范围。弹出"创建迷你图"对话框，❶设置"位置范围"为I4单元格，❷单击"确定"按钮，如下图所示。

步骤04 显示创建的单个迷你图。在I4单元格中显示创建的折线迷你图，显示1月—6月A产品的销量趋势，如下图所示。

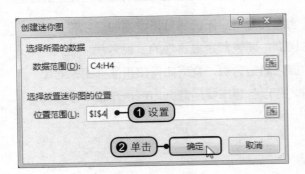

步骤05 拖动填充柄复制迷你图。拖动I4单元格右下角的填充柄，向下复制迷你图，如下图所示。

步骤06 显示创建的迷你图效果。随后I5:I8单元格区域中会显示B产品、C产品、D产品和E产品的销量趋势，如下图所示。

18.1.2 编辑迷你图

创建好迷你图后，如果迷你图的数据区域发生了变化，可以通过编辑迷你图来重新为迷你图选择数据源。在编辑迷你图时，可以编辑单个的迷你图，也可以编辑迷你图组。

例如，7月的销量数据统计结果出来后，如果希望在折线趋势迷你图中包含7月的数据，可以通过编辑迷你图将新增的数据包含进去，具体操作步骤如下。

步骤01 插入列。继续上小节中的工作表，❶在H列的右侧新插入列，❷然后输入7月各产品的销量统计数据，如下图所示。

步骤02 编辑单个迷你图的数据。❶切换到"迷你图工具 - 设计"选项卡，单击"迷你图"组中的"编辑数据"的下三角按钮，❷从展开的下拉列表中单击"编辑单个迷你图的数据"选项，如下图所示。

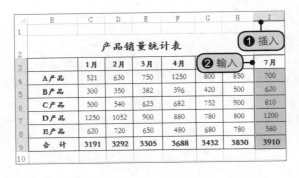

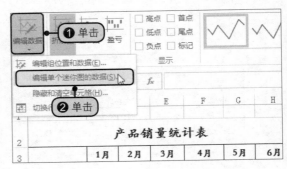

步骤03 设置迷你图数据。在弹出的"编辑迷你图数据"对话框中，❶设置数据区域为C4:I4单元格区域，❷然后单击"确定"按钮，如下图所示。

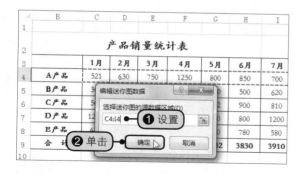

步骤04 显示更改后的单个迷你图效果。此时J4单元格中的迷你图会比其余的迷你图多包含一个数据点，即7月的数据，如下图所示。

1月	2月	3月	4月	5月	6月	7月	
521	630	750	1250	800	850	700	
300	350	382	396	420	500	620	
500	540	623	682	752	900	810	
1250	1052	900	880	780	800	1200	
620	720	650	480	680	780	580	
3191	3292	3305	3688	3432	3830	3910	

步骤05 编辑组位置和数据。如果要修改迷你图组，则单击"编辑数据>编辑组位置和数据"选项，如下图所示。

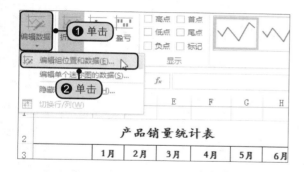

步骤06 设置迷你图组的数据。❶在"编辑迷你图"对话框中设置"数据范围"为C4:I8，❷设置"位置范围"为J4:J8，❸然后单击"确定"按钮，如下图所示。

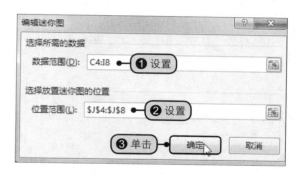

步骤07 显示更改后的迷你图组。编辑迷你图数据范围和位置后，迷你图组中所有的7月数据都包含在了迷你图中，如右图所示。

B	1月	2月	3月	4月	5月	6月	7月	
A产品	521	630	750	1250	800	850	700	
B产品	300	350	382	396	420	500	620	
C产品	500	540	623	682	752	900	810	
D产品	1250	1052	900	880	780	800	1200	
E产品	620	720	650	480	680	780	580	
合 计	3191	3292	3305	3688	3432	3830	3910	

18.1.3　在迷你图中显示标记

如果在显示数据变化趋势的同时还需要显示数据点，可以在迷你图中显示数据标记。并且用户可以选择需要显示的标记，如最大值、最小值、负值等。

步骤01 勾选要显示的标记。继续上小节中的工作表，在"迷你图工具-设计"选项卡下的"显示"组中勾选要显示的标记，如"高点"和"低点"，如右图所示。

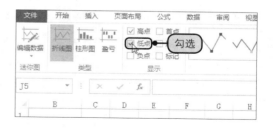

步骤02 显示高点和低点的迷你图效果。随后，折线迷你图中会突出显示数据的最大值和最小值，如右图所示。

知识补充

如果需要在迷你图中显示所有数据的标记，只需要在"迷你图工具 - 设计"选项卡中的"显示"组中勾选"标记"复选框即可。

		产品销量统计表						
		1月	2月	3月	4月	5月	6月	7月
A产品		521	630	750	1250	800	850	700
B产品		300	350	382	396	420	500	620
C产品		500	540	623	682	752	900	810
D产品		1250	1052	900	880	780	800	1200
E产品		620	720	650	480	680	780	580
合　计		3191	3292	3305	3688	3432	3830	3910

18.1.4　美化迷你图

创建好迷你图后，还可以使用迷你图中的样式对迷你图进行美化，也可以手动更改迷你图的线条颜色、线条粗细以及各个数据点的颜色等等。如果选中的是迷你图组，那么样式的更改将针对整个迷你图组；如果选中的是单个的迷你图，则样式的更改只对选中的迷你图生效。

步骤01 选择迷你图样式。继续上小节中的工作表，选中迷你图组，切换至"迷你图工具 - 设计"选项卡，单击"样式"组中的快翻按钮，在展开的库中选择适当的迷你图样式，如下图所示。

步骤02 显示应用样式后的效果。此时迷你图会显示上一步中选择的样式效果，如下图所示。

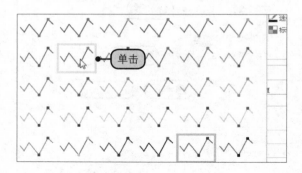

		产品销量统计表					
1月	2月	3月	4月	5月	6月	7月	
521	630	750	1250	800	850	700	
300	350	382	396	420	500	620	
500	540	623	682	752	900	810	
1250	1052	900	880	780	800	1200	
620	720	650	480	680	780	580	
3191	3292	3305	3688	3432	3830	3910	

步骤03 更改迷你图线条粗细。❶在"样式"组中单击"迷你图颜色"下三角按钮，❷在展开的列表中单击"粗细"级联列表中的"2.25磅"线条，如下图所示。

步骤04 显示更改线条粗细后的迷你图效果。随后，迷你图组中所有的折线都显示为2.25磅的效果，如下图所示。

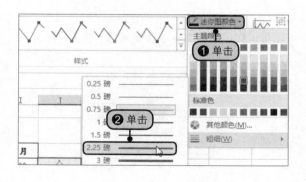

		产品销量统计表					
1月	2月	3月	4月	5月	6月	7月	
521	630	750	1250	800	850	700	
300	350	382	396	420	500	620	
500	540	623	682	752	900	810	
1250	1052	900	880	780	800	1200	
620	720	650	480	680	780	580	
3191	3292	3305	3688	3432	3830	3910	

步骤05 更改迷你图高点颜色。❶在"样式"组中单击"标记颜色"按钮，❷在下拉列表中的"高点"级联列表中选择合适的颜色，如下图所示。

步骤06 更改迷你图低点颜色。❶在"样式"组中单击"标记颜色"按钮，❷在下拉列表中的"低点"级联列表中选择合适的颜色，如下图所示。

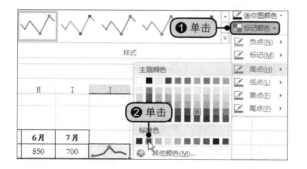

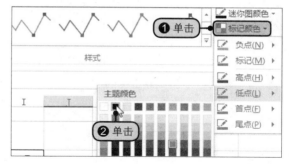

步骤07 显示迷你图的最终效果。此时，在迷你图中会将最大值数据点和最小值数据点显示为设置的颜色，如右图所示。

产品销量统计表

	1月	2月	3月	4月	5月	6月	7月	
A产品	521	630	750	1250	800	850	700	
B产品	300	350	382	396	420	500	620	
C产品	500	540	623	682	752	900	810	
D产品	1250	1052	900	880	780	800	1200	
E产品	620	720	650	480	680	780	580	
合 计	3191	3292	3305	3688	3432	3830	3910	

18.2 创建不等宽柱形图分析各超市费用结构

　　听到"不等宽柱形图"，你的第一反应可能是该图表一定属于柱形图吧？通过构建图表源数据区域和设置数据系列格式，的确可以使用普通柱形图实现不等宽柱形图效果，但本例中将要介绍的是另外一种方法——使用堆积面积图来实现不等宽柱形图效果。

　　本例以几个大型零售超市的费用占比数据为例，介绍如何创建不等宽柱形图对费用结构进行比较。

原始文件:	下载资源\实例文件\第18章\原始文件\创建不等宽柱形图分析各超市费用结构.xlsx
最终文件:	下载资源\实例文件\第18章\最终文件\创建不等宽柱形图分析各超市费用结构.xlsx

18.2.1 使用堆积面积图模拟不等宽柱形图

　　堆积面积图是 Excel 中的面积图中的一种子图表类型，它适用于两个或两个以上的数据系列。堆积面积图中的各数据系列不是重叠显示，而是将第二数据系列与第一数据系列叠加显示，当包含多个数据系列时依此类推。首先来看如何使用该图表类型创建不等宽面积图，具体操作步骤如下。

步骤01 计算合计数。打开原始文件，❶选中H3单元格，在编辑栏中输入公式"=SUM(C3:G3)"，❷然后向下复制公式，如右图所示。

	人员工资	费用扣点	促销费用	补损费用	合计
	10%	8%	5%	1%	30%
	10%	5%	7%	3%	35%
	10%	7%	9%	4%	40%
	12%	12%	14%		64%
	12%	8%	10%		48%

步骤02 创建辅助区域一。在B10:G24单元格区域中创建表格，并输入数据，X轴的数据根据固定费用比值得到，每个费用类别的数据使用两个数据点来描述，因此，每个费用项数据都重复一次，如下图所示。

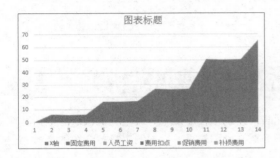

步骤04 显示默认的图表效果。此时Excel会将选中的区域全部作为数据系列创建面积图，如下图所示。

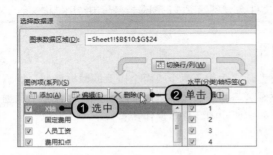

步骤06 删除X轴。❶在弹出的"选择数据源"对话框中选中"X轴"系列，❷再单击"删除"按钮，如下图所示。

步骤08 编辑轴标签。❶在弹出的"轴标签"对话框中设置"轴标签区域"为B11:B24单元格区域，❷单击"确定"按钮，如右图所示。

步骤03 选择图表数据类型。❶选中B10:G24单元格区域，❷在"图表"组中单击"插入折线图或面积图"，❸然后在展开的列表中单击"堆积面积图"子类型，如下图所示。

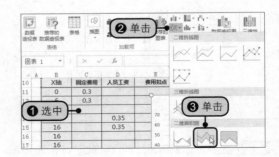

步骤05 选择数据。单击"图表工具 - 设计"选项卡下"数据"组中的"选择数据"按钮，如下图所示。

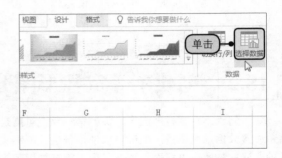

步骤07 编辑水平轴。此时"X轴"系列就被删除了，然后在"水平（分类）轴标签"下单击"编辑"按钮，如下图所示。

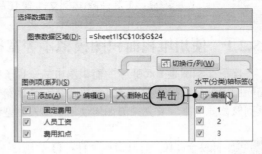

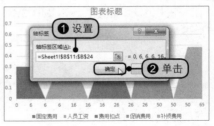

步骤09 显示编辑后的图表效果。更改后Excel会自动为面积图中的各个系列填充不同的颜色，如下图所示。

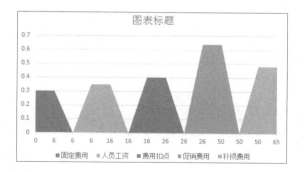

步骤10 设置坐标轴格式。❶选中横坐标轴并右击，❷在弹出的快捷菜单中单击"设置坐标轴格式"命令，如下图所示。

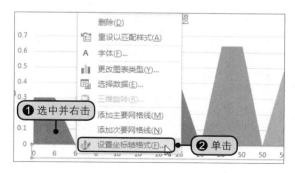

步骤11 设置坐标轴类型。工作表右侧弹出"设置坐标轴格式"窗格，在"坐标轴选项"下的"坐标轴类型"下方单击"日期坐标轴"单选按钮，如下图所示。

步骤12 设置主要单位。设置主要刻度单位为10天，如下图所示。

步骤13 显示不等宽柱形图效果。更改坐标轴选项后，此时的面积图显示为不等宽柱形图，如右图所示。

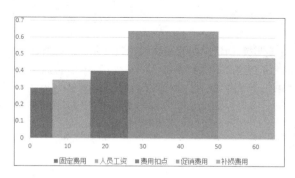

18.2.2　使用辅助系列为图表添加数据标签

接下来使用辅助系列为不等宽柱形图中的各个柱子添加数据标签，通常的做法是添加辅助数据创建散点图，隐藏数据系列，显示数据标签，并更改为实际值。

步骤01 创建辅助数据二。继续上小节中的工作表，在工作表的下方空白处输入需要的辅助数据二，如下图所示。

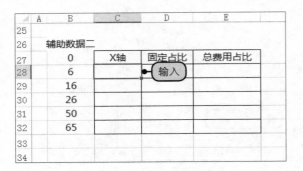

步骤02 计算X轴值。❶选中C28单元格，在编辑栏中输入公式"=MEDIAN(B27,B28)"，❷然后向下复制公式，计算新的X轴坐标值，如下图所示。

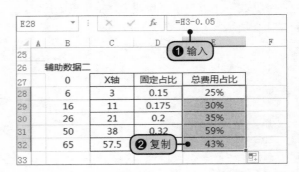

步骤03 计算固定费用占比。❶选中D28单元格，在编辑栏中输入公式"=H3/2"，❷然后向下复制公式，如下图所示。

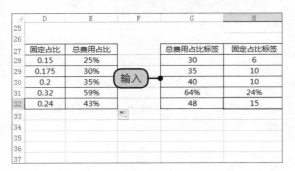

步骤04 计算总费用占比。❶选中E28单元格，在编辑栏中输入公式"=H3-0.05"，❷然后向下复制公式，计算总费用占比，如下图所示。

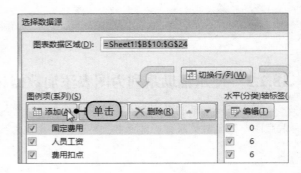

知识补充

此处添加的辅助数据二是为了在适当的位置显示数据标签，数值本身并没有实际意义。

步骤05 创建总费用占比和固定费用占比标签。在G28:H32单元格区域中输入总费用占比和固定费用占比的实际值，只需将需要突出的最大值输入百分号，其余直接输入数字即可，如下图所示。

步骤06 添加系列。单击"选择数据"按钮，弹出"选择数据源"对话框，然后单击"添加"按钮，如下图所示。

步骤07 编辑数据系列。在弹出的"编辑数据系列"对话框中，❶设置"系列值"为D28:D32单元格区域，❷然后单击"确定"按钮，如下图所示。

步骤08 更改系列图表类型。❶右击图表中新添加的数据系列，❷在弹出的快捷菜单中单击"更改系列图表类型"命令，如下图所示。

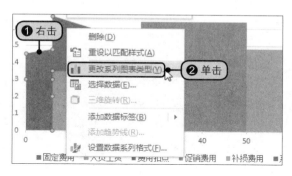

步骤09 更改图表类型。弹出"更改图表类型"对话框，❶在"组合"类型的图表中单击"系列1"右侧的下三角按钮，❷在展开的列表中单击"带直线的散点图"，如下图所示。

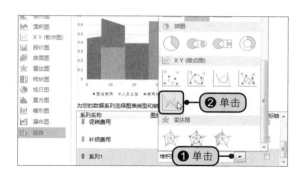

步骤10 选择数据。单击"确定"按钮，返回工作表中，即可看到更改后的图表类型，❶然后右击该数据系列，❷在弹出的快捷菜单中单击"选择数据"命令，如下图所示。

步骤11 编辑系列。❶弹出"选择数据源"对话框，选中"系列1"，❷然后单击"编辑"按钮，如下图所示。

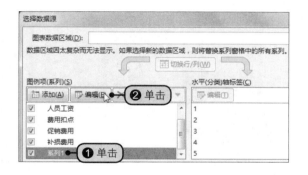

步骤12 编辑数据系列。❶在"编辑数据系列"对话框中设置"X轴系列值"为C28:C32单元格区域，设置"Y轴系列值"为D28:D32单元格区域，❷然后单击"确定"按钮，如下图所示。

步骤13 显示更改后的图表效果。更改后，在不等宽柱形图每个柱形的中间显示直线散点图，如下图所示。

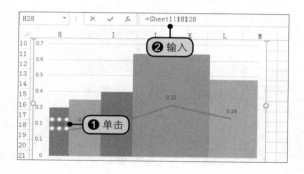

步骤15 更改数据标签。❶单击最左侧的数据标签，❷在编辑栏中输入公式"=Sheet1!$H$28"，如下图所示。

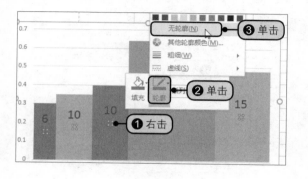

步骤17 设置系列为无轮廓。❶右击散点图数据系列，❷在弹出的快捷菜单中单击"轮廓"按钮，❸然后在展开的列表中单击"无轮廓"选项，如下图所示。

步骤14 设置数据标签位置。选中新添加的数据系列，❶在"图表工具 - 设计"选项卡下单击"添加图表元素"按钮，❷在展开的列表中单击"数据标签>上方"选项，如下图所示。

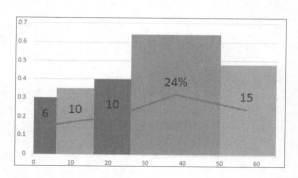

步骤16 更改其余数据标签并设置格式。使用类似的方法更改其余的标签为对H29:H32单元格区域的引用，并设置合适的标签字体，如下图所示。

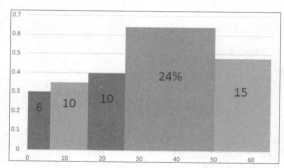

步骤18 显示设置效果。随后，图表中不再显示折线，而只显示固定费用的百分比占比值，如下图所示。

步骤19 添加系列。再次单击"选择数据"按钮，在弹出的"选择数据源"对话框中单击"添加"按钮，如下图所示。

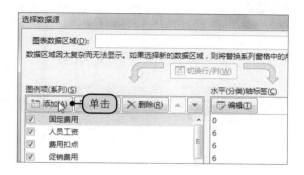

步骤20 编辑数据系列。弹出"编辑数据系列"对话框，❶设置"X轴系列值"为C28:C32单元格区域，"Y轴系列值"为E28:E32，❷然后单击"确定"按钮，如下图所示。

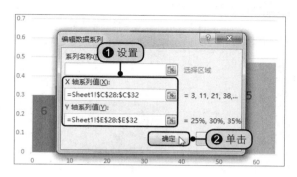

步骤21 显示添加的数据系列。返回"选择数据源"对话框，即可看到添加的数据"系列7"，然后单击"确定"按钮，如下图所示。

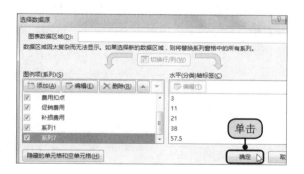

步骤22 选中数据系列。返回工作表中，❶切换到"图表工具 - 格式"选项卡，单击"当前所选内容"组中的"图表元素"下三角按钮，❷在展开的列表中单击"系列7"，如下图所示。

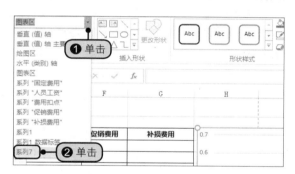

步骤23 选中添加的数据系列。此时添加的直线散点图系列会自动设置为无线条格式，而通过步骤22可选中添加的数据系列，如下图所示。

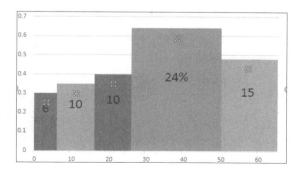

步骤24 显示数据标签。使用与前面类似的方法，显示该系列的数据标签，并更改为总费用占比实际值，如下图所示。

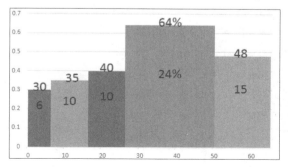

18.2.3 完善和美化图表

创建好不等宽柱形图，使用辅助系列设置好数据标签后，还需要进一步对图表进行美化，使图表更易于阅读，并且有更好的视觉效果。

步骤01 设置柱形填充效果。继续上小节中的工作表，将不等宽柱形图中最宽的柱形填充为较深的颜色，将其余的填充为一种较浅的颜色，如下图所示。

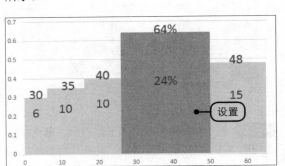

步骤02 设置坐标轴格式。❶选中图表中的纵坐标轴并右击，❷在弹出的快捷菜单中单击"设置坐标轴格式"命令，如下图所示。

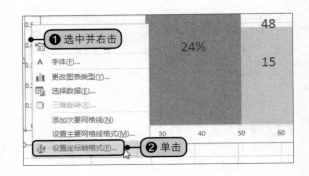

步骤03 设置纵坐标轴刻度。打开"设置坐标轴格式"窗格，设置"最小值"为"0.0"，"最大值"为"0.8"，"主要"刻度单位为"0.2"，如下图所示。

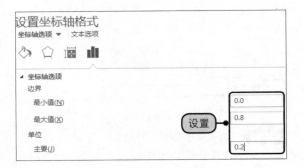

步骤04 设置数字格式。❶单击"数字"左侧的三角按钮，❷然后单击"类别"右侧的下三角按钮，❸在展开的列表中单击"百分比"选项，如下图所示。

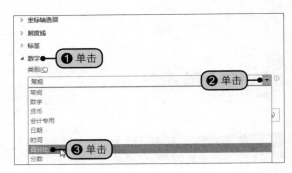

步骤05 设置小数位数。此时，数字类别被设置为了百分比格式，然后在"小数位数"后的文本框中输入"0"，如下图所示。

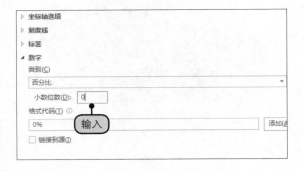

步骤06 删除横坐标轴。❶选中横坐标轴并右击，❷在弹出的快捷菜单中单击"删除"命令，如下图所示。

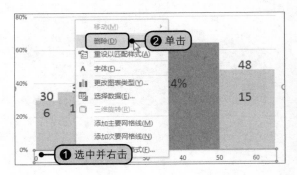

步骤07 显示设置后的图表效果。更改纵坐标轴刻度、隐藏横坐标轴后的图表效果如下图所示。

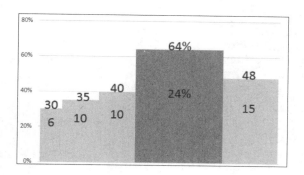

步骤09 图表的最终效果。最后在图表中绘制文本框标示两组数据标签，得到的图表最终效果如右图所示。

步骤08 创建图表框架并将图表与框架合并。合并要合并的单元格区域，然后输入图表标题，再将图表拖动至合并的单元格下方，效果如下图所示。

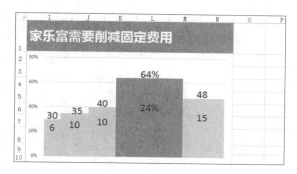

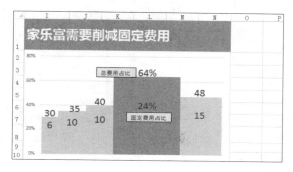

★ 第3部分 ★

综合应用

动态图表的制作 第19章

动态图表的制作

第19章

你有没有遇到过这样的情况：辛苦半天创建好的图表在展示时，领导要求查看数据向前或向后的趋势，你要被迫临时修改数据。实际上，Excel 中的图表也可以动态地展示数据，从而避免这种尴尬的情况发生。

📖 本章知识点

- 使用OFFSET、COUNTA函数定义动态名称
- 使用名称创建图表
- 使用IF、MAX计算最值
- 在图表中添加组合框
- 在图表中添加滚动条控件
- 使用图片填充数据点
- 使用INDEX函数
- 设置数据系列格式

19.1 使用函数和名称创建动态曲线图

在实际工作中，对于已经创建好的 Excel 图表，如果图表的数据源发生变化，这些变化并不会自动反映在图表中，因此需要手动修改图表的数据源，显得非常麻烦。

那么在 Excel 中能否创建随数据源自动更新的动态图表呢？当然可以，使用 Excel 中的公式和名称就可以创建自动更新数据的动态图表，具体操作步骤如下。

> 原始文件：下载资源\实例文件\第19章\原始文件\使用函数和名称创建动态曲线图.xlsx
> 最终文件：下载资源\实例文件\第19章\最终文件\使用函数和名称创建动态曲线图.xlsx

19.1.1 定义动态的名称区域

在前面的第 3 章已经详细介绍过名称定义的多种方法。实际上，在 Excel 中定义名称时，还可以使用 OFFSET 和 COUNTA 等函数，将名称定义为一个动态的单元格区域，当单元格区域的数据发生变化时，所定义的动态名称区域中的数据可以同步变化，具体操作步骤如下。

步骤01 打开"定义名称"对话框。打开原始文件，切换到"公式"选项卡，在"定义的名称"组中单击"定义名称>定义名称"选项，如右图所示。

步骤02 定义名称"month"。❶在"新建名称"对话框中的"名称"框中输入"month"，❷在"引用位置"框中输入公式"=OFFSET(Sheet1!$A$3,,,COUNTA(Sheet1!$A:$A)-2,)"，❸然后单击"确定"按钮，如下图所示。

步骤03 定义名称"sales1"。再次打开"新建名称"对话框，❶在"名称"框中输入"sales1"，❷在"引用位置"框中输入公式"=OFFSET(Sheet1!$B$3,,,COUNTA(Sheet1!$B:$B)-1,)"，❸然后单击"确定"按钮，如下图所示。

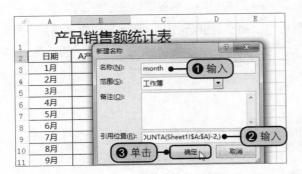

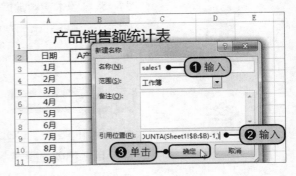

步骤04 定义名称"sales2"。再次打开"新建名称"对话框，❶在"名称"框中输入"sales2"，❷在"引用位置"框中输入公式"=OFFSET(Sheet1!$C$3,,,COUNTA(Sheet1!$C:$C)-1,)"，❸然后单击"确定"按钮，如右图所示。

知识补充

使用 OFFSET 函数和 COUNTA 函数定义好动态的名称区域后，如何知道定义的动态名称区域是否正确呢？这时可以使用 Excel 中的数据有效性进行验证。具体的操作方法是：选中任意单元格，为该单元格设置数据有效性为"序列"，在"来源"框中输入名称的引用公式，然后单击该单元格的下拉按钮，查看显示的下拉项是否与期望的动态区域一致。

19.1.2 使用动态名称创建动态图表

创建好动态的名称区域后，接下来使用已定义的名称创建动态图表，具体操作步骤如下。

步骤01 插入图表。继续上小节中的工作表，选中表中含有数据的任意单元格，❶切换到"插入"选项卡，单击"图表"组中的"插入折线图或面积图"按钮，❷在展开的列表中单击"带数据标记的折线图"子类型，如右图所示。

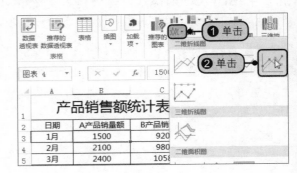

步骤02 **显示插入的图表。**随后即可看到在工作表中插入的图表效果，如下图所示。

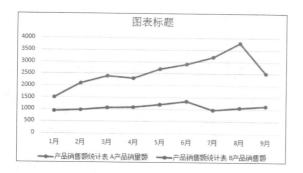

步骤03 **选择数据。**选中图表，切换到"图表工具 - 设计"选项卡，单击"数据"组中的"选择数据"按钮，如下图所示。

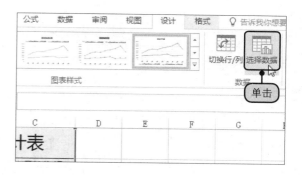

步骤04 **编辑数据系列。**弹出"选择数据源"对话框，❶在"图例项"下的列表框中选中第一个数据系列，❷然后单击"编辑"按钮，如下图所示。

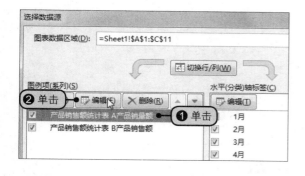

步骤05 **编辑第一个数据系列。**弹出"编辑数据系列"对话框，❶在"系列名称"框中输入"A产品"，❷在"系列值"框中输入"=Sheet1!sales1"，❸然后单击"确定"按钮，如下图所示。

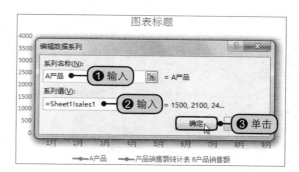

步骤06 **选中数据系列。**返回"选择数据源"对话框，❶选中第二个数据系列，❷然后再次单击"编辑"按钮，如下图所示。

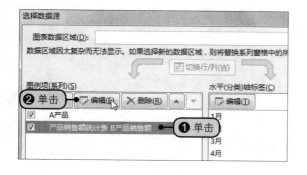

步骤07 **编辑第二个数据系列。**弹出"编辑数据系列"对话框，❶在"系列名称"框中输入"B产品"，❷在"系列值"框中输入"=Sheet1!sales2"，❸单击"确定"按钮，如下图所示。

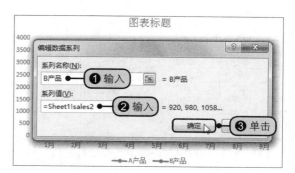

步骤08 单击编辑按钮。返回"选择数据源"对话框，在"水平（分类）轴标签"下方单击"编辑"按钮，如下图所示。

步骤09 编辑轴标签区域。❶在弹出的"轴标签"对话框中的"轴标签区域"框中输入公式"=Sheet1!month"，❷然后单击"确定"按钮，如下图所示。

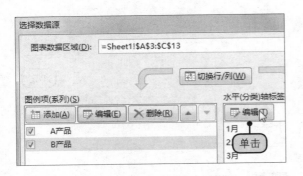

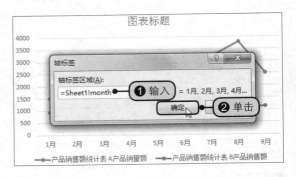

步骤10 显示编辑后的图表效果。返回"选择数据源"对话框中，单击"确定"按钮，返回工作表中，即可看到设置后的图表效果，如下图所示。

步骤11 美化图表。移动图表中的图例，更改图表标题内容，设置绘图区的填充颜色，如下图所示。

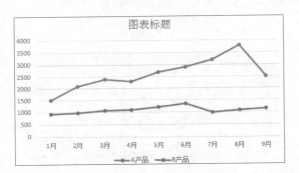

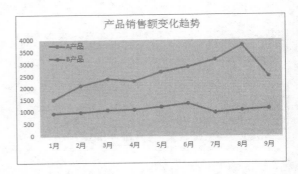

步骤12 添加数据。在A12:C13单元格区域中输入10月和11月的数据，如下图所示。

步骤13 图表的动态更改效果。此时，已创建的图表会自动将新输入的数据包含到图表中去，实现图表的动态更新，如下图所示。

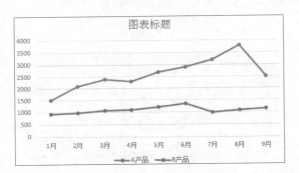

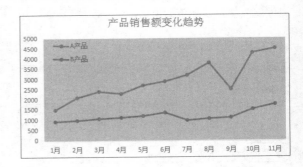

19.2 创建下拉菜单式动态图表

下拉菜单式图表是指在图表中添加一个下拉菜单，用户可以在下拉菜单中选择不同的下拉项，图表中的值会随着下拉项自动变化。

下拉菜单式图表常用于饼图中，因为通常饼图只包含一个数据系列，不易于几个系列间的对比，但如果通过下拉菜单，则可以在一个饼图中实现动态显示多个数据系列结构的效果。

原始文件：下载资源\实例文件\第19章\原始文件\创建下拉菜单式动态图表.xlsx、夹心.gif、甜单片.gif、咸单片.gif、苏打.gif

最终文件：下载资源\实例文件\第19章\最终文件\创建下拉菜单式动态图表.xlsx

19.2.1　使用INDEX函数生成的数据区域创建饼图

在默认的情况下，饼图中只能包含一个数据系列，如果想要对比多个数据系列的结构，只能创建多个饼图。实际上，也可以通过设置一个动态的数据区域，在一个饼图中动态查看各个系列的数据结构。

要实现动态的数据区域，需要使用 Excel 中的 INDEX 函数生成一个新的图表数据区域，具体操作步骤如下。

步骤01 使用函数引用数据。打开原始文件，❶在A8单元格中输入数字1，❷选中B8单元格，在编辑栏中输入公式"=INDEX(B3:B6,$A$8)"，按下【Enter】键引用表格中的数据，如下图所示。

步骤02 复制数据。选中B8单元格，拖动鼠标向右复制公式，依次引用对应行的数据，如下图所示。

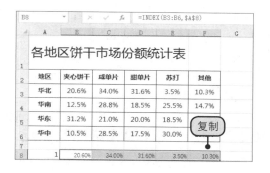

步骤03 插入图表。❶按下【Ctrl】键，同时选中B2:F2和B8:F8单元格区域，❷切换到"插入"选项卡，单击"图表"组中的"插入饼图或圆环图"按钮，❸在展开的列表中单击"饼图"子类型，如下图所示。

步骤04 显示默认的图表效果。此时Excel会按默认的样式创建饼图，如下图所示。

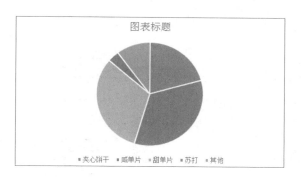

步骤05 添加数据标签。❶右击饼图中的数据系列，❷在弹出的快捷菜单中单击"添加数据标签>添加数据标签"命令，如下图所示。

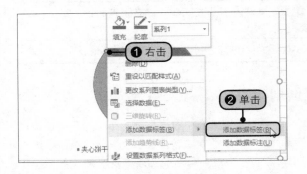

步骤06 设置数据标签格式。❶右击图表中添加的数据标签，❷在弹出的快捷菜单中单击"设置数据标签格式"命令，如下图所示。

步骤07 勾选标签选项。在弹出的"设置数据标签格式"窗格中的"标签选项"下方勾选"类别名称"和"值"复选框，如下图所示。

步骤08 显示图表设置效果。返回图表中，删除图例和图表标题，此时数据标签中会显示每个类别的名称和值，如下图所示。

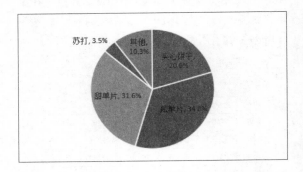

19.2.2 使用图片填充饼图数据点

为了增强图表效果，可以适当使用与信息主题相关的图片来填充图表的数据系列或数据点。需要注意的是，这种方法并不是适用于所有图表，图片的作用必须是为了加强图表主题信息的传递，否则最好不要使用。

步骤01 设置数据点格式。继续上小节中的工作表，❶选中饼图中的"夹心饼干"数据点系列并右击，❷在弹出的快捷菜单中单击"设置数据点格式"命令，如下图所示。

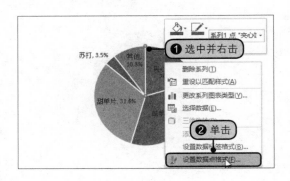

步骤02 设置填充效果。❶在弹出的"设置数据点格式"窗格中单击"填充"标签，❷单击"图片或纹理填充"单选按钮，❸然后单击"文件"按钮，如下图所示。

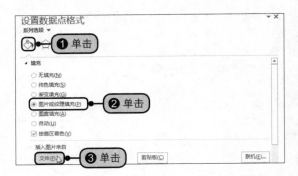

步骤03 选择要填充的图片。在弹出的"插入图片"对话框中选择要填充数据点的图片并双击，如下图所示。

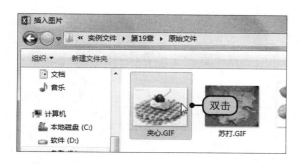

步骤04 显示填充效果。返回图表中，此时"夹心饼干"数据点使用了图片填充效果，如下图所示。

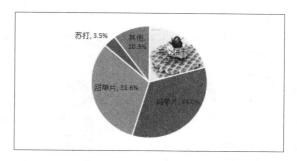

步骤05 设置数据标签位置。用类似的方法为其余的数据点填充原始文件夹中与类别名称对应的图片，❶然后单击"添加图表元素"按钮，❷在展开的列表中单击"数据标签>数据标签外"选项，如下图所示。

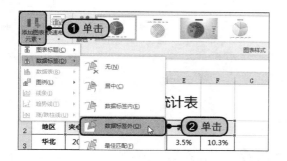

步骤06 添加图表标题。❶随后继续单击"添加图表元素"按钮，❷在展开的列表中单击"图表标题> 图表上方"选项，如下图所示。

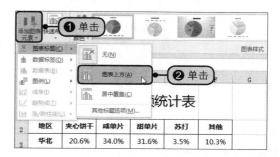

步骤07 显示图表效果。设置图表标题为"各地区饼干市场分布图"，并为图表中的文字设置合适的字体和字号，设置数据系列的边框为黑色实线。设置好的图表效果如右图所示。

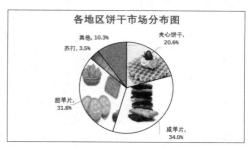

19.2.3　添加控件实现菜单式动态图表效果

接下来在图表中绘制组合框控件，并通过设置控件格式创建一个下拉菜单，供用户选择需要查看的销售区域。

步骤01 单击"选项"命令。继续上小节中的工作表，单击"文件"按钮，在视图窗口中单击"选项"命令，如右图所示。

步骤02 添加自定义功能。弹出"Excel选项"对话框，❶切换到"自定义功能区"选项卡，❷在"自定义功能区"下的列表框中勾选"开发工具"复选框，如下图所示，然后单击"确定"按钮。

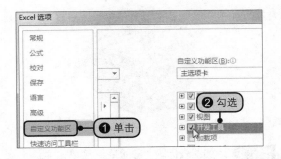

步骤04 绘制控件。拖动鼠标在饼图的适当位置绘制控件，如下图所示。

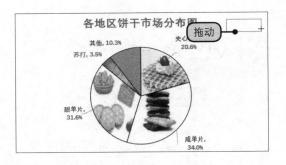

步骤06 设置对象格式。❶在弹出的"设置对象格式"对话框中设置"数据源区域"和"单元格链接"，设置"下拉显示项数"为"4"，❷勾选"三维阴影"复选框，如下图所示，然后单击"确定"按钮。

步骤08 动态查看其他地区的分布情况。此时饼图中会显示选择后的地区饼干市场分布情况，如右图所示。

步骤03 插入控件。此时工作表中新增了"开发工具"选项卡，❶单击"控件"组中的"插入"按钮，❷在"表单控件"中单击"组合框"控件，如下图所示。

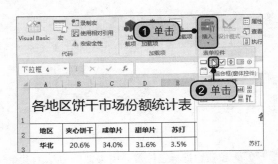

步骤05 设置控件格式。❶右击绘制好的控件，❷在弹出的快捷菜单中单击"设置控件格式"命令，如下图所示。

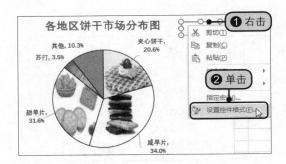

步骤07 从下拉列表中选择。返回图表中，单击图表中控件右侧的下三角按钮，在展开的列表中单击想要显示的地区选项，如下图所示。

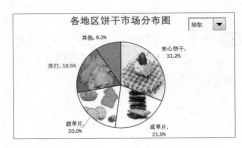

19.3 创建带滚动条的动态图表

当需要在图表中展现很长一段时间的数据的变动趋势时，图表可能会包含相当数量的数据点，此时可以通过在图表中添加滚动条控件，动态地显示数据在图表中的变化趋势。

本例以上海和成都地区某月的日最高气温统计数据为例，创建一个动态的气温变化趋势图表，并且动态地在图表中显示两地的最高气温。

原始文件：	下载资源\实例文件\第7章\原始文件\创建带滚动条的动态图表.xlsx
最终文件：	下载资源\实例文件\第7章\最终文件\创建带滚动条的动态图表.xlsx

19.3.1 使用公式计算数据并创建名称

无论是何种类型的动态图表，都有一个共同的特点，就是作为绘制图表的数据系列的数据区域是动态的、可变的，通常通过定义 Excel 中的动态的名称来实现。

首先，根据原始文件中的数据，通过定义名称和设置公式来完成图表所需数据的计算，具体操作步骤如下。

步骤01 输入用来控制的数值。打开原始文件，在G2单元格中输入一个小于所有数据点个数并且大于0的整数值，如数字9，如下图所示。

步骤02 定义名称"date"。切换到"公式"选项卡，单击"定义的名称"组中的"定义名称"按钮，打开"新建名称"对话框，❶输入名称"date"，❷在"引用位置"框中输入公式"=OFFSET(Sheet1!$A$3,0,0,Sheet1!$G$2,1)"，❸单击"确定"按钮，如下图所示。

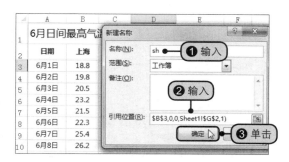

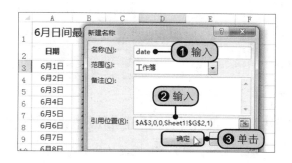

步骤03 定义名称"sh"。再次打开"新建名称"对话框，❶输入名称"sh"，❷在"引用位置"框中输入公式"=OFFSET(Sheet1!$B$3,0,0,Sheet1!$G$2,1)"，❸单击"确定"按钮，如下图所示。

步骤04 定义名称"cd"。再次打开"新建名称"对话框，❶输入名称"cd"，❷在"引用位置"框中输入公式"=OFFSET(Sheet1!$C$3,0,0,Sheet1!$G$2,1)"，❸单击"确定"按钮，如下图所示。

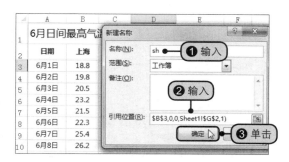

267

步骤05 设置公式计算上海最高温度。❶选中D3单元格，在编辑栏中输入公式"=IF(B3=MAX(sh),B3,NA())"，❷按下【Enter】键并向下复制公式，计算动态区域中温度的最高值，如下图所示。

步骤06 设置公式计算成都最高温度。❶选中E3单元格，在编辑栏中输入公式"=IF(C3=MAX(cd),C3,NA())"，❷按下【Enter】键并向下复制公式，计算动态区域中温度的最高值，如下图所示。

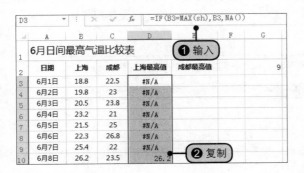

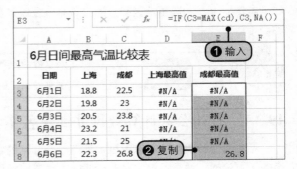

步骤07 定义名称"sh_max"。再次打开"新建名称"对话框，❶定义名称"sh_max"，❷在"引用位置框中输入公式"=OFFSET(Sheet1!$D$3,0,0,Sheet1!$G$2,1)"，❸单击"确定"按钮，如下图所示。

步骤08 定义名称"cd_max"。再次打开"新建名称"对话框，❶定义名称"cd_max"，❷在"引用位置"框中输入公式"=OFFSET(Sheet1!$E$3,0,0,Sheet1!$G$2,1)"，❸单击"确定"按钮，如下图所示。

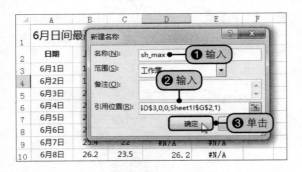

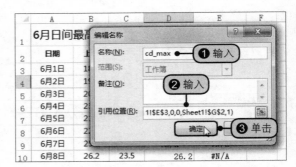

19.3.2 使用名称创建带最值的折线图

通过公式计算出两地温度的最高值并定义好名称后，接下来就开始创建图表了。与普通的方式不同的是，这里创建图表需要逐个手动添加数据系列，具体操作步骤如下。

步骤01 插入图表。继续上小节中的工作表，❶切换到"插入"选项卡，单击"图表"组的"插入折线图或面积图"下三角按钮，❷在展开的列表中单击"折线图"子类型，如下图所示。

步骤02 显示插入图表后的效果。此时即可看到插入的图表效果，如下图所示。

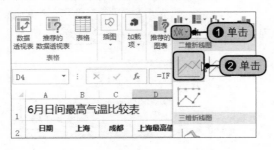

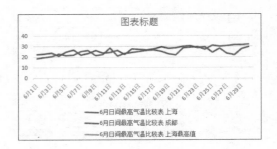

步骤03 选择数据。切换到"图表工具 - 设计"选项卡，单击"数据"组中的"选择数据"按钮，如下图所示。

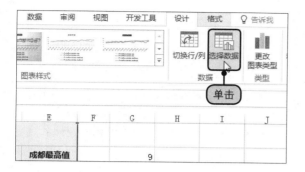

步骤04 单击"编辑"按钮。弹出"选择数据源"对话框，❶选中一个数据系列，❷然后单击"编辑"按钮，如下图所示。

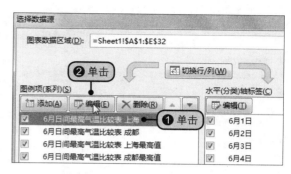

步骤05 编辑第一个数据系列。在"编辑数据系列"对话框中，❶设置"系列名称"为B2，❷设置"系列值"为"=Sheet1!sh"，❸然后单击"确定"按钮，如下图所示。

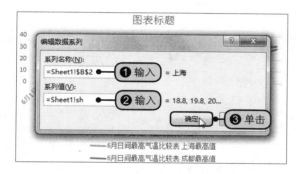

步骤06 编辑第二个数据系列。选中第二个数据系列，打开"编辑数据系列"对话框，❶设置"系列名称"为C2，❷设置"系列值"为"=Sheet1!cd"，❸然后单击"确定"按钮，如下图所示。

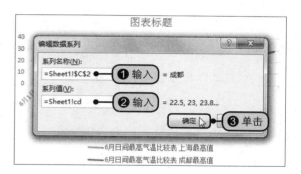

步骤07 编辑第三数据系列。选中第三个数据系列，打开"编辑数据系列"对话框，❶设置"系列名称"为D2，❷设置"系列值"为"=Sheet1!sh_max"，❸然后单击"确定"按钮，如下图所示。

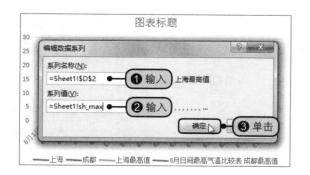

步骤08 编辑最后一个数据系列。选择最后一个数据系列，再次打开"编辑数据系列"对话框，❶设置"系列名称"为E2，❷设置"系列值"为"=Sheet1!cd_max"，❸单击"确定"按钮，如下图所示。

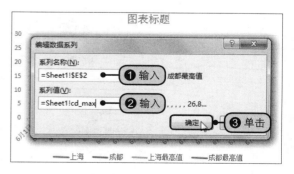

步骤09 单击"编辑"按钮。返回"选择数据源"对话框，即可看到编辑数据系列后的效果，然后单击"水平（分类）轴标签"下的"编辑"按钮，如下图所示。

步骤10 编辑轴标签。打开"轴标签"对话框，❶在"轴标签区域"中输入"=Sheet1!date"，❷然后单击"确定"按钮，如下图所示。

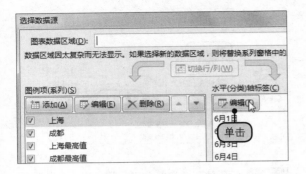

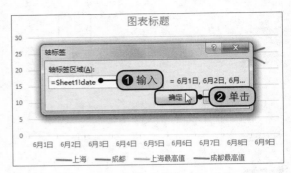

步骤11 显示设置后的图表效果。返回工作表中，此时图表中会显示两条折线，因为最高值系列仅为一个数据点，所以在图表中只能显示图例，如下图所示。

步骤12 选择图表元素。❶切换到"图表工具 - 格式"选项卡，单击"当前所选内容"组中的"图表元素"下三角按钮，❷在展开的下拉列表中选择"系列'上海最高值'"选项，如下图所示。

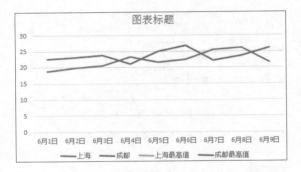

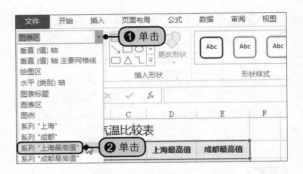

步骤13 更改系列图表类型。❶右击图表中选定的系列，❷在弹出的快捷菜单中单击"更改系列图表类型"命令，如下图所示。

步骤14 选择图表类型。❶在"更改图表类型"对话框中的"组合"类型图表中单击"上海最高值"系列右侧的下三角按钮，❷在展开的列表中单击"带数据标记的折线图"，如下图所示。

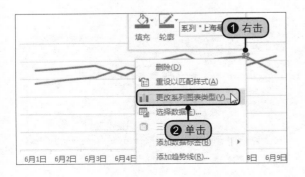

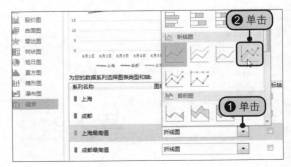

步骤15 设置数据标记选项。单击"确定"按钮，返回工作表中，然后双击"上海最高值"数据系列，在弹出的"设置数据点格式"窗格中设置数据标记"内置"选项类型以及"大小"，如下图所示。

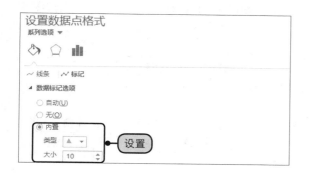

步骤16 设置数据标记填充颜色。❶单击"填充"下方的"纯色填充"单选按钮，❷设置填充颜色为"红色"，如下图所示。

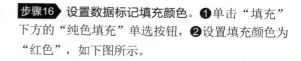

步骤17 显示设置效果。使用类似的方法设置另一个系列的最高值相同的数据格式，如下图所示。

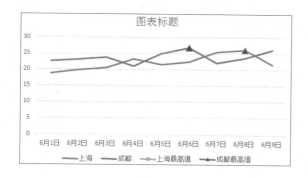

步骤18 设置坐标轴格式。❶右击垂直轴，❷在弹出的快捷菜单中单击"设置坐标轴格式"命令，如下图所示。

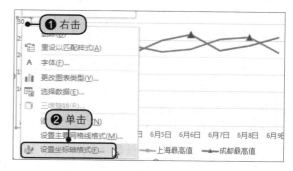

步骤19 设置坐标轴选项。打开"设置坐标轴格式"窗格，设置"最小值"为"15.0"，"最大值"为"35.0"，"主要刻度单位"为"2.0"，如下图所示。

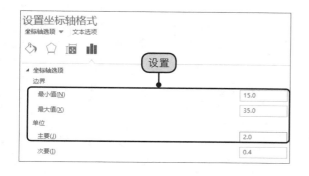

步骤20 显示效果。将图例项中最高值的图例项删除，然后将图例移至绘图区左上角。在图表上方更改图表标题为"两地最高气温比较表"，如下图所示。

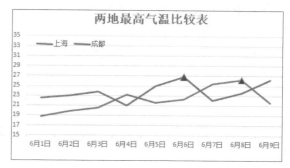

19.3.3　在图表中添加滚动条实现动态效果

接下来就可以通过在图表中添加滚动条控件实现图表的动态效果，当用户拖动滚动条时，图表中的数据个数会自动发生变化。

步骤01　**插入滚动条。**❶切换到"开发工具"选项卡，单击"控件"组的"插入"按钮，❷在展开的控件库中单击"滚动条"控件，如下图所示。

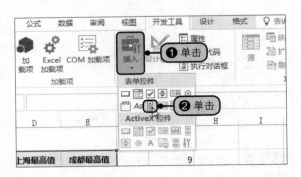

步骤02　**绘制控件。**❶在图表右上角绘制滚动条并右击，❷在弹出的快捷菜单中单击"设置控件格式"选项，如下图所示。

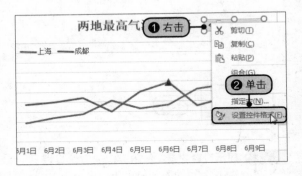

步骤03　**设置控件格式。**❶在弹出的"设置对象格式"对话框中设置"当前值""最小值""步长"和"单元格链接"，❷勾选"三维阴影"复选框，如下图所示。

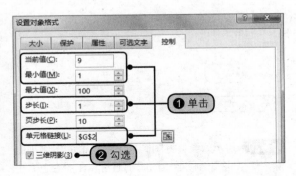

步骤04　**拖动滚动条。**单击"确定"按钮，删除图表中的网格线，按住滚动条，向右拖动鼠标调节滚动条，如下图所示。

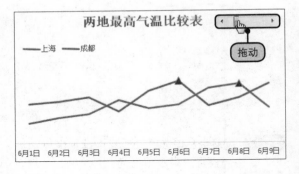

步骤05　**显示图标最终效果。**此时图表中的数据会自动发生变化，自动向外扩展数据区域，且显示了最高值系列的数据标签，图表的最终效果如右图所示。

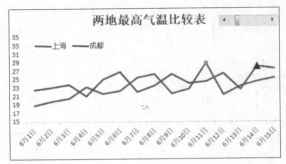